これ1冊で
＼できる！／

Arduinoではじめる電子工作超入門

改訂第6版

福田和宏

はじめに

Arduinoは電子部品をプログラムで制御できるマイコンボードです。LEDやモーター、温度や湿度などを調べるセンサーなど、たくさんの電子部品が販売されています。これらの電子部品をArduinoに接続して、プログラムで制御することでざまざまな作品を制作できます。

電子部品を組み合わせることで、扇風機や電気スタンドといったものや、ロボットやドローンなどの高度な作品を実現できます。さらに、ネットワークに接続できれば、センサーなどで計測した値をネットワークを介して外出先から確認したりすることもできるでしょう。

電子部品の制御にはプログラムを使います。Arduinoには専用の開発ツールである「Arduino IDE」が無償で提供されており、パソコンにインストールすることでプログラム作成やArduinoへの転送などができます。ほかに、マイクロソフト社が開発提供する「Visual Studio Code」もAruduino用のプログラム開発に利用できます。

本書は数あるArduinoのエディションの中で、もっとも人気の高い「Arduino UNO」を利用することを前提に解説しています。2023年6月にArduino UNOの最新版「Arduino UNO R4」がリリースされました。前モデルのArduino UNO R3に比べてプロセッサーが高機能になったほか、ベースモデルのArduino UNO R4 Minimaに加え、無線LANやBluetooth接続が可能になったArduino UNO R4 WiFiも登場しました。高性能になって処理速度が向上したり、Arduino UNO R4 WiFiでは標準でネットワークを介したArduinoの制御なども可能です。本書ではArduino UNO R4を前提に解説しています。なお、大部分の記事は前モデルのArduino UNO R3にも対応しています。

本書ではArduinoの基本的な使い方や、開発環境の準備方法、Arduinoを利用した活用方法について紹介しています。電子工作初心者でも安心して取り組めるように、電子工作に必要な電子回路の基本的な知識についても説明します。さらに、複数の電子部品を組み合わせて実際に作品を作る方法についても紹介します。

Arduinoと電子部品を組み合わせれば、無限の可能性があります。本書で基本を学び、電子工作の世界を楽しんでもらえることを願っています。

2024年2月
福田 和宏

CONTENTS

Part 7 電子パーツを組み合わせる 167

Part 8 Arduino UNO R4の応用 191

Appendix 付録 215

本書の使い方

本書の使い方について解説します。本文中で紹介しているサンプルプログラムや設定ファイルの場所、また配線図の見方などについても紹介します。

Part 4・電子回路の基礎知識

この式を利用すると、電圧、電流、抵抗のうち2つが分かれば、残りの1つを導き出すことができます。例えば、5Vの電源に1kΩの抵抗を接続した場合、次の式のように電流の値を求められます。

5V ÷ 1kΩ = 5V ÷ 1000Ω = 0.005A = 5mA

オームの法則では電流と抵抗を掛け合わせた値が電圧なので、電圧を抵抗で割ると、電流を求めることができます。つまり、電圧の5Vを抵抗の1kΩで割ると、電流が5mAと求められます。

これは、電子回路を作る際、素子やArduinoに流れる電流が規定以下であるかなどを導き出すのに利用されます。重要な公式なので覚えておきましょう。

POINT

オームの法則に当てはまらない素子

オームの法則はすべての素子で利用できるわけではありません。抵抗のように、電圧と電流が比例して変化する素子のみに使える式です。例えば、LEDはある電圧以上にならないと電流は流れず、電圧と電流は比例的に変化しないため、オームの法則で電流を求めることはできません。

KEYWORD

PWM（パルス変調）

PWM（Pulse Width Modulation）は、電圧の低い状態と高い状態を交互に高速で切り替えながら、擬似的にアナログ信号を出力する方式です。詳しくはChapter 5-5を参照してください。

NOTE

Arduino UNO Mini Limited Edition

Arduino UNOの累計販売台数が1,000万台を超えたのを記念して、2022年3月に「Arduino UNO Mini Limited Edition」が発売されました。機能はArduino UNO R3と同じですが、サイズが36.7×34.2mmとArduino UNO R3に比べ小型です。基板の文字が金色であるほか、シリアルナンバーが記載されています。なお、小型なのでシールドは利用できません。

18

注意すべき点やTIPS的情報、キーワードなどを適宜解説しています

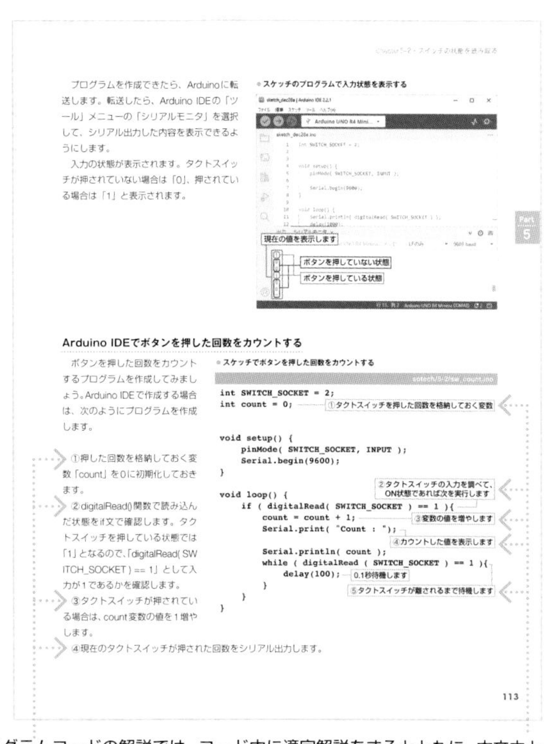

Chapter 5-2・スイッチの状態を読み取る

プログラムを作成できたら、Arduinoに転送します。転送したら、Arduino IDEの「ツール」メニューの「シリアルモニタ」を選択して、シリアル出力した内容を表示できるようにします。

入力の状態が表示されます。タクトスイッチが押されていない場合は「0」、押されている場合は「1」と表示されます。

● スケッチのプログラムで入力状態を表示する

Part 5

Arduino IDEでボタンを押した回数をカウントする

ボタンを押した回数をカウントするプログラムを作成してみましょう。Arduino IDEで作成する場合は、次のようにプログラムを作成します。

● スケッチでボタンを押した回数をカウントする

sotech/5-2/sw_count.ino

```
int SWITCH_SOCKET = 2;
int count = 0;        ①タクトスイッチを押した回数を格納しておく変数

void setup() {
    pinMode( SWITCH_SOCKET, INPUT );
    Serial.begin(9600);
}
                      ②タクトスイッチの入力を調べて、ON状態であれば次を実行します
void loop() {
    if ( digitalRead( SWITCH_SOCKET ) == 1 ){
        count = count + 1;            ③変数の値を増やします
        Serial.print( "Count : ");
                                      ④カウントした値を表示します
        Serial.println( count );
        while ( digitalRead ( SWITCH_SOCKET ) == 1 ){
            delay(100);      0.1秒待機します
        }                    ⑤タクトスイッチが離されるまで待機します
    }
}
```

①押した回数を格納しておく変数「count」を0に初期化しておきます。

②digitalRead()関数で読み込んだ状態をif文で確認します。タクトスイッチを押している状態では「1」となるので、「digitalRead(SWITCH_SOCKET) == 1」として入力が1であるかを確認します。

③タクトスイッチが押されている場合は、count変数の値を1増やします。

④現在のタクトスイッチが押された回数をシリアル出力します。

113

プログラムコードの解説では、コード中に適宜解説をするとともに、本文中と対応する箇所が分かりやすいように丸数字（①②など）をふっています

● Arduino IDEで作成したLEDを点灯させるプログラム

sotech/5-1/led-on.ino

```
int LED_SOCKET = 10;
            ①LEDを接続したソケット（PD10）を変数で指定します
void setup() {
    pinMode( LED_SOCKET, OUTPUT );
                            ②PD10を出力に設定します
}

void loop() {
    digitalWrite( LED_SOCKET, HIGH );
                            ③PD10をHIGHの状態にします
}
```

本書サポートページで提供するサンプルプログラムを利用する場合は、右上にファイル名を記しています。ファイルの場所は、アーカイブを「sotech」フォルダに展開した場合のパスで表記しています

● **配線の見方**

各電子パーツとArduino本体の配線などを、すべて分かりやすくイラストで図解しました。
端子を挿入して利用する箇所は黄色の丸で表現しています。自作の際の参考にしてください

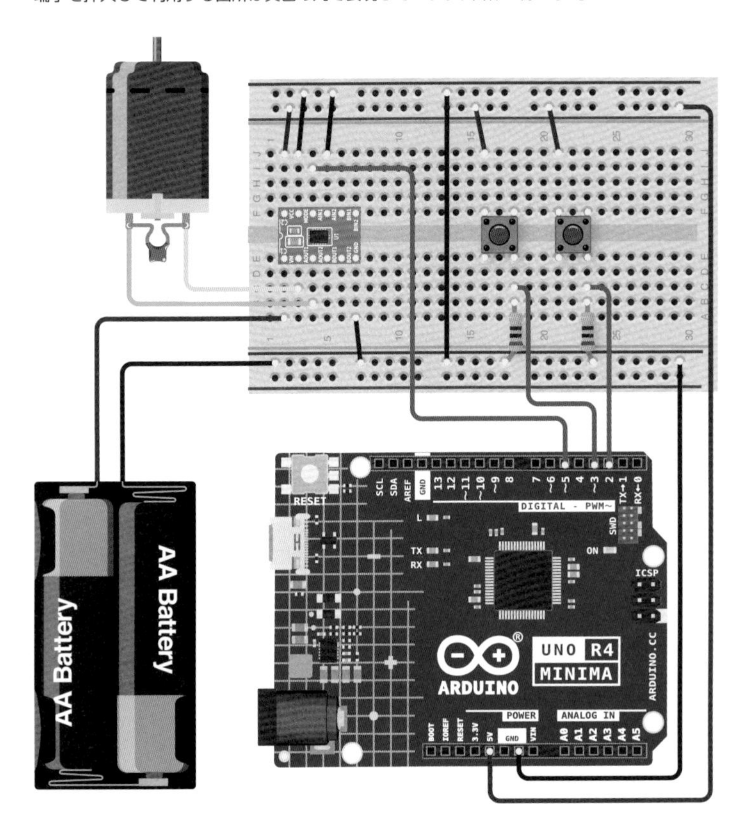

注意事項

- 本書の内容は2024年1月の原稿執筆時点での情報であり、予告なく変更されることがあります。また、本書に記載されたソフトウェアのバージョン、ハードウェアのリビジョン、URL、それにともなう画面イメージなどは原稿執筆時点のものであり、予告なく変更される場合があります。
- 本書の内容の操作によって生じた損害、および本書の内容に基づく運用の結果生じたいかなる損害につきましても著者および監修者、株式会社ソーテック社、ソフトウェアおよびハードウェア開発者／開発元は一切の責任を負いません。あらかじめご了承ください。
- 本書の制作にあたっては、正確な記述に努めていますが、内容に誤りや不正確な記述がある場合も、当社は一切責任を負いません。また著者、監修者、出版社、開発元のいずれも一切サポートを行わないものとします。
- サンプルコードの著作権は全て著作者にあります。本サンプルを著作者、株式会社ソーテック社の許可なく二次使用、複製、販売することを禁止します。
- サンプルデータをダウンロードして利用する権利は、本書の購入者のみに限ります。本書を購入しないでサンプルデータのみを利用することは固く禁止します。

Part 1

Arduinoとは

Arduinoは、電子回路の動作に役立つマイコンボードです。センサーやLED、ディスプレイ、モーターなどを接続して、プログラムをArduinoへ転送することで、各部品を制御できます。
ここでは、Arduinoの特徴や構成、購入方法、必要な機器について説明します。

Arduinoとは

「Arduino」は、プログラムで電子部品などを自由に制御できるワンボードマイコンです。手のひらに載るほどの小さな基板で、ICや端子などたくさんの電子部品がむき出しで付けられています。この小さなボード1つで、LEDやモーターなどの電子部品を動作させられます。

■ 簡単に電子部品を制御できるマイコンボード「Arduino」

一般的に電子工作をする場合、多くの部品をつなぎ合わせて制御する必要があります。「**Arduino**」(アルドゥイーノ)は電子部品を簡単に制御できるマイコンボードです。Arduinoにはプロセッサや入出力用のポートが実装されており、基本的な電子工作を作らずに済みます。プログラムを作成して制御するので、複雑な回路の制御にも向いています。

Arduinoは、イタリアのMassimo Banzi氏らが開発しました。Banzi氏は、イタリアの大学院でデザインとテクノロジーを融合させたインタラクションデザインについて教鞭を執っていた当時、コンピュータや電子回路などについて教える必要がありました。コンピュータや電子回路について知識がない生徒に、基本的な内容を説明するだけでも大変な手間がかかります。そこでBanzi氏は、LEDなどの電子部品を簡単に制御できるマイコンボードの開発を手がけた、というのがきっかけとなっています。

Arduinoは、初心者でも比較的簡単に使えることから世界的にヒットし、現在ではインタラクションデザインの分野だけでなく、電子工作や教育など幅広い分野で活用されています。

2023年6月には、Arduino UNOの最新版「**Arduino UNO R4**」がリリースされました。以前のモデルまでは、ATmega328Pという8ビットのマイコンが利用されていましたが、R4ではRenesas RA4M1という32ビットマイコンに変更されました。これにより格段に処理性能がアップしています。Arduino UNO R4は、入門モデルの「**Arduino UNO R4 Minima**」と無線LAN機能を搭載した「**Arduino UNO R4 WiFi**」の2モデルを用意しています。

● ワンボードマイコン「Arduino UNO R4 Minima」(左)と「Ardunino UNO R4 WiFi」(右)

NOTE

Arduino の分裂と再統合

Arduinoは従来、米国のArduino LLC社（https://www.arduino.cc/）が設計を担当し、イタリアのArduino S.R.L.社が生産を担当する形で提供されていました。しかし、2015年に両社に仲違いが生じ、一時期それぞれが独自にArduinoを提供していた時期がありました。このときは、Arduinoの商標を世界各国で所有するArduino S.R.L.が「Arduino」を全世界で販売し、Arduino LLCは米国内では「Arduino」を、米国以外では「Genuino」ブランドを展開していました（米国の商標は使用主義で販売実績が必要なため、分裂時はArduinoの商標権をめぐって係争中でした）。この間、それぞれが異なるバージョンのArduino IDEを配布するなど、混乱が生じました。
2016年10月に両社の和解が成立し、再び共同で製品の販売や製品およびArduino IDEを開発するようになりました。なお、一時期Genuinoブランドの製品が販売されたこともあり、今でもまれに電子パーツショップなどで見かけることがあります。ArduinoとGenuinoはどちらも正規品ですので、いずれを購入しても問題なく動作します。

Arduinoの特徴

Arduinoの代表的な特徴について紹介します。

デジタル・アナログ入出力端子に電子回路を接続

Arduinoの主要な利用用途は、LEDやモーター、各種センサーなど電子部品の制御です。デジタルあるいはアナログ信号を出力することで、LEDの点滅やモーターの駆動、ディスプレイへの文字出力などができます。入力にも対応しており、光や温度などのセンサーを接続して、周囲の状態を調べられます。

これらを組み合わせることで、様々なセンサーを使って周囲の状況を判断した上で、それに基づいて行動するようなロボットを作成することもできます。

● Arduinoで各種電子部品を制御できる

専用開発ツールでプログラムを作成

Arduinoで電子部品を制御するにはプログラムを用います。Arduinoには、制御プログラムを作成する（プログラミング）ツール「**Arduino IDE**」（Arduino統合開発環境）が無償で提供されています。Arduino IDEを入手してパソコンにインストールすることで、Arduinoのプログラムを作成できます。プログラムはC言語をもとにした形式となっていて、プログラミング経験のある人であれば、比較的容易にプログラムを作成できます。

各センサー用のライブラリも用意されており、一からプログラムを作成しなくても比較的容易にプログラム作成が可能です。

●Arduino統合開発環境「Arduino IDE」

Arduino用のデバイスが多数販売

Arduinoは2005年から現在まで約19年の長期間、ユーザーに使い続けられています。その間、液晶表示装置やネットワークデバイス、モーター制御装置など様々なArduino向けの機器が販売されてきました。これらの装置は「**シールド**」と呼ばれる形態で基板化されており、Arduinoに差し込むだけで使うことができます。

Arduino本体も、新しい製品が販売されていますが、仕様は昔から大きく変わっていません。そのため、古いArduinoで使われてい

●差し込むだけで機能を提供できるシールド

たシールドであっても、最新版Arduinoで利用可能です。なお、本書ではシールドについては解説しません。

オープンソースハードウェアで公開

　Arduinoはボード化した製品を販売しているだけでなく、Arduinoの設計図を一般に公開する「**オープンソースハードウェア（Open source hardware）**」の配布形態を採用しています。この設計図を参照すれば、だれでも自分でArduinoと互換性を持つマイコンボードを作成できます。設計図を元に自分で改変してそれを発表したり、販売することも許されています（ただしArduinoの名称を冠して発売するには許可が必要）。そのため、Arduinoの機能を拡張した「Arduino互換機」が開発され販売されています。

　また、プリント基板の設計図も公開されているため、ダウンロードしてプリント基板を制作し、部品をはんだ付けすれば、Arduinoボードができあがります。

　Arduino IDEもオープンソースで配布されており、誰でも無償で自由に利用可能です。

●**公開されているArduino UNO R4 Minimaの回路図**
（https://docs.arduino.cc/resources/schematics/ABX00080-schematics.pdf）

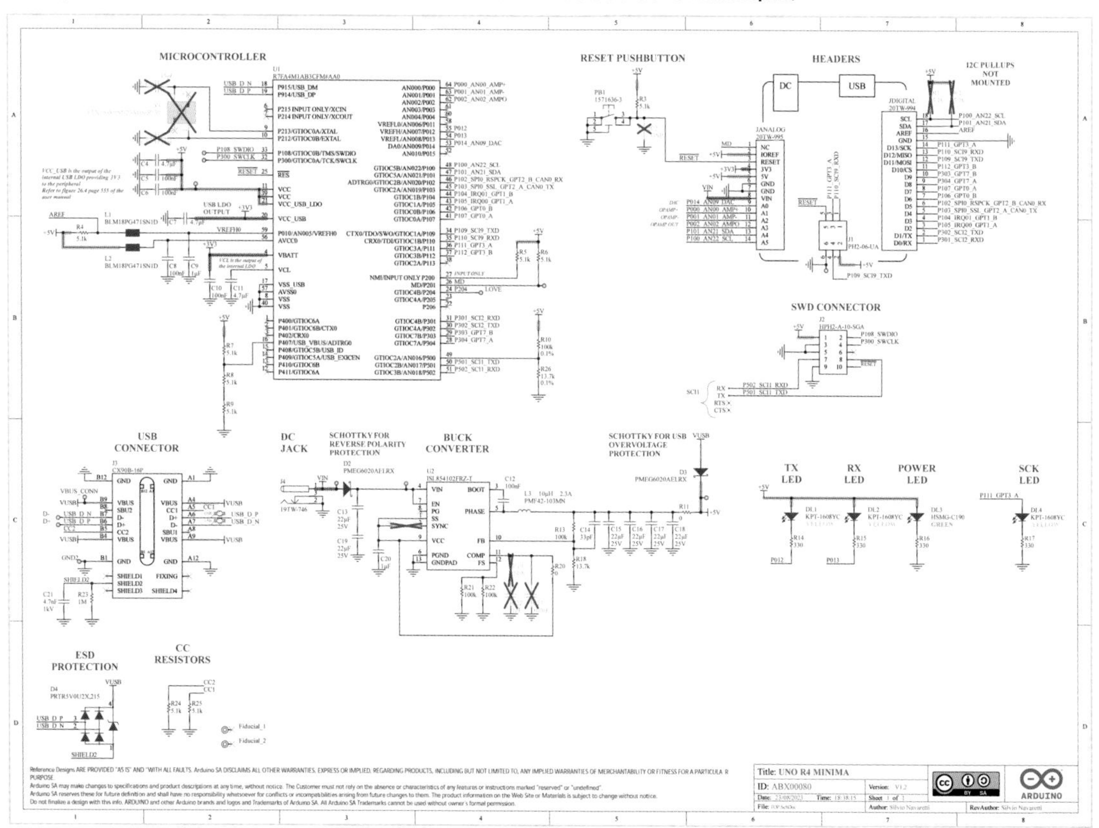

Arduino UNO R4の外観

Arduinoには、いくつかのエディションが販売されています（エディションについてはChapter 1-2を参照）。ここでは、代表的なエディション「**Arduino UNO R4 Minima**」と「**Arduino UNO R4 WiFi**」の外観を説明します。各端子の位置や利用用途についてあらかじめ把握しておきましょう。なお、Arduino UNO R3はArduino UNO R4 Minimaとほぼ同じです（USBポートの形状がR4 MinimaはType-CでR3はType-B）。

●Arduino UNO R4 Minimaの外観

●Arduino UNO R4 WiFiの外観

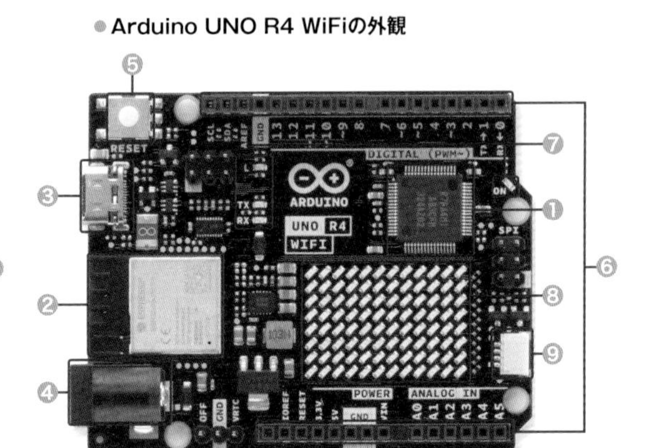

❶ プロセッサー

プログラムの実行や各種インタフェースの制御などの中核となる部品です。メインメモリーやプログラムなどを保存しておくフラッシュメモリーも同梱されています。
Arduino UNO R4では、プロセッサーにルネサスエレクトロニクスの「RA4M1」が使われています。RA4M1は32ビットのCortex-M4ベースのプロセッサーであり、48MHzで動作します。また、256Kバイトのフラッシュメモリーと、32KバイトのRAMを搭載しています。

❷ WiFi機能搭載プロセッサー（Arduino UNO R4 WiFiのみ）

Arduino UNO R4 WiFiには、Espressif Systemsのプロセッサー「ESP32-S3-MINI-1-N8」を搭載されています。WiFi機能を標準で搭載しており、無線LANやBluetoothでの通信が可能となっています。無線LANは、IEEE 802.11 b/g/nでの通信に対応しています。
メインのプログラムはRA4M1上で動作しますが、無線LAN通信する際にはESP32-S3の機能を利用して通信するようになっています。

❸ USBポート

USBケーブルを差し込んで、パソコンとの間で通信をします。パソコン上で作成したプログラムをArduinoに書き込んだり、Arduinoとシリアル通信をしてパソコンから制御できます。また、USBを介して給電ができます。Arduino UNO R4 MinimaおよびWiFiはType-C、Arduino UNO R3はType-Bです。

NOTE

USB ケーブル

USB接続に利用するケーブルはp.30～31で説明します。

❹ 電源ジャック

ACアダプターを接続してArduinoに電気を供給します。外形5.5mm、内径2.1mmのプラグを搭載したACアダプターを利用します。

> **NOTE**
> **ACアダプター**
> ACアダプターについてはp.31～32で説明します。

❺ リセットボタン

Arduinoを再起動するボタンです。プログラムを実行し直したい場合や、Arduinoの挙動がおかしくなった場合に利用します。

❻ 各種インタフェース

Arduinoの上部と下部には、電子回路に接続するためのインタフェースが多数の小さな穴の空いたソケットで配置されています。ここにLEDなどを接続すれば、プログラムから点灯や消灯を自由に制御可能です。各ソケットは、デジタル信号の入出力、アナログ信号の入力、電源の供給など、それぞれの役割が決まっています。

> **NOTE**
> **インタフェースの詳細**
> 各ソケットの役割については、Chapter 4-1で説明します。

❼ LED

Arduinoの状態を表示するLEDです。Arduinoに電気が供給されると「ON」のLEDが点灯します。また、パソコンなどとシリアル通信している状態は「TX」（送信）と「RX」（受信）が点滅します。さらに、「L」のLEDは、デジタル入出力端子の13番に接続されており、13番のデジタル出力をHIGH（5V）にすることで点灯します。

❽ マトリクスLED（Arduino UNO R4 WiFiのみ）

Arduino UNO R4 WiFiには横12、縦8の計96個の赤色LEDがマス目状に配置されています。プログラムで各LEDを点灯制御でき、文字や記号、図などを表示できるようになっています。

❾ Qwiic ／ STEMMA QTコネクター（Arduino UNO R4 WiFiのみ）

Arduino UNO R4 WiFiには、SparkFun Electronicsの「**Qwiic**」またはAdafruit Industriesの「**STEMMA QT**」に対応したコネクターを搭載しています。このコネクターにはQwiicやSTEMMA QTに対応したモジュールが簡単に接続できるようになっています。例えば、温度センサーや加速度センサー、モータードライバー、ディスプレイなど様々なモジュールを接続して利用できます。

> **NOTE**
> **ICSP端子**
> 本体の右側には、「ICSP」という6本の端子が搭載されています。ICSP端子にライターを接続することで、プロセッサーにプログラムを直接書き込むことが可能です。
> 通常は使わないので、この端子には電子回路を接続しないようにしましょう。
> また、Arduino UNO R4 WiFiの場合、ESP32のプログラムを書き換えるコネクターもリセットボタンの近くに装備されています。

様々なArduinoのエディション

Arduinoは、大きさや搭載インタフェース数が異なるいくつかのエディションが提供されています。ほかに、電子部品やモジュールを販売するAdafruitやSparkfunといったメーカーや団体がArduino互換機を販売しています。

■大きさや搭載インタフェースが異なる複数のエディション

Arduinoのプロダクトページ（https://www.arduino.cc/en/hardware）を見ると、目的に応じた様々なArduinoが用意されていることが分かります。例えば、モーターで自走する機器を作る場合、小型のArduinoを使えば機器自体を小型化できます。多くのセンサーを制御する必要がある場合は、多数のインタフェースが搭載されたエディションのArduinoが便利です。

以降、主なArduinoエディションを紹介します。

NOTE

本書の対象製品

本書では「Arduino UNO R4 Minima」および「Arduino UNO R4 WiFi」を使って説明します。また、多くの記事は「Arduino UNO R3」でも同じように実行できます。それ以外のエディションを利用する場合は、それぞれのデータシートやマニュアルなどを参照して、端子配置などを読み替えてください。なお、エディションによっては正常に動作しない場合もあります。

「Arduino UNO R4 Minima」「Arduino UNO R4 WiFi」

2023年6月にリリースされた新型モデルが「**Arduino UNO R4**」です。Arduino UNOはArduinoを代表するモデルであり、入門者から開発者まで幅広いユーザーに利用されています。約6.8×5.3cmと手のひらに載る程度のコンパクトなサイズです。電子回路を接続する端子がソケット状になっており、ジャンパー線などを差し込むだけで接続できます。ソケットの間隔は、電子回路で一般的に用いられる「0.1インチ（2.54mm）」であるため、市販されているピンヘッダをそのまま差し込んで利用できます。

Arduino UNO R4にはルネサスエレクトロニクス社製の32ビットマイコン「RA4M1」が搭載されています。48MHzの動作周波数で動作可能です。前モデルのArduino UNO R3が16MHzの動作周波数の8ビットマイコンを採用していることを考えると、飛躍的に動作速度が向上していることがわかります。また、搭載メモリーは32Kバイト、プログラムなどを記録しておくフラッシュメモリーは256Kバイトと容量も増えており、大きなプログラムを実行することも可能です。

インタフェースは、デジタル入出力、アナログ入力に加え、アナログ出力も可能になりました。前モデルのArduino UNO R3単体ではPWMでの擬似的なアナログ出力を利用していましたが、Arduino UNO R4では指定したアナログ電圧を出力できます。

さらに、Arduino UNO R4はリアルタイムクロック（RTC）を標準で実装しており、専用ハードウェアで日時の管理が可能となっています。

Arduino UNO R4には、「Arduino UNO R4 Minima」と「Arduino UNO R4 WiFi」の2種類のモデルがあります。Arduino UNO R4 Minimaは基本的な機能を搭載するモデルで、比較的安価に入手可能です。

一方、Arduino UNO R4 WiFiは、無線LANやBluetoothでの通信が可能なモデルです。ESP32-S3を搭載しており、IEEE 802.11 b/g/n、Bluetooth 5での通信が可能となっています。さらに、中央付近には赤色に光る12×8のマトリクスLEDが配置されていて、文字や記号、簡単な図などを表示可能です。

●**基本的なエディション「Arduino UNO R4 Minima」（左）と「Arduino UNO R4 WiFi」（右）**

KEYWORD

ピンヘッダ

ピンヘッダは、金属部分がむき出しになった端子部品です。ケーブルや他の電子部品への接続などに利用されます。

KEYWORD

I²C、SPI、シリアルポート（UART）

いずれも機器やICなどを相互に接続し、信号をやりとりする規格です。I²C（アイ・スクエア・シーと読みます）は「Inter-Integrated Circuit」、SPIは「Serial Peripheral Interface」、UART（またはUSART）は「Universal Asynchronous Receiver Transmitter」の略称です。I²Cの使い方についてはPart6で解説します。

「Arduino UNO R3」

「**Arduino UNO R3**」は現行R4の1つ前の機種で、Arduinoの代表的なモデルでした。本書執筆時点でも販売が続けられており入手可能です（2024年1月現在）。

プロセッサに「ATmega328P」（16MHz）を採用。プログラム実行時に一時的にデータなどを保存するメインメモリーは2Kバイト、プログラムなどを保存するフラッシュメモリーは32Kバイトを搭載しています。

インタフェースは、デジタル入出力を14端子（そのうちPWM出力が6端子。PWMについてはページ下参照）、アナログ入力端子を6端子備えています。このほかにI^2CとSPIの利用も可能です。

販売された時期によって、入出力端子の側面に端子の名称が刻印されているモデルなどがありますが、性能自体に変わりはありません。

●**以前の代表モデル「Arduino UNO R3」**

KEYWORD

PWM（パルス変調）

PWM（Pulse Width Modulation）は、電圧の低い状態と高い状態を交互に高速で切り替えながら、擬似的にアナログ信号を出力する方式です。詳しくはChapter 5-5を参照してください。

NOTE

Arduino UNO Mini Limited Edition

Arduino UNOの累計販売台数が1,000万台を超えたのを記念して、2022年3月に「Arduino UNO Mini Limited Edition」が発売されました。機能はArduino UNO R3と同じですが、サイズが36.7×34.2mmとArduino UNO R3に比べ小型です。基板の文字が金色であるほか、シリアルナンバーが記載されています。なお、小型なのでシールドは利用できません。

「Arduino Due」

「**Arduino Due**」は高機能なエディションです。Arduino UNOのデジタル入出力端子が14端子であるのに対し、Arduino Dueでは54端子と約4倍搭載されています。同様にアナログ入力端子が12端子用意されています。さらに、Arduino UNO R4同様にArduino Dueにもアナログ出力端子を2端子備えています。

インタフェースが豊富なだけでなく、32ビットプロセッサーのAT91SAM3X8Eを搭載しています。動作周波数が84MHzとArduino UNO R4の約2倍の速さでの処理が可能です。さらにメインメモリーが96Kバイト、フラッシュメモリーが512Kバイトと大容量です。

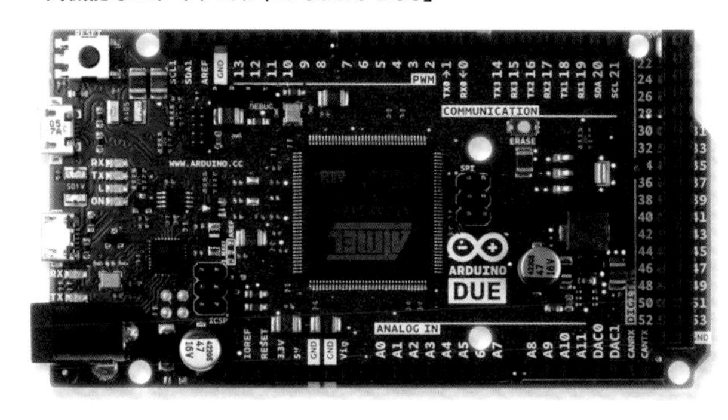

●高機能なエディション「Arduino Due」

「Arduino Micro」

「**Arduino Micro**」は、Arduino UNOと比べてサイズの小さなエディションです。ピンヘッダが搭載されており、ブレッドボードにそのまま差し込んで利用できます。

Arduino Microは、Arduino UNO R3とほぼ同じ端子を備えています。また、アナログ入力端子をデジタル入出力に切り替えて利用可能です。逆に、デジタル入出力端子の一部をアナログ入力に切り替えることもできます。これにより、デジタル入出力を最大20端子、アナログ入力を最大12端子使えます。

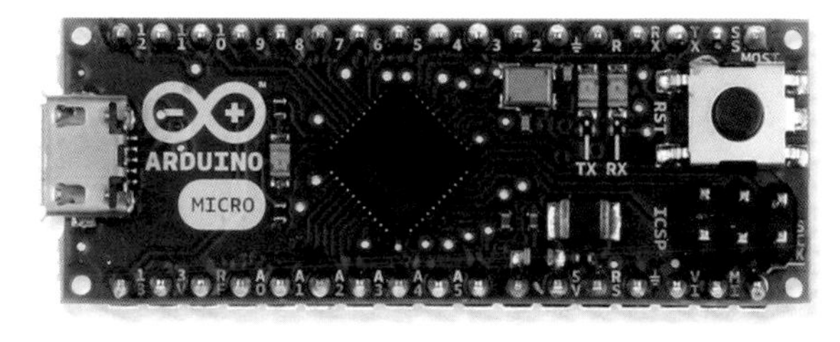

●ブレッドボードに直接差し込める「Arduino Micro」

Nanoファミリー

Arduinoのサイズを18×45mmと小型化したのがNanoファミリーです。Arduino UNO R3同様の機能を持つものや、無線通信機能やセンサーを搭載するものなど、様々なモデルが販売されています。

「**Arduino Nano**」は、Arduino Microよりもさらに一回り小さいエディションです。Arduino Micro同様にブレッドボードに差し込んで利用できます。

●**最も小さなArduino「Arduino Nano」**

Arduino Nanoは、アナログ入力端子が8端子とArduino UNOより2端子多く搭載されています。また、Arduino Microのようなデジタル入出力とアナログ入力の切り替えはできません。そのほかについては、ほぼArduino UNO同様に利用できます。

2019年5月に「Arduino Nano Every」がリリースされました。従来からあるArduino Nanoに比べ高性能にでありながら低価格です。CPUはATMega4809（20MHz)、メインメモリーが6Kバイト、フラッシュメモリーが48Kバイトと、旧版に比べ高性能・大容量化しています。

また、DC／DCコンバータを搭載しているため、電池1本といった低電圧の電源でも動作可能です。

サイズは45×18mmでArduino Nanoとほぼ同じです。ピン配列もArduino Nanoと同じなので、Arduino Nanoの代わりにArduino Nano Everyをブレッドボードに差し込んでもそのまま利用できます。

「Arduino Nano 33 IoT」は無線LANやBluetoothを利用して通信できるモデルです。インターネットに接続してデータのやりとりができるのが特徴です。

●**Arduino Nanoより高性能化された「Arduino Nano Every」**

「Arduino Nano 33 BLE」は、BLE(省電力版Bluetooth）を利用して通信できるモデルです。通信にかかる電力が少ないため、電池でも長時間動作します。また、慣性センサーが搭載されており、加速度、地磁気、ジャイロでの計測ができます。ドローンのような姿勢制御が必要な用途で活用できます。

「Arduino Nano 33 BLE Sence」は、同BLEモデルにセンサーを搭載したモデルです。慣性センサーのほか、温湿度、気圧、光、音センサーを搭載しています。

「Arduino Nano RP2040 Connect」は、Raspberry Pi財団で開発されたマイコンの「RP2040」を搭載したモデルです。MicroPythonを利用したプログラム開発にも対応します。また、RP2040の特徴であるプログラマブルI/O(Programmable I/O）を利用することも可能です。端子用の専用簡易マイコンを利用して精度の高いコントロールが可能です。

NOTE

機械学習にも対応できる「Arduino Portenta H7」

近年、AIや機械学習・深層学習技術が浸透し、様々な状況で活用されています。例えば、カメラで撮影した画像から人物を判別するなどといったことが実用化されています。しかし、機械学習のような機能を実現するには、末端のマイコンが高速処理できる必要があります。ArduinoはCPUの動作周波数が数十MHzでありメインメモリーも数Kバイトと、コンピュータとしての処理性能は高くありません。電子部品の制御であれば十分ですが、機械学習などの処理には向いていません。
そこで、IoTの開発向きモデルとして「**Arduino Portenta H7**」が発表されました（2020年7月発売）。Portenta H7は高機能なデュアルコア32ビットCPUを搭載し、無線通信機能、暗号モジュール、GPUも搭載しています。また、カメラやディスプレイモジュール、SDカードリーダー、リチウムイオンバッテリーなどを接続できるコネクタも用意されています。
Portenta H7ではARMの**Mbed OS**が動作します。Arduinoのプログラムが実行できるほか、PythonやJavaScriptの実行も可能です。さらにTensorFlow Liteに対応しており、機械学習が可能です。

主なエディションのスペック

	Aruino UNO R4 Minima	Arduino UNO R4 WiFi	Arduino UNO R3	Arduino Due	Arduino Mega2560 Rev3	Arduino Micro	Arduino Zero	Arduino WiFi Rev2
プロセッサ（動作周波数）	RA4M1（48MHz）	RA4M1（48MHz）ESP32-S3-MINI-1-N8（240MHz）	ATmega328P（16MHz）	AT91SAM3X8E（84MHz）	ATmega2650（16MHz）	ATmega32u4（16MHz）	Arm Cortex-M0+（48MHz）	ATmega4809（16MHz）
メインメモリー	32Kバイト	RA4M1：32Kバイト ESP32：512Kバイト	2Kバイト	96Kバイト	8Kバイト	2.5Kバイト	32Kバイト	6Kバイト
フラッシュメモリー	256Kバイト	RA4M1：256Kバイト ESP32：384Kバイト	32Kバイト	512Kバイト	4Kバイト	32Kバイト	256Kバイト	48Kバイト
無線LAN	–	IEEE 802.11 b/g/n	–	–	–	–	–	IEEE 802.11b/g/n
Bluetooth	–	Bluetooth 5	–	–	–	–	–	–
デジタルI/O	14	14	14	54	54	20	20	14
PWM出力	6	6	6	12	15	7	10	5
アナログ入力	6	6	6	12	16	12	6	6
アナログ出力（DAC）	1	1	–	2	–	–	1	–
端子の定格電流	各端子8mA	各端子8mA	各端子40mA	端子の合計130mA	各端子20mA	各端子40mA	各端子7mA	各端子20mA

次ページへつづく

	Aruino UNO R4 Minima	Arduino UNO R4 WiFi	Arduino UNO R3	Arduino Due	Arduino Mega2560 Rev3	Arduino Micro	Arduino Zero	Arduino WiFi Rev2
動作電圧	5V	5V	5V	3.3V	5V	5V	3.3V	5V
電源入力電圧	6～24V	6～24V	7～12V	7～12V	7～12V	7～12V	7～12V	7～12V
出力電圧	5V、3.3V	5V、3.3V	5V、3.3V	5V、3.3V	5V、3.3V	5V、3.3V	5V、3.3V	5V、3.3V
プログラム書込端子	USB（Type-C）、ICSP	USB（Type-C）、ICSP	USB（Type-B）、ICSP	USB（micro-B）、ICSP	USB（Type-B）、ICSP	USB（micro-B）、ICSP	USB（micro-B）、ICSP	USB（Type-B）、ICSP
その他インタフェース	UART、I^{2}C、SPI、CAN	UART、I^{2}C、SPI、CAN	UART、I^{2}C、SPI	UART、I^{2}C、SPI、CAN、USB	UART、I^{2}C、SPI	UART、I^{2}C、SPI	UART、I^{2}C、SPI	UART、I^{2}C、SPI
サイズ	68.85×53.34mm	68.85×53.34mm	68.85×53.4mm	101.52×53.3mm	101.52×53.3mm	48.2×17.8mm	68×53mm	68.6×53.4mm

	Arduino Nano	Arduino Nano Every	Arduino Nano 33 IoT	Arduino Nano 33 BLE	Arduino Nano 33 BLE Sence	Arduino Nano RP2040 Connect
プロセッサ（動作周波数）	ATmega168または ATmega328（16MHz）	ATmega4809（20MHz）	ARM Cortex-M0+（48MHz）	Arm Cortex-M4F（64MHz）		Raspberry Pi RP2040（133MHz）
メインメモリー	1Kバイトまたは2Kバイト	6Kバイト	32Kバイト	256Kバイト		530Kバイト
フラッシュメモリー	16Kバイトまたは32Kバイト	48Kバイト	256Kバイト	1Mバイト		16Mバイト
通信モジュール	–	–	NINA W102	NINA B306		Nina W102
無線LAN	–	–	IEEE 802.11 b/g/n	–		IEEE 802.11 b/g/n
Bluetooth	–	–	Bluetooth 4.2	Bluetooth 5.0		Bluetooth 4.2
デジタルI/O	14					20
PWM出力	6	5	11	14		20
アナログ入力	8					
アナログ出力（DAC）	–	–	1	–		–
端子の定格電流	各端子40mA	各端子20mA	各端子7mA	各端子15mA		各端子4mA
慣性センサー	–	–	–	LSM9DS1（加速度、地磁気、ジャイロ）		LSM6DSOXTR（加速度、ジャイロ）

次ページへつづく

	Arduino Nano	Arduino Nano Every	Arduino Nano 33 IoT	Arduino Nano 33 BLE	Arduino Nano 33 BLE Sence	Arduino Nano RP2040 Connect
気象センサー	−	−	−	−	HTS221（温湿度）、LPS22HB（気圧）	−
光センサー	−	−	−	−	APDS9960（カラー、ジェスチャー、接近）	−
マイク	−	−	−	−	MP34DT05	MP34DT05
動作電圧	5V		3.3V			
電源入力電圧	7〜12V	〜21V	〜21V	〜21V		5〜21V
出力電圧	5V、3.3V		3.3V	3.3V		3.3V、5V
プログラム書込端子	USB（mini-B）、ICSP		USB（micro-B）			
その他インタフェース	UART、I²C、SPI					
サイズ	43.2×17.8mm	45×18mm	45×18mm			

NOTE

過去のエディション

Arduinoは2005年に開発を開始し、今日までArduino本体も何度かアップデートされています。

初期に開発されたArduinoは「Arduino Serial」で、パソコンと接続するためのインタフェースにRS-232Cが利用されていました。次いでインタフェースがUSBに変更された「Arduino Extreme」、搭載パーツ数を減らした「Arduino NG」、低消費電力化などを施した「Arduino Diecimila」、電源を自動選択する機能を搭載した「Arduino Duemillanove」などをリリースしました。現在はArduino Duemillanoveの後継となる「Arduino UNO」が一般的に入手できます。

時代が進むにつれてブラッシュアップされてきていますが、Arduinoのインタフェースの配列やプログラムの形態などは変わりありません。そのため、Arduino Duemillanoveなど古いエディションでも、基本的にArduino UNOと同じように動作します。

●一世代前のエディション「Arduino Duemillanove」

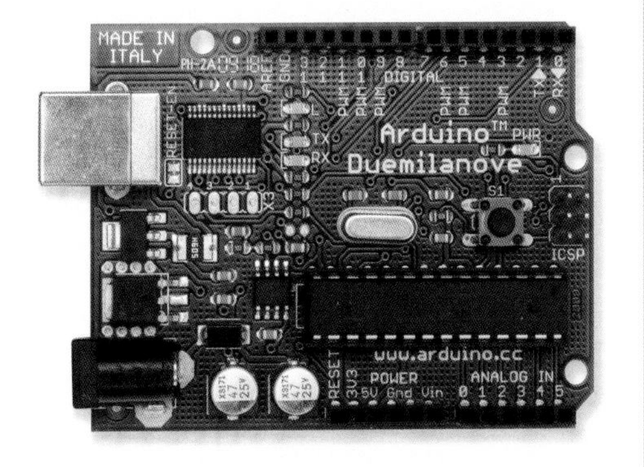

■ Arduino派生ボード

Arduinoは、ハードウェアの設計図を一般に公開している**オープンソースハードウェア**です。オープンソースハードウェアは、提供されている設計図を誰でも無償で利用できます。また、Arduinoの設計図を元にカスタマイズした製品を販売することも許可されています。

そのため、Arduinoから提供される情報を元に、互換性のあるマイコンボード（いわゆる「**Arduino互換機**」）が開発されています。これらのマイコンボードは、プログラミング方法やインタフェースなどがArduinoと同じなので、Arduino同様に利用できます。Arduino互換マイコンボードには、主に次のような製品があります。

親指に乗るほど小さい「Trinket」

Adafruit社が提供するArduino互換機「**Trinket**」は、非常に小さいのが特徴です。縦15.5mm横31mmと、Arduino Nanoの縦17.8mm横43.2mmよりも一回り小さく、作成するデバイスをできる限り小型化したい場合に適しています。

基板自体が小さいため端子は10本しかありませんが、Arduino UNOと同様にデジタル入出力、アナログ入出力、I^2C、SPIが搭載されています。ただし、それぞれの機能は各端子で共有しているため、プログラムで使う機能を選択することになります。

プロセッサにATtiny85を搭載、動作周波数は8MHz、メインメモリーは512バイト、記憶領域が8KバイトとArduino UNO R3やR4に比べ性能が劣ります。ただし、処理が少ない電子回路の制御には実用に十分耐えられます。Trinketは、動作電圧が5Vと3.3Vの2種類の製品が販売されています。用途に応じて選択しましょう。

Arduino UNOとほぼ同等の端子を装備した「Pro Trinket」も販売されています。Pro Trinketの大きさは縦18mm横38mmです。

さらに、32ビットのマイコン「ATSAMD21」を搭載した「Trinket M0」も販売されています。動作周波数が48MHzとTrinketよりも速い上、フラッシュメモリーが256Kバイトと容量も大きくなっています。さらに、D/Aコンバーターを搭載しており、アナログ出力にも対応しています。

● Arduino Nanoよりも小さい「Trinket」

Arduino UNO R3と同等の機能を搭載する「RedBoard Plus」

Sparkfun社が提供する「**RedBoard Plus**」は、Arduino UNO R3の互換ボードです。マイコンは、Arduino UNO R3と同じATmega328Pを搭載します。

また、同社のエコシステムのQwiic端子を搭載しており、専用のケーブルで同社が提供するセンサーなどのモジュールを簡単に接続できます。

動作電圧は5Vと3.3Vをスイッチで切り替えることができます。

● Qwiic端子を搭載するArduino UNO R3互換の「RedBoard Plus」

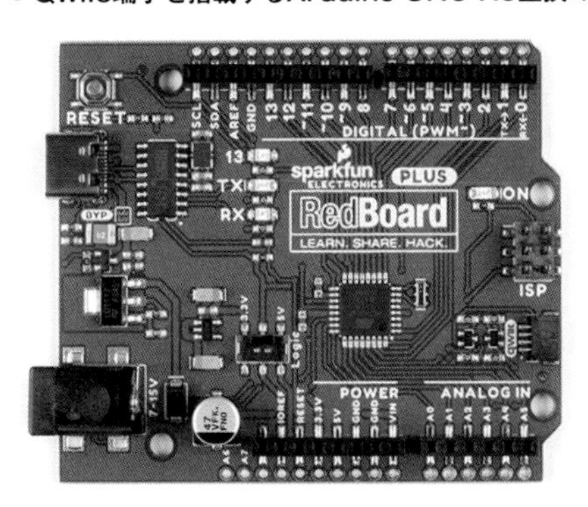

Arduinoボードを自作できる「ATmega168/328マイコンボード」

Arduinoはオープンソースハードウェアなので、無償提供されている回路図や基板の配置図などを参照すれば自分でArduinoボードを作成できます。しかし、実際に作成するとなると、必要な部品の用意や、部品を付ける基板を自分で作る必要があります。これには、エッチングといった化学的な処理やドリルでの加工などが必要で手軽には製作できません。

秋月電子通商では、Arduinoを自作できる基板を150円で販売しています。この基板を利用すればエッチングなどの処理を省略してArduinoボードを自作できます。

さらに、同社の「**ATmega168/328マイコンボードキット**」は、必要な部品をパッケージした製品です。この製品を用いれば、部品をはんだ付けするだけでArduinoを自作できます。16MHzと20MHzの水晶発振器が同梱されており、動作周波数を作成者が選択できるようになっています。このほか、付属しているATmega168プロセッサだけでなく、ATmega328にも対応しています。

●はんだ付けだけで自作できる「ATmega168/328マイコンボード」同梱部品

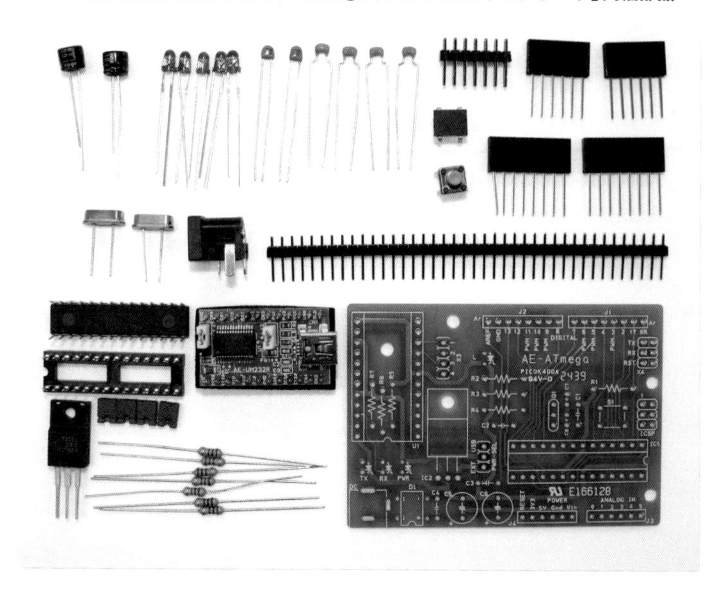

無線LAN機能を搭載した小型マイコン「ESP-WROOM」

Espressif Systemsが開発する「**ESP-WROOM**」は、無線LAN機能を標準で搭載しており、ネットワーク上の情報を使った電子回路の制御が可能です。日本の技適マークも取得しており、無線LANを日本国内で合法的に使えます。

プロセッサは32ビットで動作するため、高速な処理が可能です。インタフェースにはデジタル入出力やI^2C、SPIなど一般的な電子回路を制御するための端子が用意されています。また、Arduino IDEを使ったプログラムの開発も可能となっています。

ESP-WROOMは、「ESP-WROOM-02」と「ESP-WROOM-32」が販売されています。ESP-WROOM-02は、サイズが18×20×3mmと小さいうえに、250円程度で購入できます。ただし、デジタル入出力が9端子、アナログ入力が1端子と接続端子が少ないモデルです。一方、ESP-WROOM-32は500円と若干高価ですが、デジタル入出力が21端子、アナログ入力が16端子利用できます。さらに、アナログ出力端子を2端子搭載しているのも特徴です。

●無線LANで通信ができる「ESP-WROOM-02」

ESP-WROOMは端子の間隔が1.5mmなので、ブレッドボードには直接差し込めません。秋月電子通商やスイッチサイエンスでは、ブレッドボードに直接差し込めるようにしたモジュールを販売しています。

主なArduino互換製品のスペック

	Trinket	Trinket M0	RedBoard Plus	ATmega168/238マイコンボード	ESP-WROOM-02	ESP-WROOM-32
開発元／販売元	Adafruit	Adafruit	Sparkfun	秋月電子通商	Espressif Systems	Espressif Systems
プロセッサ（動作周波数）	ATtiny85（8MHz）	ATSAMD21（48MHz）	ATmega328P（16MHz）	ATmega168P（16MHz、20MHz）	ESP8266EX（80MHz）	Tensilica LX6（240MHz）
メインメモリー	512バイト	32Kバイト	2Kバイト	1Kバイト	36Kバイト	520Kバイト
フラッシュメモリー	8Kバイト	256Kバイト	32Kバイト	16Kバイト	4Mバイト	4Mバイト
デジタルI/O	5	5	22	14	11	21
PWM出力	3	5	6	6	3	16
アナログ入力	3	5	8	6	1（0～1Vの範囲に対応）	16
アナログ出力	－	1	－	－	－	2
端子の定格電流	各端子20mA	各端子7mA	不明	各端子40mA	不明	不明
動作電圧	5Vまたは3.3V[※1]	3.3V	5Vまたは3.3V[※2]	5V	3.3V	3.3V
電源入力電圧	5.5～16V	3～6V	7～15V	9～15V	3.0～3.6V	2.2～3.6V
出力電圧	5Vまたは3.3V[※1]	5V、3.3V	5V、3.3V	5Vまたは3.3V	3.3V	3.3V
プログラム書込端子	USB（Mini-B）	USB（Micro-B）	USB（Type-C）、ICSP	USB（Mini-B）、ICSP	UART	UART
その他インタフェース	I^{2}C、SPI	I^{2}C、SPI	UART、I^{2}C、SPI	UART、I^{2}C、SPI	IEE802.11 b/g/n、UART、I^{2}C、I2S、SPI、IrDA	IEE802.11 b/g/n、Bluetooth 4.2、UART、I^{2}C、I2S、SPI、IrDA
サイズ	31×15.5mm	27×15.3mm	68.6×58.4mm	80×55mm	18×20mm	18×25.5mm
参考価格	約1,000円	約2,000円	約4,000円	2,100円	約900円[※3]	約1500円[※3]

次ページへつづく

※1　Trinketは動作電圧が5V用、3.3V用の製品が用意されている。また、出力電圧は動作電圧に準ずる
※2　5V、3.3Vの切り替えスイッチを搭載
※3　ESP-WROOMは、必要な電子パーツなどを取り付けた開発キットの価格を示した

Chapter 1-3

Arduinoの入手と周辺機器

ここでは、Arduinoの入手方法について紹介します。また、Arduinoを使う上で必要となる機器についても紹介します。

■ Arduinoの入手

Arduinoは秋葉原や日本橋などにある電子パーツを販売する店舗で取り扱っています。秋葉原であれば秋月電子通商や千石電商などで購入可能です。また、最近ではヨドバシカメラのような一部の家電量販店でもArduinoの販売をしていることがあります。

オンラインショップでも購入可能です。主なオンラインショップを以下に示しました。Webサイトにアクセスし、検索ボックスで「Arduino」と検索したりカテゴリからたどることで商品の購入画面に移動できます。

- スイッチサイエンス
  http://www.switch-science.com/
- Amazon
  http://www.amazon.co.jp/
- 共立電子
  http://eleshop.jp/shop/
- マルツオンライン
  https://www.marutsu.co.jp/
- せんごくネット通販
  http://www.sengoku.co.jp/index.php
- 秋月電子通商
  http://akizukidenshi.com/
- RSオンライン
  https://jp.rs-online.com/
- ヨドバシカメラ
  https://www.yodobashi.com/

Arduino UNO R4 Minimaが約3,000円、Arduino UNO R4 WiFiが約4,500円、Arduino Nano Everyが約2,300円程度です。Arduinoは輸入製品で、取扱店舗や輸入時期により価格が異なります。Arduino UNOはほとんどの販売店で扱っていますが、Arduino DueやArduino Nanoなどは扱っていない店舗もあります。

Arduinoには多くのエディションがあり、どれを購入すべきか分からないこともあるかもしれません。適切なエディションが分からない場合は、基本モデルである「Arduino UNO R4 Minima」を選択しましょう。なお、本書で解説する記事のほとんどはArduino UNO R4 Minimaを前提にしています。ただし、一部（Part8）Arduino UNO R4 WiFiを前提にした記事もあるので、すべての内容を実践する場合はArduino UNO R4 WiFiを購入してください。

■ 必要な周辺機器を準備しよう

Arduinoを用意してもそれだけでは利用できません。Arduinoへプログラムを転送するためにパソコンは必須です。また、電気を供給するACアダプターや電子工作に必要な各部品も用意しておきましょう。ここでは、必要な周辺機器について説明します。

パソコン

Arduinoは単体で動作するマイコンボードですが、プログラムを転送しなければ何も動作しません。Arduinoで利用するプログラムの作成や、作成したプログラムをArduinoへ転送するためにはパソコンが必須です。

パソコンはWindows(Windowsタブレットを含む)、Macのいずれでも問題ありません。

NOTE

タブレットやスマートフォンでも開発可能

ArduinoにはWindows、macOS、LinuxなどのパソコンOS用の開発ツールが提供されていますが、AndroidやiOSなどのスマートフォン／タブレット用OS向けの開発ツールは提供していません。
Android端末を利用している場合、公式ではありませんが、第三者が用意した開発ツールが利用できます。Androidスマートフォンやタブレットの場合は、「**ArduinoDroid**」を使用することでプログラムの作成やArduinoへのプログラムの転送などができます。
ArduinoDroidは、Android用アプリストアである「Google Play」からインストールできます。また、Arduinoへのデータ転送のために、USB Type-Cケーブルが別途必要です。

●AndroidでArduino用プログラムを開発可能な「ArduinoDroid」

NOTE

Webブラウザを使って開発できる

Arduinoでは、オンラインで開発ができるサービス「**Arduino Cloud**」(https://app.arduino.cc/)を提供しています。このサービスでは、作成したプログラム(スケッチ)をクラウド上に保存しておいたり、Web上でプログラムを作成するEditorが用意されています。クラウド上に保存されているため、どこからでもアクセスすることが可能です。また、Arduino IDEと連携することができ、クラウド上のプログラムをパソコン上のArduino IDEで編集することも可能です。

●Web上で開発が可能なArduino Cloudの「Editor」

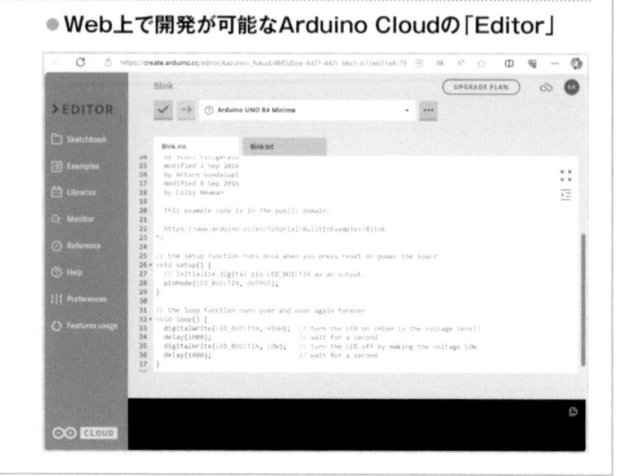

USBケーブル

パソコン上で作成したプログラムは、**USBケーブル**を利用してArduinoへ転送します。さらに、USBは給電できるため、転送用ケーブルを介してパソコンからArduinoへ給電することも可能です。USBケーブルがあればACアダプターを用いずにArduinoを動作させられます。

Arduino本体左上にある銀色の端子がUSB端子です。ここにUSBケーブルを接続します。

Arduino UNO R4はUSB Type-Cの端子が備わっています。パソコン側にUSB Type-Cを備えている場合は、Type-Cケーブルを利用して接続します。もし、パソコン側の「USB A」を利用する場合には、USB AからType-Cに変換するケーブルを用意します。商品には「USB2.0ケーブル A-Cタイプ」などと記載されています。

●ArduinoのUSB端子

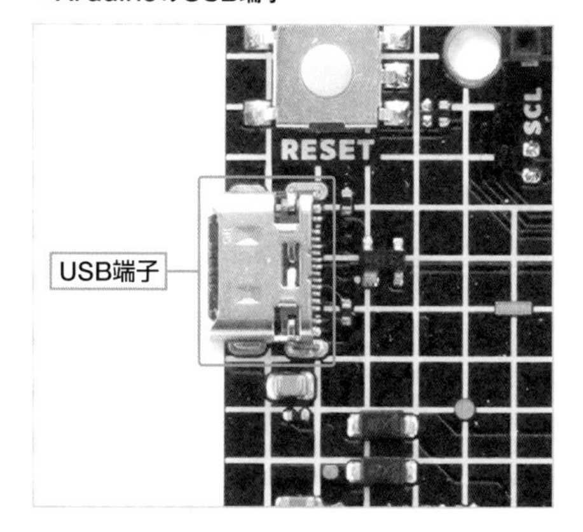

●USBケーブルの一例

NOTE

Arduino によって USB コネクタの形状が異なる

Arduino UNO R4のUSB端子はType-Cです。利用するArduinoによっては端子の形状が異なるため、利用するUSBケーブルも異なります。例えば、前モデルのArduino UNO R3は「Type-B」、Arduino Nanoは「mini-B」、Arduino Nano 33やArduino Micro、Arduino Dueなどは、「micro-B」を採用しています。利用するArduinoのUSBの形状を確認し、対応したUSBケーブルを購入するようにしましょう。

ACアダプター

Arduinoをパソコンに USB接続せずに動作させる場合は、「**ACアダプター**」からの給電が必要です。Arduino本体左下にある黒い端子にACアダプターを接続できます。

ACアダプターには「出力形式」「出力電圧」「供給可能な電流」が記載されています。Arduino UNO R4を動作させるには直流6～24Vの電圧が必要です。出力電圧が直流9VのACアダプターを選択すると良いでしょう。「DC9V」などと記載されています。

●Arduinoの電源端子

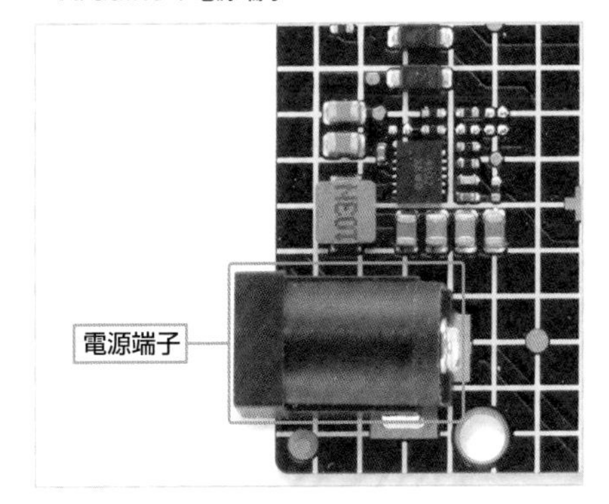

「供給可能な電流」の値が大きいほど、大容量の電力が必要な機器を動作させることができます（ACアダプターの供給電流が大きくても、供給を受ける側には必要な電流のみ流れます）。Arduino UNO本体だけであれば0.04A程度で動作できます。しかし、Arduino本体以外にも、Arduinoに接続した電子部品でも電気を使います。Arduino本体の動作だけを考えて最大電流が小さいACアダプターを選択すると、供給電流が不足してArduinoが停止してしまう恐れがあります。1A以上の電流を供給できるACアダプターを選択するようにしましょう。

ACアダプターの端子部分であるプラグの形状やサイズにも注意が必要です。Arduinoの電源端子に接続するには外形5.5mm、内径2.1mmのプラグが搭載されたACアダプターを選択します。さらに、プラグ中央がプラス電極となっている「センタープラス」の製品を選択する必要があります。

ACアダプターは電子パーツ販売店で購入できます。出力電圧がDC9V、電流1.3Aの商品であれば700円前後で購入可能です。

前述したように、ArduinoはUSBケーブルでパソコンへ接続しても、パソコンからの給電で動作します。これと同様に、USB端子が搭載されたACアダプターをUSBケーブルで接続すれば給電できます。USB形式のACアダプターはスマートフォンなどに利用されているため、比較的容易に入手できます。

USB形式のACアダプターを購入する際に注意が必要なのが、出力できる電流です。一般的なACアダプター同様、供給できる電流が少ないと突然Arduinoが停止してしまう恐れがあるためです。USB形式のACアダプターも、1A出力できるものを選択すると良いでしょう。1A出力可能なUSB形式のACアダプターならば、500円程度で購入が可能です。

●ACアダプターの一例

●USB形式のACアダプターの一例

KEYWORD

ACアダプター

電気には、常に一定の電圧を保ち続ける「直流」（DC：Direct Current）と周期的に電圧が変化する「交流」（AC：Alternating Current）の2種類の電気の流れ方があります。例えば、直流であれば5Vの電圧が常に供給されます。一方、交流の場合は+5Vと-5Vを周期的に変化します。
家庭用のコンセントからは交流100Vが供給されます。しかし、パソコンやArduinoなどの機器では、直流で動作する仕組みとなっているため、交流から直流へ変換が必要です。そのために利用されるのが「AC/DCコンバータ」（ADC）です。
また、Arduinoは5Vの電圧で動作するようになっていますが、家庭用コンセントの100Vでは大きすぎます。そこで100Vから5Vへ降圧が必要です。
この2つの機能を兼ね備えたのが「ACアダプター」です。家庭用コンセントの電圧からArduinoで利用できる電圧までACアダプター1つで降圧できます。

NOTE

Arduinoへの給電について

Arduinoへの給電についてはChapter 1-4を参照してください。

各種電子パーツ

Arduinoは、本体に搭載されたインタフェースに電子パーツを接続して制御できます。制御できる電子パーツは、明かりを点灯するLED、数字を表示できる7セグメントLED、文字などを表示できる液晶デバイス、物を動かすのに利用するモーター、明るさや温度などを計測する各種センサーなど様々です。これらパーツを動作させたい電子回路によって選択します。

●電子パーツの一例

NOTE

電子パーツについて

電子工作や本書で利用する各電子パーツなどについては、Part4以降で説明します。また、本書で利用した電子パーツをAppendix 3にまとめています。

初めてArduinoを利用したり電子工作をする場合は、Arduinoと基本的な電子パーツがセットになった「スターターキット」を購入しても良いでしょう。Arduino本体、電子工作を簡単に作れるブレッドボードやLEDなど、基本的な電子パーツや導線などがセットになっており、電子パーツを自分で集める手間が省けます。このスターターキットをベースに、足りない電子パーツを買い足していくと良いでしょう。

Arduino UNO R4 Minimaを同梱するキットとしてスイッチサイエンスの「Arduino UNO R4 Minimaをはじめようキット」（https://www.switch-science.com/products/9240）が販売されています。5,280円で購入できます。

Arduinoへの給電

Arduinoへの給電は、ACアダプターの他にUSB端子からの給電にも対応しています。また、Arduinoに接続した機器や電子回路の消費電力が大きい場合は、Arduinoからだけではなく別途接続機器へ直接給電することで、Arduinoを安定して動作させられます。

ACアダプター以外から給電する

Arduino本体は消費電力が約0.3W程度で動作します。そのため、ACアダプターのように常にコンセントに接続しているような給電方法だけでなく、電池だけで駆動することも可能です。電池を利用すればコンセントが無い環境でも動作させることが可能です。自走ロボットのように自由に動かす工作の場合に、電池だけで動作できれば電源ケーブルを接続しないですみます。

ただし、電池で動作させるには少々手間がかかります。電池ボックスを用意してArduinoの電源ジャックに差し込めるよう工作が必要です。そこで、スマートフォン用のUSB外部バッテリー（モバイルバッテリー）を活用することで、工作をせずにArduinoへ給電できます。モバイルバッテリーはUSBケーブルを利用するため、ArduinoのUSBポートにそのまま差し込んで給電できます。また、市販されている多くの外部バッテリーは充電機能を実装しているので、繰り返し利用できるのも利点です。

USB外部バッテリーをArduinoで利用する場合にはいくつか注意点があります。まず、Arduinoへの給電の差し込み口がUSB(Type-C）である必要があります。Androidスマートフォン用の製品の場合、端末側のコネクタがType-Cとなっていることが多いので、そのまま差し込むことが可能です。

供給できる電流も確認しておきましょう。Arduino本体はArduino R4 Minimaの場合は最低0.04A、Arduino R4 WiFiの場合は最低0.11A(いずれも筆者の計測結果）の電流で動作しますが、電子回路を接続した場合は回路上の部品にも電源の供給が必要です。余裕を持って1Aの電流を供給できるモバイルバッテリーを選択しましょう。

バッテリー容量も確認しておきましょう。容量が大きいほどArduinoを動作できる時間が長くなります。仮に6000mAhのバッテリーであれば、Arduino UNO R4 Minima本体のみであれば最大150時間程度動作させることが可能です。実際は電子回路を接続するため、回路によっては動作時間はそれよりも短くなります。

●モバイルバッテリーの例

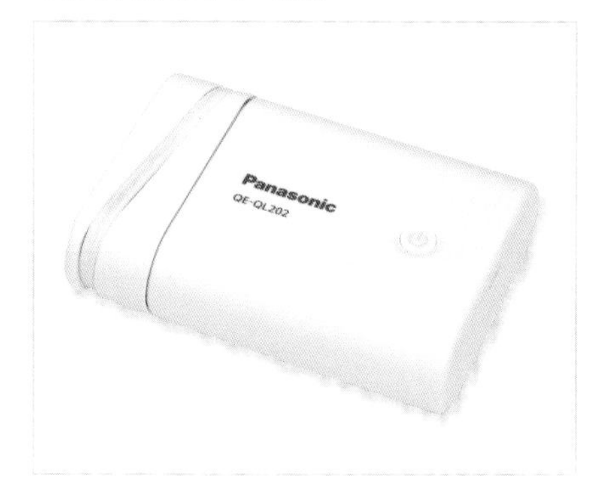

NOTE

Arduinoを電池で駆動させる

Arduinoは本体の消費電力が少ないため乾電池でも動作します。電力消費の少ない電子部品を組み合わせて乾電池から給電すれば、電気の供給が手軽です。例えば、温度センサーで周囲の温度を計測してキャラクターディスプレイに表示するだけならば、乾電池駆動でも十分です。なお、モーターのような電力消費が大きい電子パーツも乾電池で動作可能ですが、駆動時間が短くなるので注意が必要です。電池を接続する場合は、電源関連のソケットにある「VIN」に電池の＋極を接続し、GNDに－極を接続すればArduinoが起動します。接続する電池は、6Vから24Vのものを使います。例えば四角形の乾電池「006P」は9Vの電圧を出力できます。しかし、乾電池1本（1.5V）だけを接続しても電圧が不足して正常に動作しません。1.5Vの乾電池を使う場合は、4本格納できる電池ボックスを利用するなどし、出力が6Vの電圧になるようにします。

●乾電池でArduinoを動作させる

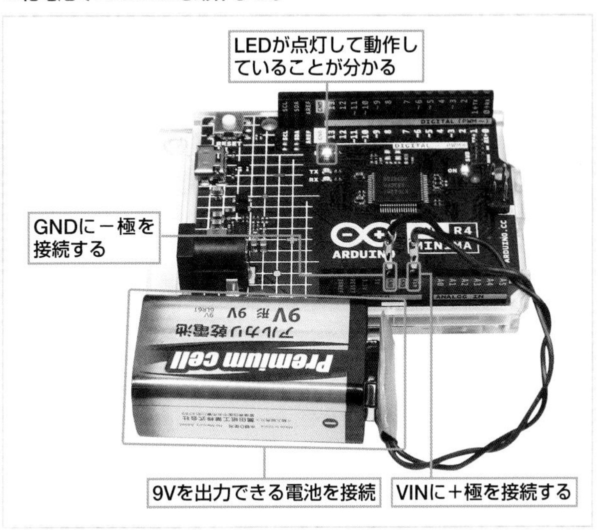

■ 接続する回路の消費電力に注意

Arduinoには**電力定格**があります。Arduinoの搭載している部品（DC/DCコンバーター）は1.2Aまでの電流を流せますが、それ以上の電流は流せません。

この電力定格は、Arduino本体を動作させる電力だけでなく、作成した電子回路で消費する電力も制限します。多量のLEDを接続したり、モーターのような消費電力の大きな部品を電子回路で利用すると、電力の上限に達して給電が遮断されます。給電が遮断されると、Arduinoは強制的に再起動されます。Arduinoに電力定格を上回る電力消費の大きな機器を接続してはいけません。

Arduinoの定格電力を上回る電力消費をする電子回路を動かすには、Arduinoからでなく別ルートで機器へ給電します。

電子回路への給電

Arduino UNO R4のデジタル入出力の各ソケットは8mAまでの電流に制限されています。Arduinoの定格電流を超える電流供給が必要な部品や素子などを動作させる際は、Arduinoの各ソケットに直接接続してはいけません。そのような場合は、トランジスタやFET(電界効果トランジスタ）など、電流を増幅する素子や、モーター制御ICなどを利用して接続します（モーター制御ICについてはChapter 5-5を参照)。

なお、+5V電源ソケットはACアダプターからほぼ直接供給しているため、デジタル入出力ソケットのような制限がありません。しかし、前述したようにArduinoに供給する電流が1Aを超えるとArduinoは停止してしまいます。この場合は、Arduinoを介さず電源から直接電子回路に給電することで解決できます。

電子回路へ直接ACアダプターで電源供給する場合は、電子回路が利用する電流に応じたACアダプターを選択してください。なお、電子回路へ直接電力を供給する場合は、外部供給した電流がArduinoに流れ込まないような工夫が必要です。電流が流れ込んでしまうと、Arduinoに搭載された部品が過電流により壊れる恐れがあります。

●電子回路にACアダプターから直接電力を供給する

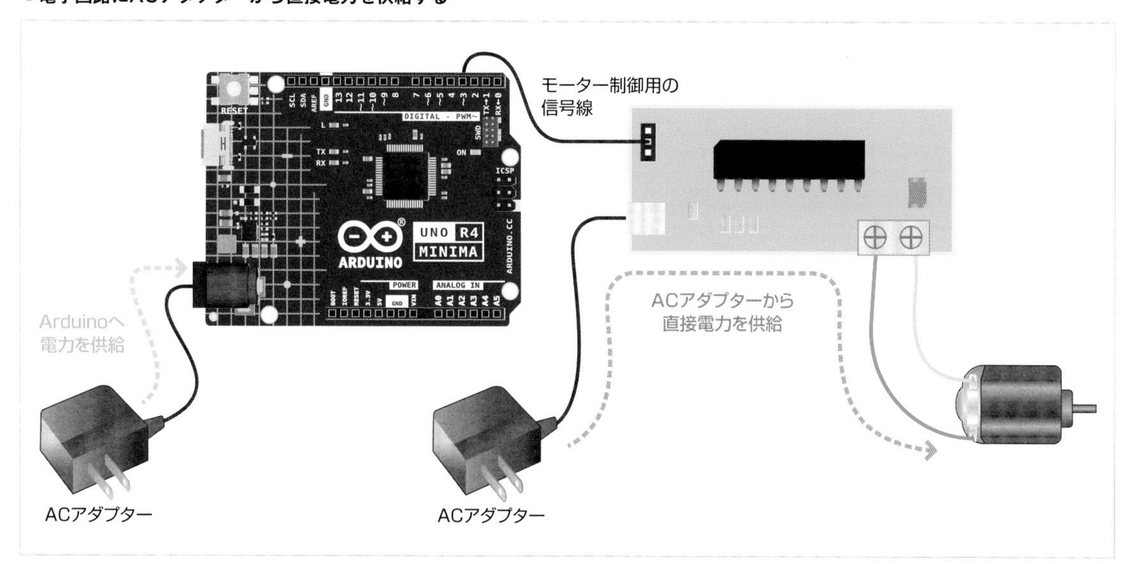

Part 2

Arduinoと プログラム開発の準備

Arduinoを利用するには、パソコン上で作成した制御用プログラムをArduinoに転送する必要があります。プログラムの作成や転送に利用するのが開発環境です。ここでは、Arduinoの開発環境をパソコンに用意して、プログラムを作成できるようにしましょう。

Arduinoを動作させるには

Arduinoで電子回路を制御するには、パソコン上で作成したプログラムをArduinoへ転送する必要があります。プログラムの作成には、Arduino IDEやVisual Studio Codeなどが利用できます。

Arduinoを動作させる

制御したい電子回路をArduinoの各インタフェースに差し込んで電源を接続しただけでは、電子回路は動作しません。電子回路を制御する**プログラム**を作成し、Arduinoに転送しておく必要があります。

制御プログラムはパソコン上で作成し、書き込みツールを利用してArduinoに転送します。転送が完了すれば、Arduino上でプログラムが実行され、電子回路が動作するようになります。

転送したプログラムはArduino上のフラッシュメモリー内に保存され、電源を切ってもそのまま保持されています。再びArduinoの電源を投入すれば、自動的に保存されたプログラムが読み込まれます。プログラムの実行にパソコンは必要ありません。

NOTE

電源の供給方法

Arduinoへの電気の供給方法についてはChapter1-4を参照してください。

●パソコンで作成したプログラムをArduinoに転送する

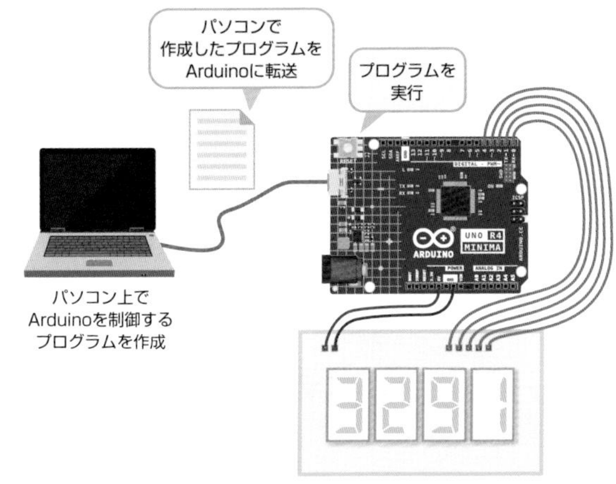

●保存されているプログラムが起動する

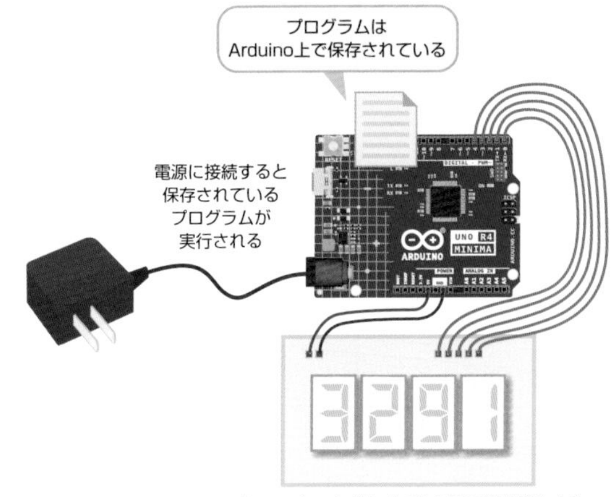

NOTE

プログラムの動作がおかしい場合

転送したプログラムが途中で正常に動作しなくなった場合や、プログラムを最初から動作させたい場合は、Arduino本体上にある「リセット」ボタンを押します。Arduinoが再起動してプログラムを一から実行します。

●Arduinoを再起動する「リセット」ボタン

■ Arduinoで電子部品を制御するプログラムの作成

Arduinoで電子部品を制御するには、制御用のプログラムを作成する必要があります。例えば「温度センサーで現在温度を計測し、計測した温度が規定温度よりも高いか否かを判定し、温度が高い（暑い）と判定したら扇風機を動かす」といった動作を、プログラミング言語の構文に則って作成します。作成したプログラムを実行すると、Arduinoはそれに則って電子回路を制御します。

プログラミングするには、プログラムを作成する環境（**開発環境**）をパソコンに準備しておく必要があります。Arduinoではいくつかの開発環境が利用できます。

●電子回路の制御にはプログラミングが必要

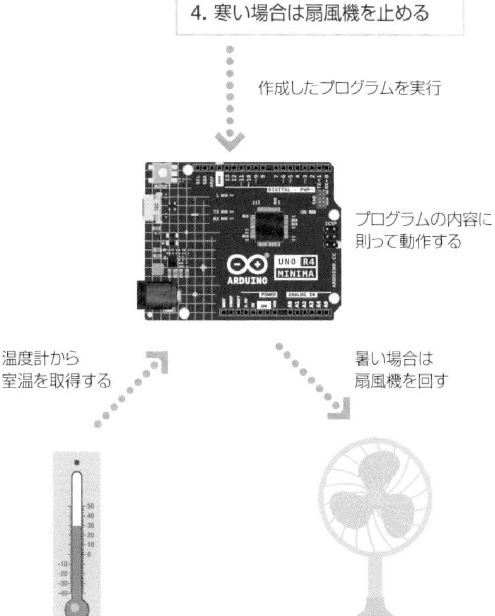

Arduinoが提供する「Arduino IDE」

Arduinoには、Arduino用開発環境「**Arduino IDE**」が提供されています。Arduino IDEでは、編集画面にArduino用の開発言語を記述してプログラムを作成します。Arduino用の開発言語は「C++」に似た形態です。Arduino IDEで作成するプログラムのことを「スケッチ」と呼びます。

Arduino IDEには作成したプログラムをチェックする機能や、Arduino本体への転送機能が実装されています。Arduino IDEだけでプログラム作成から、Arduino本体への転送まで一括で作業できます。

Arduino IDEの導入方法についてはChapter 2-2で、基本的な使い方についてはChapter 3-1、3-2で説明します。

●Arduino開発環境「Arduino IDE」

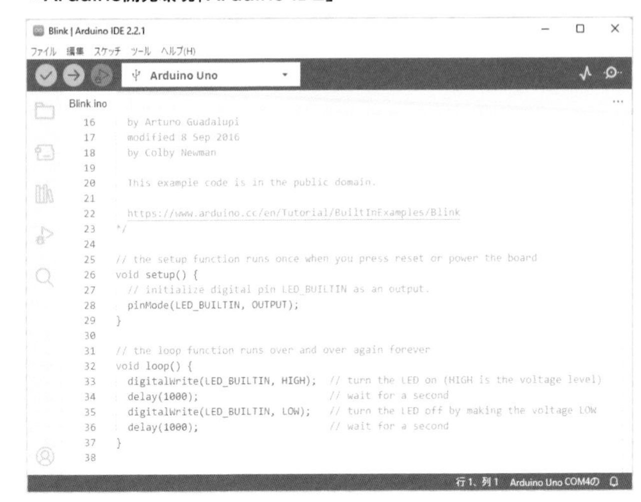

人気のある統合開発環境「Visual Studio Code」

一般的に、プログラム作成に用いるコードエディターとしてMicrosoftの「**Visual Stuido Code**」に定評があります。C言語やPython、Javaといったプログラミング言語や、JavaScriptやHTMLなどスクリプト言語など様々な言語による開発を補助する機能が、拡張機能として用意されています。

Windows、Mac、Linuxのマルチプラットフォームで利用できる点や、無料で利用できるのもメリットです。

ArduinoのプログラムについてもVisual Studio Codeでの開発が可能です。Arduino IDEよりも高機能なうえ、自分自身が使いやすいように自由にカスタマイズもできます。

●定評のある開発環境「Visual Studio Code」

本書では、Arduino IDEを利用したプログラム作成方法を中心に説明しますが、Visual Studio Codeの導入方法やArduinoで利用する方法についてはChapter 2-2で紹介します。

視覚的にプログラミングができる「Scrattino」

Arduino IDEは専用エディタで構文に従ってプログラムを記述します。Arduino IDEでプログラムを作成する場合、各種命令の利用方法を覚えておく必要があります。利用したい機能を提供する関数も知っておく必要があり、プログラミング初心者にとってはハードルが高く感じられるかもしれません。
このような初心者にお勧めなのが、視覚的にプログラムの作成ができる「Scrattino3」です（https://lab.yengawa.com/project/scrattino3/）。プログラム言語学習環境として定評のある「Scratch」をArduinoで利用できるようにしており、あらかじめ用意されているアイテムをマウスで配置していくだけでプログラム作成ができます。
しかし、最新版のArduino UNO R4ではScrattinoを利用することができないので注意が必要です（2024年1月現在）。なお、Arduino UNO R3など旧式のArduinoを利用している場合は、Scrattinoでの開発が可能です。

●Scrattino3の開発画面

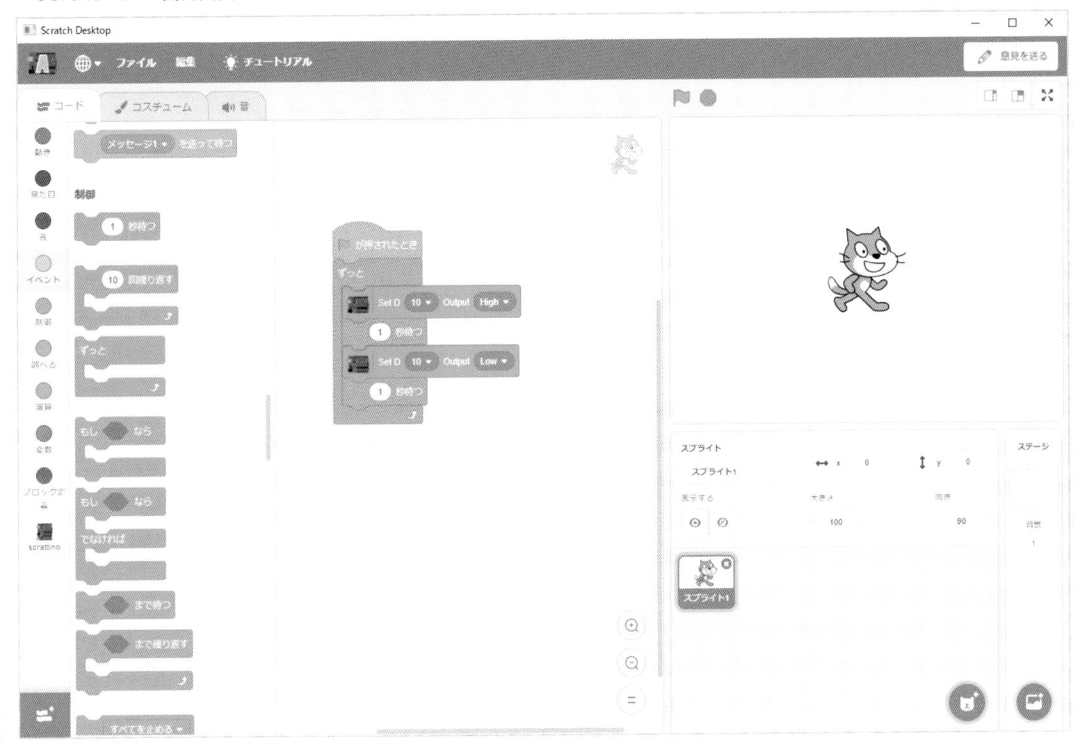

Arduino IDEを準備する

Arduino IDEは、Arduinoの公式サイトから無償で入手可能です。パソコンにインストールしてArduinoのプログラムを作成できるようにしましょう。Arduino IDEは随時更新されていますが、本書では2.2系を使用して解説します。

Arduino IDEを入手する

Arduino IDEをダウンロードしてパソコンにインストールしましょう。Arduino IDEはWindows版、Mac（macOS）版、Linux版が用意されています。それぞれArduinoの公式サイトのダウンロードページから入手可能です。本書ではWindows版とMac版（10.14以降用）のインストール方法について紹介します。Arduino IDEは随時更新され最新版が公開されていますが、本書では2.2系（バージョン2.2.1）を使用して解説します。

パソコンでWebブラウザを起動して「https://www.arduino.cc/en/software」にアクセスすると、これまでリリースされたArduino IDEをダウンロードできるページにアクセスします。「Download the Arduino IDE」の右にあるインストールするOSの種類をクリックします。Windowsの場合は「Win 10 and newer, 64 bits」を、Macの場合は使用環境に応じた「macOS」のいずれかのリンクをクリックします。

●Arduino IDEのダウンロード

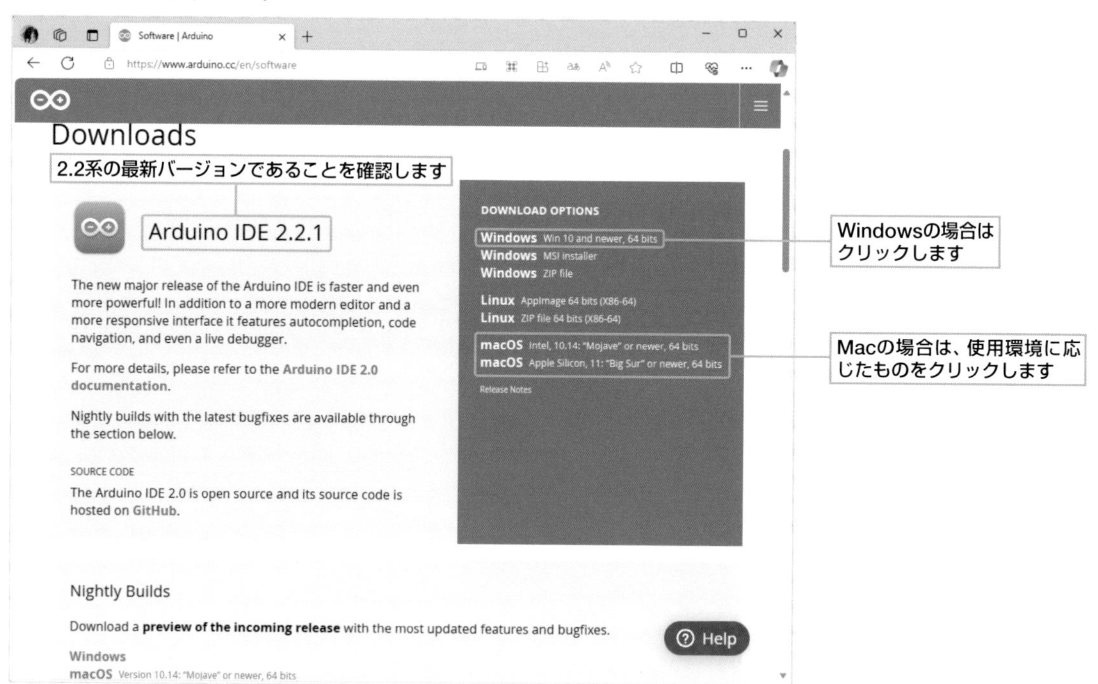

NOTE

Arduino IDE 2.2系以外のバージョンがリリースされた場合

Arduino IDEは開発が継続されており、将来バージョンが変わる可能性があります。本書はArduino 2.2系を前提に記事を執筆・検証していますが、2.2系内のマイナーバージョンアップの範囲内であれば、新しいバージョンのArduino IDEを利用しても問題はありません。
しかし、Arduino IDEがメジャーバージョンアップ（例えば3.0系など）した場合、機能の大幅な変更が予想されます。そのため、本書記載内容通りに読み進める場合は、必ず2.2系をインストールしてください。
Arduino IDEがメジャーバージョンアップされ、前ページで解説したダウンロードページでArduino 2.2.1のダウンロードができなくなった場合は、https://github.com/arduino/arduino-ide/releases/tag/2.2.1へアクセスして入手してください。

NOTE

旧バージョンを利用する

古いPCなどを利用している場合、Arduino IDE 2.2系が使えないことがあります。ここの場合は、旧バージョンの1.8系を利用することで動作することもあります。なお、操作方法は2.2系とは異なるので注意してください。
なお、1.8系は「https://www.arduino.cc/en/software」にアクセスして「Legacy IDE (1.8.X)」からダウンロードできます。

ダウンロード時には寄付の確認画面が表示されます。Arduino IDEは寄付しなくても利用可能です。寄付する場合は「CONTRIBUTE AND DOWNLOAD」を、寄付しない場合は「JUST DOWNLOAD」をクリックします。

●寄付の選択

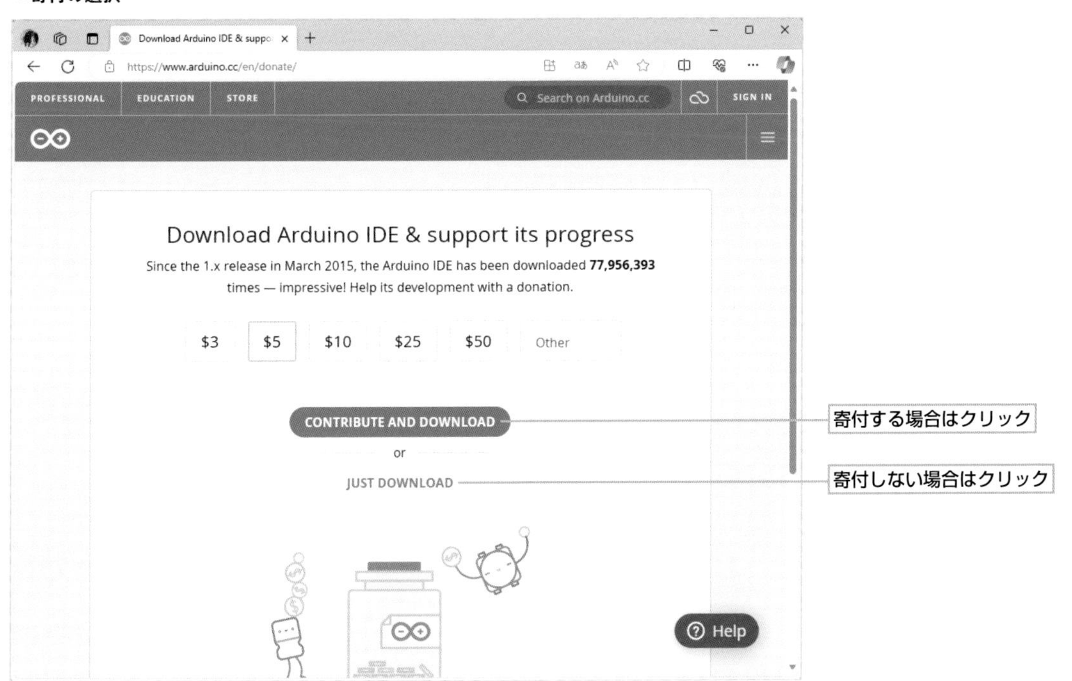

ユーザー登録をするかを尋ねられます。ユーザー登録をしておくことで、最新情報をメールで取得できます。メールアドレスを入力して、その下の二つのチェックボックスにチェックをした後「SUBSCRIBE & DOWNLOAD」をクリックします。もし、ユーザー登録をしない場合は、「JUST DOWNLOAD」をクリックします。

●ユーザー登録の設定

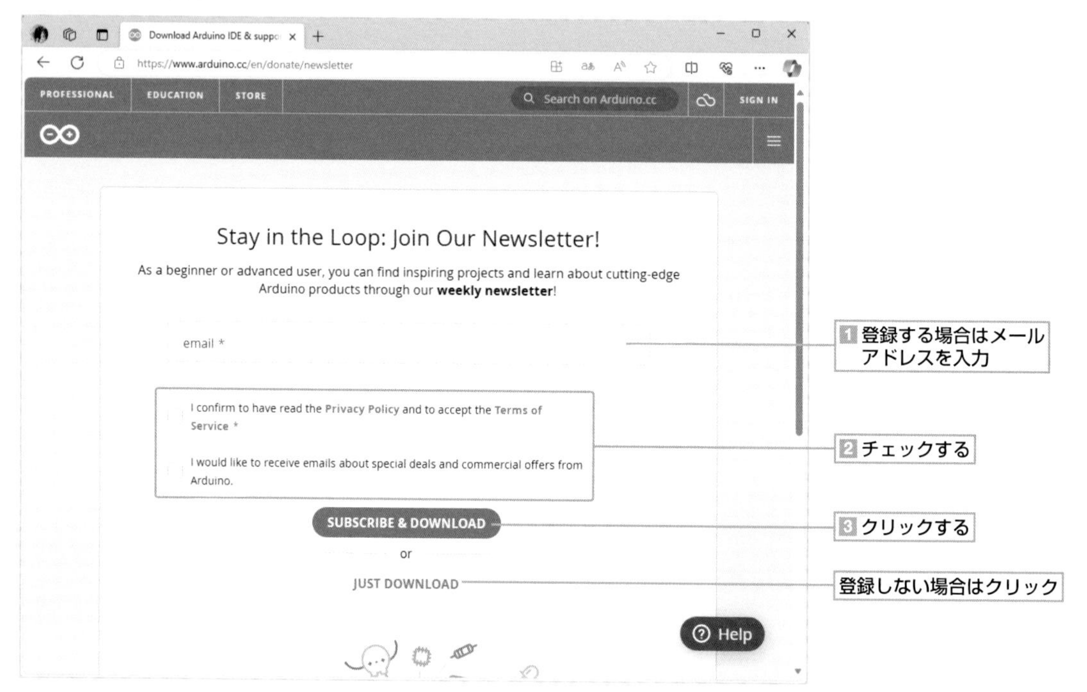

NOTE

Java 実行環境が必要

Arduino IDEの起動には、Java実行環境が必要です。パソコンにJavaがインストールされていない場合（例えばMac Catalinaには、工場出荷状態ではJava実行環境がありません）は、https://java.com/ja/download/へアクセスして「無料Javaのダウンロード」をクリックしてJavaをインストールしておきます。

Arduino IDEをWindowsにインストールする

ダウンロードが完了したらWindowsにArduino IDEをインストールしましょう。本書ではWindows 11でのインストール方法を紹介しますが、Windows 10でも同様にインストール可能です。

1 ダウンロードフォルダに保存されている、Arduino IDEのインストーラをダブルクリックします。

2 ライセンスが表示されます。「同意する」ボタンをクリックします。

3 インストールするユーザーを指定します。PCに登録されたすべてのユーザーが利用できるようにするには「このコンピューターを使用しているすべてのユーザー用にインストールする」を選択し、現在のユーザーのみが利用する場合は「現在のユーザーのみインストールする」を選択します。「次へ」をクリックします。

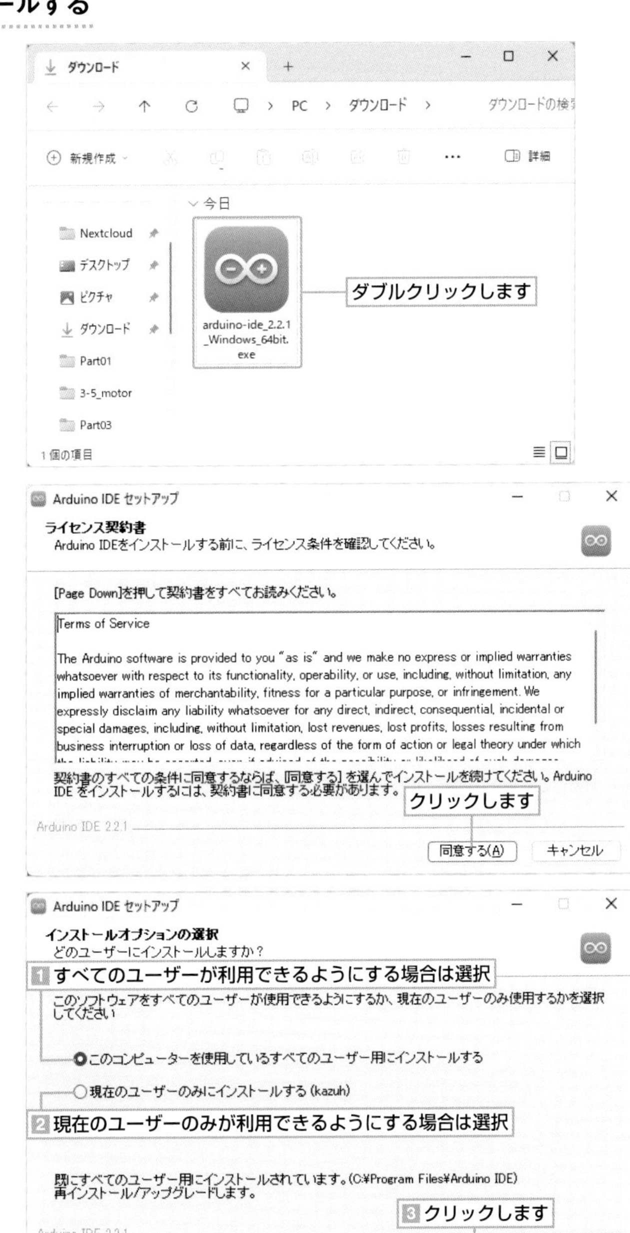

NOTE

ライセンスの確認

場合によってはもう一度ライセンスの確認画面が表示されます。この場合は、「同意する」をクリックして先に進めます。

4 インストール先を指定します。通常はそのまま「インストール」をクリックします。

5 インストールが開始されます。途中で必要となるドライバーをインストールします。「インストール」をクリックします。

6 これですべてのインストールが完了しました。「完了」をクリックします。

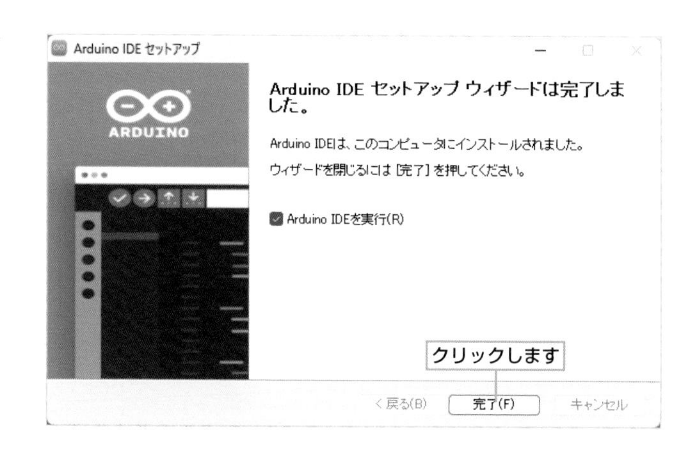

7 Arduino IDEを起動しましょう。スタートメニュー内にある「Arduino IDE」をクリックします。

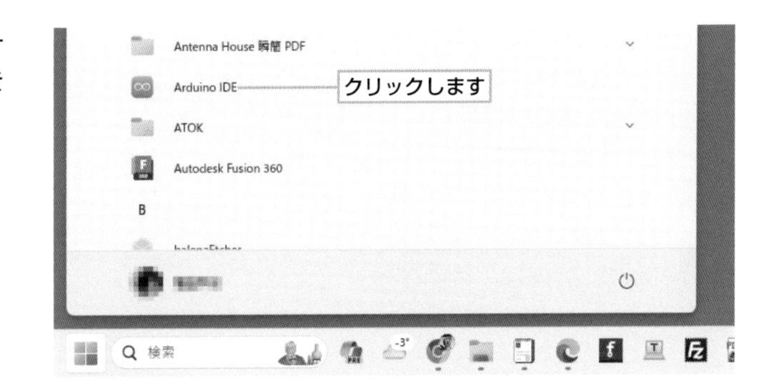

8 Arduino IDEが起動し、プログラムの編集画面が表示されます。

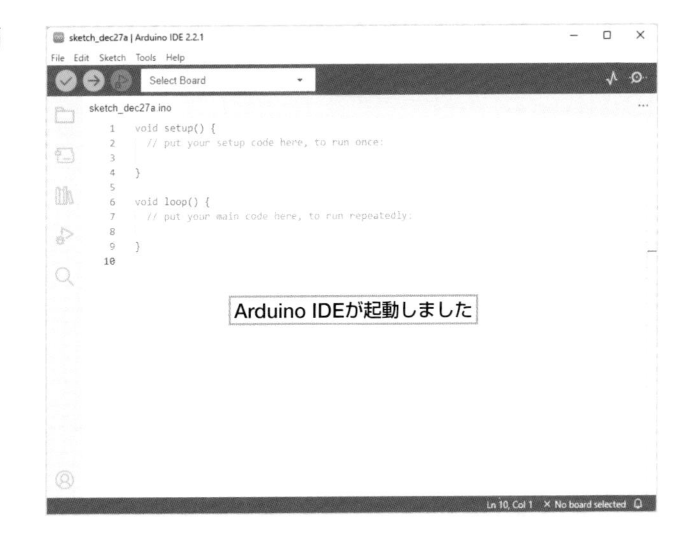

Arduino IDEをMacにインストールする

MacにArduino IDEをインストールしましょう。

1 Finderで「ダウンロード」フォルダを開き、ダウンロードしたArduino IDEのイメージファイルをダブルクリックします。

2 imageファイルがマウントされると、右図のようなウィンドウが表示されます。左側のArduino IDEアイコンをドラッグして右側のアプリケーションフォルダアイコンへドロップすると、Arduino IDEがアプリケーションフォルダにコピー（インストール）されます。

3 Arduino IDEを起動するには、Finderの「移動」メニューから「アプリケーション」を選択します。

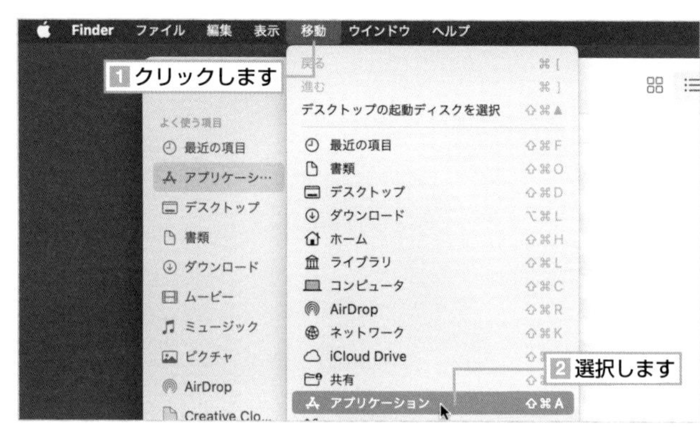

4 アプリケーションの一覧から「Arduino IDE」を探し出し、ダブルクリックします。

5 初めて起動する場合は、警告メッセージが表示されることがあります。「開く」ボタンをクリックします。
また、設定によっては書類フォルダへのアクセス権を求められることもあります。「OK」ボタンをクリックします。
さらに、ネットワーク受信接続の許可を求められた場合も「許可」ボタンをクリックします。

6 Arduino IDEが起動し、プログラムの編集画面が表示されます。

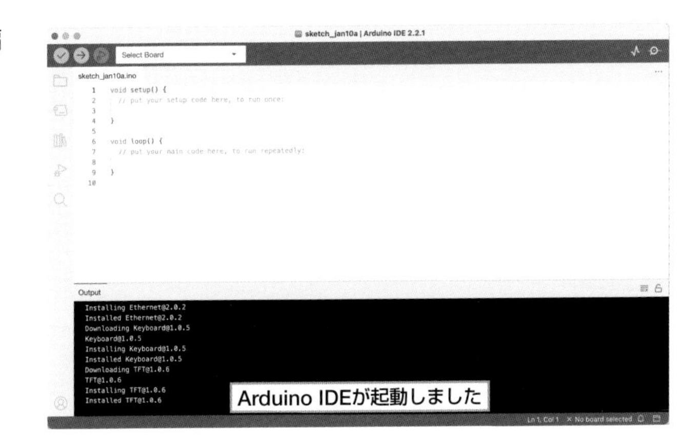

日本語表示に切り替える

記事執筆時点のArduino IDEは、初期状態の言語設定が英語になっています。

日本語表示に変更する場合、「File」メニューの「Preferences」を選択して表示される画面の「Language」で「日本語」を選択して「OK」ボタンをクリックします。

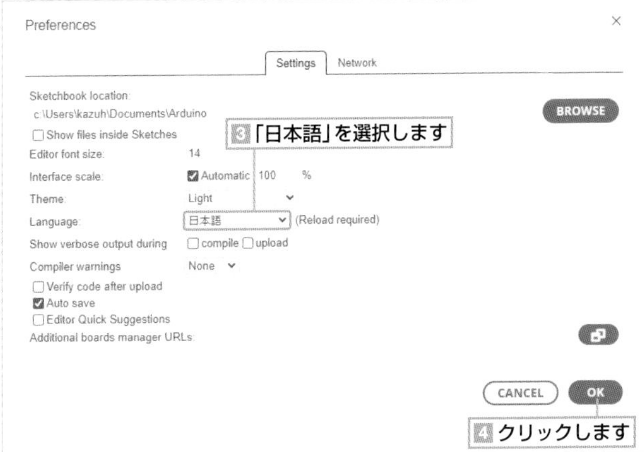

■ 書き込み対象の製品と接続ポートの選択

Arduino IDEでプログラムを作成する前に、接続したArduinoのモデルやどこに接続したかを選択する必要があります。選択していないと、作成したプログラムをArduinoに転送することができません。

USBケーブルでArduinoとパソコンを接続します。次に、Arduino IDEのツールバーにある「ボードを選択」をクリックします。すると、接続された製品が表示されます。ここから、利用するArduinoを選択します。例えば、下の図では「Arduino UNO R4 Minima」が「COM4」というポートに接続されていると表示されています。選択すると、プログラムの書き込みができるようになります。

もし、誤った製品が表示された場合は、「他のボードとポートを選択」をクリックして、正しい製品を選択するようにします。

■ ライブラリのアップデート

Arduino IDEでは、ボードやライブラリなどでアップデート（更新）があると画面下にメッセージが表示されます。このメッセージのリンクをクリックすることで、ライブラリ等を最新に更新できます。

「全てをインストール」ボタンをクリックすると、アップデートがあるライブラリをすべてアップデートします。「手動でインストール」をクリックした場合は、アップデートするライブラリを選択できます。

●更新を知らせるメッセージ

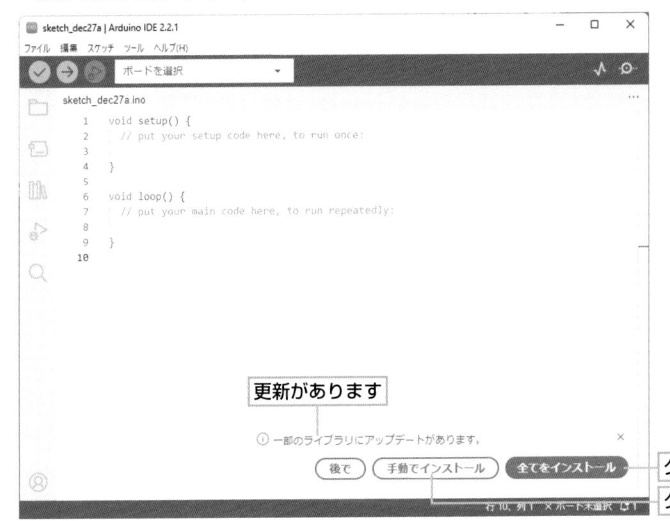

●手動でのライブラリ更新

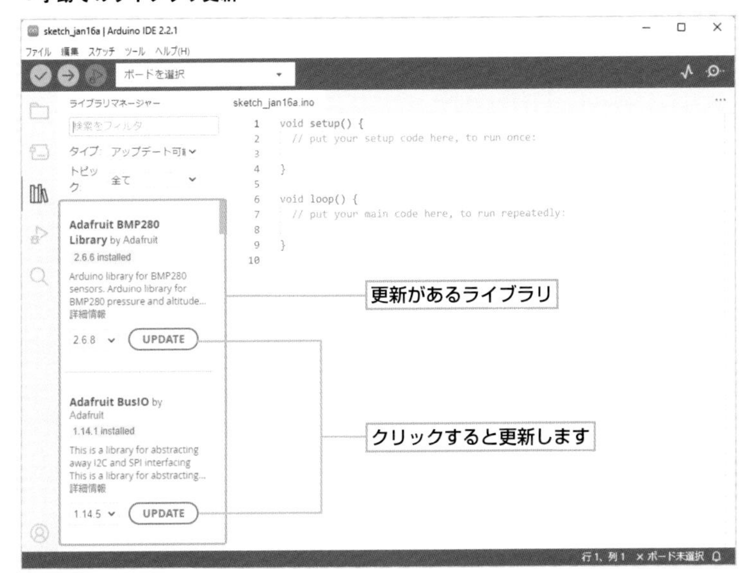

もし、更新を知らせるメッセージが消えてしまった場合は、ライブラリマネージャまたはボードマネージャから更新が可能です。画面左のライブラリアイコンやボードアイコンをクリックすることで表示できます。

タイプで「アップデート可能」を選択すると、アップデートのあるライブラリやボードに絞って一覧表示します。

●ライブラリマネージャ、ボードマネージャを開く

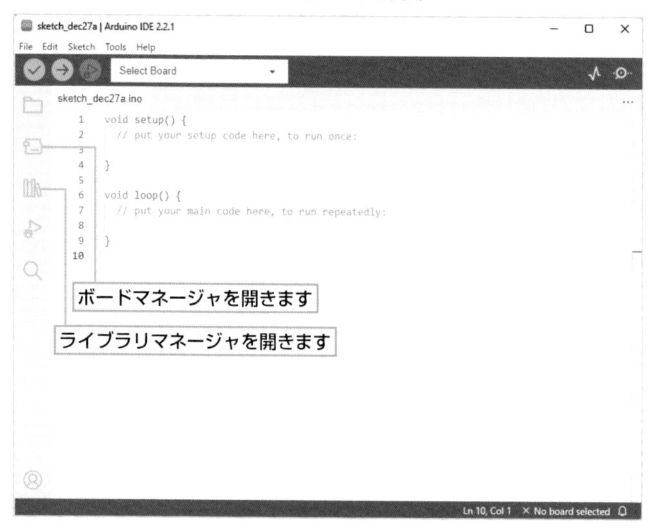

■ Visual Studio Codeを準備する

Visual Studio CodeでArduinoのプログラム開発ができるようにしましょう。

Arduino用のプログラム開発では、プログラムを入力するだけでなく、作成したプログラムをArduinoに転送したり、Arduinoから送られてくるメッセージを表示したりするなど、様々な機能が必要です。

これらの機能をVisual Studio Codeに実装するには「**PlatformIO**」を利用します。PlatformIOは、Arduinoを初めとした様々なマイコンプログラミングができる拡張機能です。プログラムの転送やメッセージの表示、デバッグなど様々な機能を使えます。

ここでは、Visual Stuido Codeを準備し、PlatformIOを利用する方法について説明します。

インストールするパソコンのWebブラウザでVisual Studio CodeのWebサイト「https://code.visualstudio.com/」にアクセスします。環境にあったインストーラー（Windowsであれば「Download for Windows」、Macの場合は「Download for Mac」など）が自動で表示されるのでクリックしてダウンロードします。

NOTE

Visual Studio Codeは必要に応じて導入する

p.45で導入したArduino IDEだけでも、十分Arduinoのプログラム開発は可能です。Arduinoをはじめて利用したり、プログラムの作成に慣れていなかったりする場合は、Arduino IDEを利用することをお勧めします。
プログラム開発に慣れていて、他のプログラム開発などですでにVisual Studio Codeを利用している場合は、Visual Studio CodeにPlatformIOを追加することで、Arduino用の開発環境が整います。

● Visual Studio Codeのダウンロード（Windowsの場合）

Visual Studio CodeをWindowsにインストールする

1 ダウンロードしたファイルをダブルクリックします。

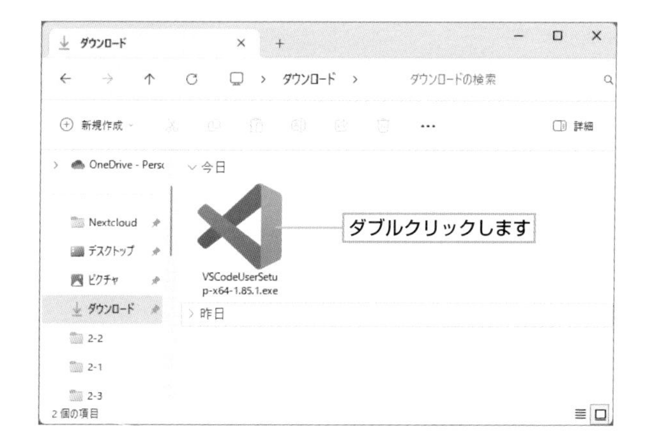

2 ライセンスが表示されます。「同意する」を選択して「次へ」ボタンをクリックします。

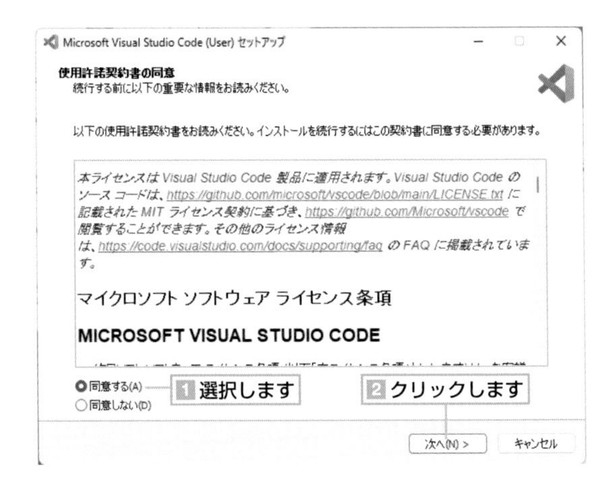

3 インストール時に実行する内容を設定します。通常はそのまま「次へ」ボタンをクリックします。

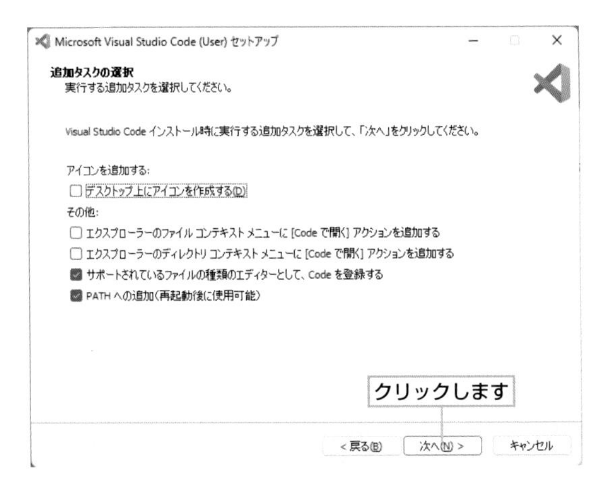

4「インストール」ボタンをクリックするとインストールが開始されます。

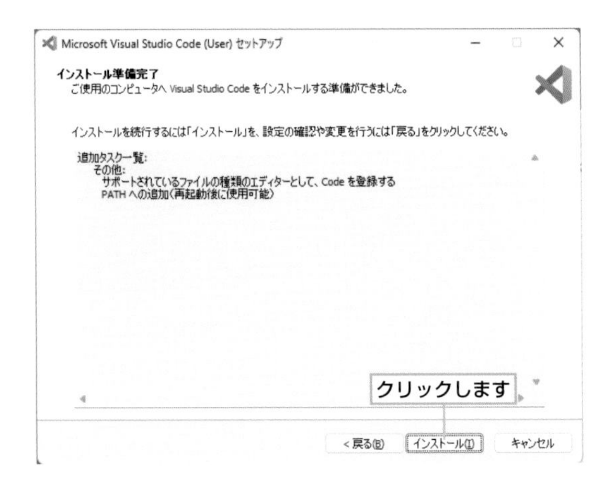

5 インストールが完了したら､「完了」ボタンをクリックします。すると、Visual Studio Codeが起動します。なお、スタートメニューの「Visual Studio Code」を選択しても起動できます。

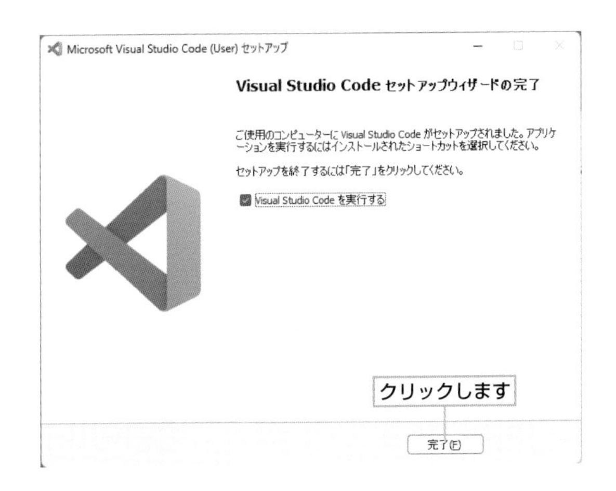

Visual Studio CodeをmacOSにインストールする

Macの場合は､VSCodeのプログラムが格納されたアーカイブがダウンロードされるので、ダブルクリックするかアーカイバで展開し、表示されたVSCodeアプリを任意の場所（例えばアプリケーションフォルダなど）にコピーします。

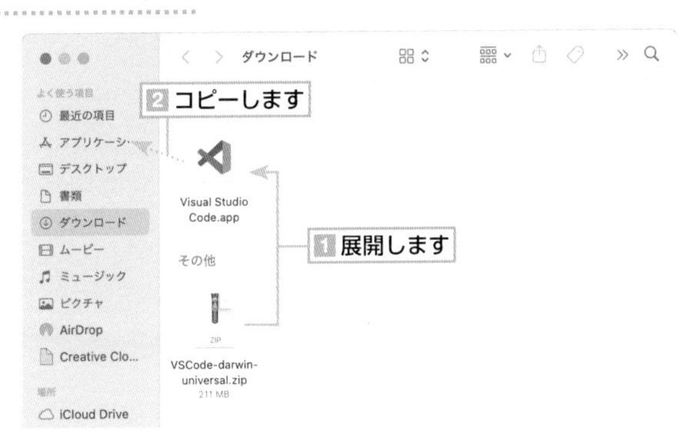

Visual Studio Codeに拡張機能を追加する

Visual Studio Codeを導入できたら、日本語環境の準備とPlatformIOを導入します。

1 画面左の「拡張機能（Extensions)」アイコン⊞をクリックします。その右に表示された、マーケットプレースの検索ボックスに「japanese」と入力します。検索結果にある「Japanese Language Pack for Visual Studio Code」にある「Install」ボタンをクリックします。

2 右下に表示された「Change Language and Restart」をクリックします。

3 これでメニューやメッセージが日本語で表示されるようになります。

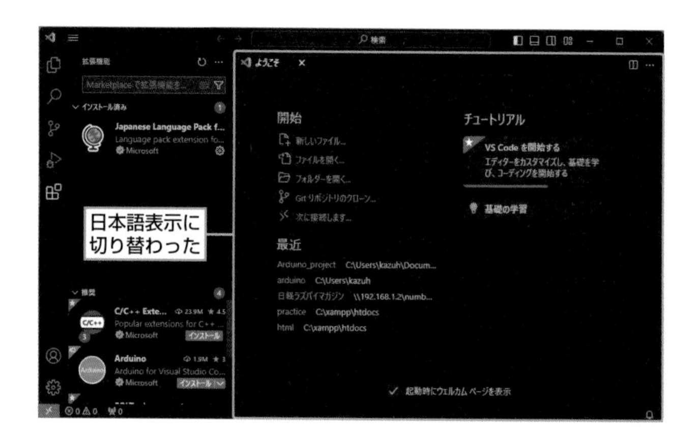

4 次にPlatformIOを導入します。画面左の「拡張機能」アイコン をクリックします。「PlatformIO」を検索して、「インストール」ボタンをクリックしてインストールします。

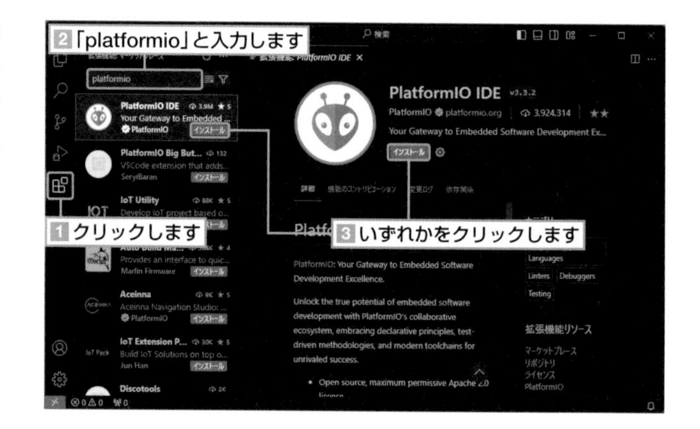

5 画面左にあるPlatformIOのアイコン をクリックします。

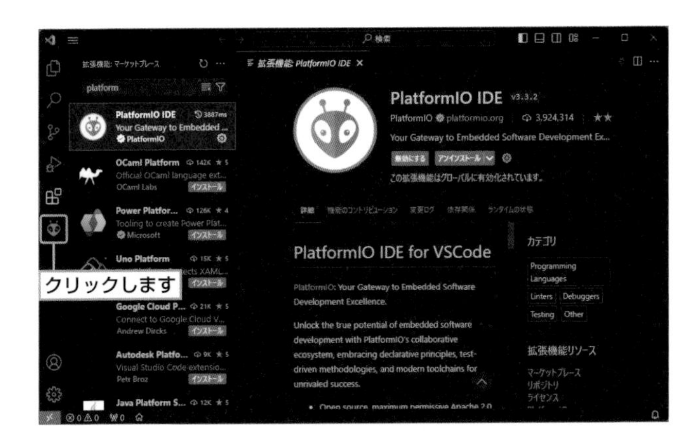

6 画面左の「QUICK ACCESS」にある「PIO HOME」-「OPEN」をクリックします。画面右に表示されたQuick Accessの「New Project」をクリックします。

7 「Name」に任意の名前を入力します。この名前がプログラムなどを格納するフォルダー名として利用されます。「Board」で利用するArduinoのモデルを選択します。Arduino UNO R4 Minimaを利用している場合は「Arduino UNO R4 Minima」、Arduino UNO R4 WiFiを利用する場合は「Arduino UNO R4 WiFi」を選択します。もし、Arduino UNO R3を利用する場合は「Arduino UNO」を選択します。「Framework」は「Arduino」を選択します。
入力ができたら「Finish」をクリックします。

8 これでArduinoの開発環境が準備できました。

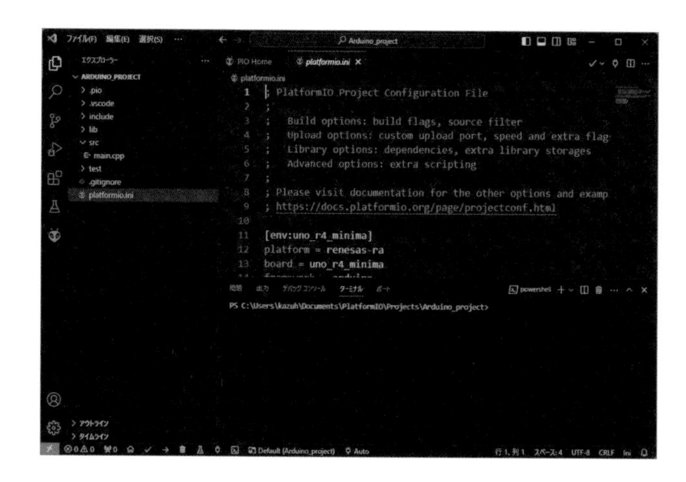

Part 3

プログラムを作ってみよう

Arduinoで電子回路を制御するには、Arduino IDEでのプログラム作成方法を知っておく必要があります。ここでは、Arduino IDEでのプログラムの作成方法と、基本について説明します。

Arduino IDEを使ってみよう

Arduinoを制御するプログラムはArduino IDEで作成できます。プログラムは所定の命令などを文字列で記述します。Arduino IDEのシリアルモニタを使えば、Arduinoの状態をUSBを介してパソコンで表示できます。

Arduino IDEの画面構成

Arduino IDEを起動すると次の図のような編集画面が表示されます。

●Arduino IDEの画面

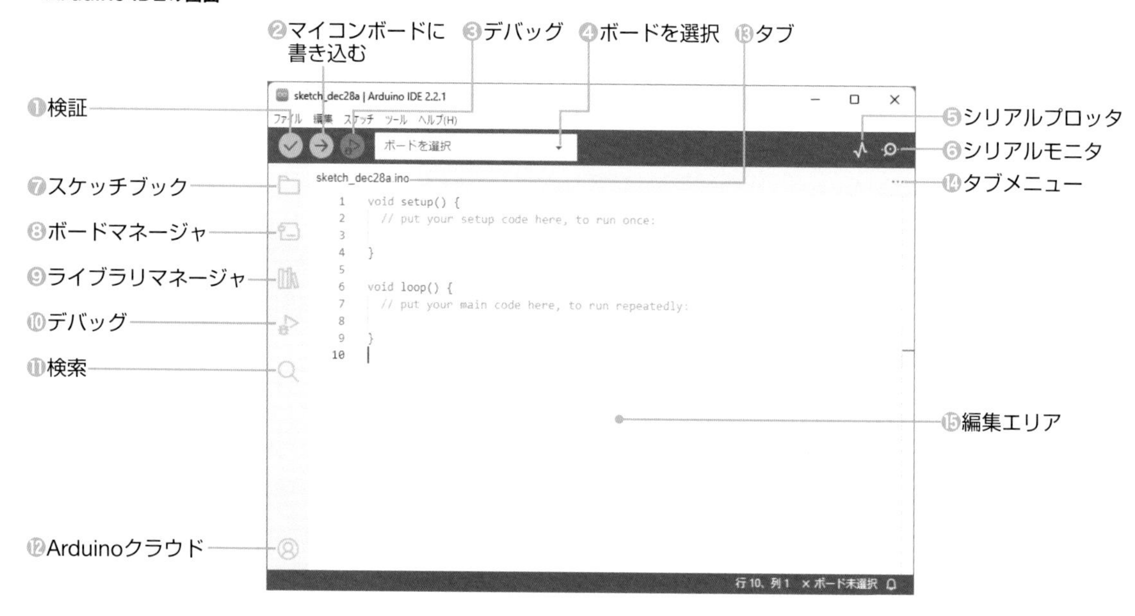

❶検証

作成したプログラムに誤りがないかを確かめます。誤りが存在すると、画面下に出力エリアが表示され、そこに誤りが表示されます。

❷マイコンボードに書き込む

作成したプログラムを検証した後、Arduinoに転送します。

❸デバッグ

デバッグモードを有効にします。なお、デバッグはArduinoの一部のモデルでのみ利用可能です。本書で扱うArduino UNO R4では利用できません。

❹ボードを選択

接続したボードやポートを選択します。

❺シリアルプロッタ

Arduinoから送られてきた値をグラフ化します。

❻シリアルモニタ

Arduinoからのシリアル通信で送られた内容を表示します。

❼スケッチブック

Arduinoのプログラム（スケッチ）ファイル管理ツールを表示します。

❽ボードマネージャ

ボード管理用のツールを表示します。

❾ライブラリマネージャ

ライブラリの管理用のツールを表示します。

❿デバッグ

デバッグの実行用ツールを表示します。なお、Arduino UNO R4では利用できません。

⓫検索

プログラムから指定した文字列を探します。

⓬Arduinoクラウド

Arduinoで提供しているクラウドサービスにログインします。Arduinoクラウドを利用すると、作成したプログラムをクラウド上に保存できます。

⓭タブ

作成したプログラムは複数のタブに分けて表示可能です。タブをクリックすることで表示を切り替えられます。

⓮タブメニュー

新たなタブを表示する、タブを閉じるなどのタブに関する操作を行うメニューを表示します。

⓯編集エリア

ここにプログラムを作成します。

■ Arduino IDEでプログラムを作成してみる

Arduino IDEでプログラムを作成し、Arduinoを制御してみましょう。Arduino IDEで作成したプログラムを「**スケッチ**」と呼びます。

Arduinoの基板上には、デジタル入出力に接続されたLEDが搭載されています。13番のデジタル入出力ソケットに出力すると、LEDの点灯や消灯ができます。Arduino UNOでは下の写真の位置にある「L」と書かれた部品がLEDです。

Arduino IDEでこのLEDを点灯させるプログラムを作成して、Arduinoを制御する手順を覚えましょう。

●**Arduino UNOのデジタル入出力に接続されたLED**

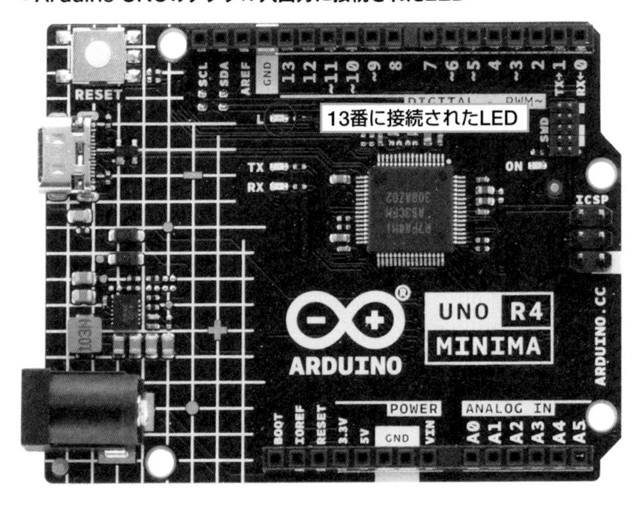

LEDを点灯するプログラムの作成

Arduino IDEを起動してから、編集エリアに右のプログラムを入力します。プログラムは必ず半角英数字で記述します。文字列の中に全角文字が入ると、プログラムは正しく動作しません。特にスペースには注意しましょう。全角スペースを入力した場合は、オレンジの枠が表示されるので、その部分を半角スペースに修正するようにします。

●LEDを点灯させるプログラム

```
void setup() {
    pinMode( 13, OUTPUT );
}

void loop() {
    digitalWrite( 13, HIGH );
}
```

2行目や6行目の行頭にはスペースを入力しています。これは「**インデント**」と呼び、プログラムを見やすくするため入れているものです。Tabキーを押してもインデントできます。

入力できたら、画面左上の✓をクリックします。プログラムを検証します。右図のように「コンパイル完了。」と表示されれば、プログラムは問題ありません。

●プログラムの検証

正常でない場合は、次ページの図のようエラーが表示されます。次ページの図では「digitalWrit」が誤り（eが抜けている）であると表示されています。間違っている行には赤でハイライト表示されます。

間違った部分を修正してから、再度検証しましょう。

●プログラムが誤っている場合

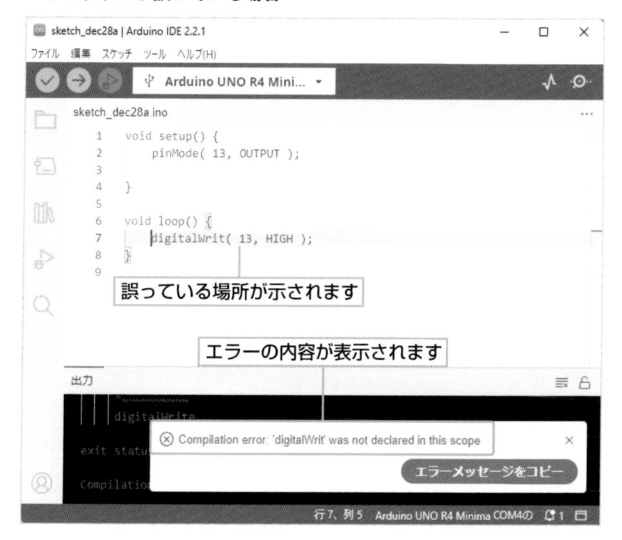

NOTE

通知を再度表示する

通知が消えてしまった場合は、画面左下のアイコンをクリックすることで再度表示できます。なお、各通知の右にある×をクリックすると通知を削除できます。

NOTE

異なる文字色で表示される（シンタックスハイライト）

プログラムを作成している際に、voidやifといった予約語というプログラムで利用する命令や宣言、pinModeといった関数は、異なる文字色で表示されます（シンタックスハイライト）。このため、文字色を見ることで入力ミスがないかを確かめられます。

NOTE

Visual Studio Codeでプログラムを作成するには

p.55～58の手順通りに進め、Visual Studio CodeでPlatformIOを準備します。「src」にある「main.cpp」を開きます。編集エリアにプログラムを次の図のように書き込みます。なお、Arduinoのプログラムを作成する場合は必ず最初に「#include <Arduino.h>」と記述しておきます。

作成したら画面左下の☑をクリックするとコンパイルします。画面下の「ターミナル」に「SUCCESS」と表示されれば作成されています。

●Visual Studio Codeでのプログラム作成

Arduinoにプログラムを転送する

プログラムが正しく作成できたら、Arduinoに転送してLEDを点灯させてみましょう。

ArduinoをUSBケーブルでパソコンと接続して画面左上の➔をクリックすると、プログラムがArduinoに転送されます。

メッセージエリアに「書き込み完了」と表示されたら正常にArduinoに送られました。

●Arduinoへのプログラムの転送

Arduino上でプログラムが実行され、ボード上のLEDが点灯します。

●書き込んだプログラムでLEDが点灯した

NOTE

Visual Studio Code で Arduino に書き込む

Visual Studio CodeからArduinoにプログラムを書き込むには、画面左下の➡マークをクリックします。「SUCCESS」と表示されたら正常に転送が完了しています。

●Visual Studio Codeでプログラムを作成

シリアル通信でArduinoからの情報をパソコン上に表示する

Arduinoとパソコン間でシリアル通信することで、センサーから取得した値を確認したり、正しくプログラムが動作しているかなどといったArduinoの状態をパソコンで確認できます。

シリアル通信でArduinoから取得した情報は、Arduino IDEの「**シリアルモニタ**」を使って確認が可能です。試しにArduinoからパソコンにシリアル通信で情報を転送し、シリアルモニタで確認してみましょう。

シリアルモニタを利用するには、利用するボードや接続したシリアルポートを正しく選択しておく必要があります。p.50を参考に、シリアルポートを選択しておいてください。

シリアル通信を使ったプログラム作成

シリアル通信でArduinoから文字列を転送するプログラムを作成しましょう。プログラムを次図のように入力します。

● シリアル通信を行うプログラム

sotech/3-1/message.ino

```
void setup() {
    Serial.begin(9600);                    ①シリアル通信の初期化を行います
}

void loop() {
    Serial.println("From Arduino Message.");   ②文字列をArduinoからパソコンに送ります

    delay(1000);
}
```

①シリアル通信するには、setup()関数の中に「Serial.begin()」で初期化します。括弧の中に通信速度を指定します。通信速度は「baud(ボー)」の単位で指定します。

②Arduinoからパソコンに情報を転送するには、「Serial.println()」を利用します。括弧の中に転送する文字列を指定します。また、文字列はダブルクォーテーションで括っておきます。また、「Serial.print()」を使うと、文字の表示後に改行しないようにできます。

作成できたら、Arduino IDE画面左上の➔をクリックしてArduinoにプログラムを転送しておきます。

通信内容を表示する

プログラムをArduinoへ転送すると、プログラムが実行されてデータがシリアル通信でパソコンに転送されます。この内容を確認するには「**シリアルモニタ**」を利用します。Arduino IDE画面右上のをクリックすると、シリアルモニタのウインドウが表示されます。この中に、Arduinoから転送された文字列が表示されます。

正常に文字列が表示できない場合は、画面右下の通信速度を、プログラム上で指定した通信速度と同じにします。今回の場合は「9600 baud」を選択しておきます。

●シリアルモニタでArduinoからの情報を表示する

NOTE

Visual Studio Code で Arduino からの通信内容を表示する

Visual Studio CodeにArduinoから送られてくる通信内容を表示する場合は、画面左下にあるをクリックします。すると、ターミナル内に、Arduinoから受け取った文字列が表示されます。

●Visual Studio Codeで通信内容を表示する

もし、正しく表示されない場合は、通信速度を変更します。「platformio.ini」を開き、末尾に「monitor_speed = 9600」のように追加し、通信速度を設定します。

Arduino IDEでのプログラミングの基本

Arduinoを制御するプログラムはArduino IDEで作成できます。プログラムは所定の命令などを文字列で記述します。Arduino IDEのシリアルモニタを使えば、Arduinoの状態をUSBを介してパソコンで表示できます。

プログラムの基本構成

Arduino IDEでプログラムを作成する際、次の図のような構成が基本になります。

❶宣言等

初めの部分は、利用するライブラリやプログラム全体で利用する変数や関数などを宣言するのに利用します。また、プログラムの内容説明を行うコメント文を記述することもできます。

❷初めに実行する関数

「setup()」関数は、Arduinoを起動した後に1度だけ実行する関数です。ここに接続した電子デバイスの初期設定や、利用するライブラリの設定などを行います。

Arduinoのプログラムではsetup()関数が必須です。

関数名の前には、データの型として「void」と記述します。プログラム本体は、変数名の後に記述した「{」「}」の間に記述します。

●プログラムの基本構成

```
❶ 宣言等

void setup() {
    ❷ 初めに実行する関数
}

void loop() {
    ❸ 繰り返し実行する関数
}
```

❸繰り返し実行する関数

「loop()」関数は繰り返し処理する関数です。ここにプログラムの本体を記述します。また、関数の最後まで達すると、loop()の初めに戻り再度実行します。Arduinoのプログラムではloop()関数が必須です。

setup()関数同様に、変数名の前に「void」と記述し、プログラム本体は「{」「}」内に記述します。

プログラムを実行すると、❶→❷→❸の順に実行されます。❸の実行が終了すると再度❸の先頭に戻り、実行を繰り返します。

KEYWORD

関数

特定の機能をまとめたプログラムのことを「関数」といいます。関数を利用することで、特定の機能を関数名を指定するだけで実行します。関数についてはp.78を参照してください。

KEYWORD

変数

データを一時的に保持しておく領域を「変数」といいます。プログラムの実行結果や、計算結果、センサーの値などを保持しておき、後の処理で利用することが可能です。変数についてはp.71を参照してください。

KEYWORD

データの型(データ型)

Arduino IDEではデータにいくつかの種類があります。例えば、整数、小数、負の数を扱えるか、どこまでの数値を扱えるかなどが異なります。データを格納しておく変数では、データの型(**データ型**)をあらかじめ指定しておき、データ型にあった値を格納するようにします。また、関数は実行した結果を出力する「**戻り値**」にもデータ型を決めます。また、戻り値が無い場合は、「**void**」と指定することとなっています。詳しくはp.79を参照してください。

実際のプログラムは次のようになります。Arduinoの基板上に配置されたLEDを点灯するプログラムです。

①初めの定義部分で「led_pin」という変数を定義しています。また、イコール(=)と値を付加することで、変数内に値を格納できます。

②1度だけ実行されるsetup()関数で、「pinMode()」関数を利用して指定した端子を出力モードに初期設定を行っています。

③loop()関数では、「digitalWrite()」関数を利用してLEDが接続された端子の出力をHIGH(電圧がかかっている状態)にしてLEDを点灯させています。

プログラムを作る際は次の点に注意しましょう。

●プログラムの例

```
int led_pin = 13;                        ①led_pinという変数を定義

void setup() {
    pinMode(led_pin, OUTPUT);            ②初めの1回だけ実行される
}

void loop() {
    digitalWrite(led_pin, HIGH);         ③繰り返し実行される
}
```

各命令の行末に「;」を付ける

各命令の最後にはセミコロン「;」を付加します。このセミコロンが次の命令との区切りとなることを表しています。セミコロンを忘れると、前の命令と後の命令が繋がっている状態になり、エラーになってしまいます。なお、括弧の後や後述する#define(p.72を参照)ではセミコロンを付けないこともあるので注意しましょう。

括弧は必ず対にする

Arduino IDEのプログラムでは処理の範囲を表すのに各種括弧を使用します。この括弧が、必ず閉じ括弧と対になっている必要があります。右図のように括弧が対になっていないと正しく動作しません。

●括弧は必ず対にする

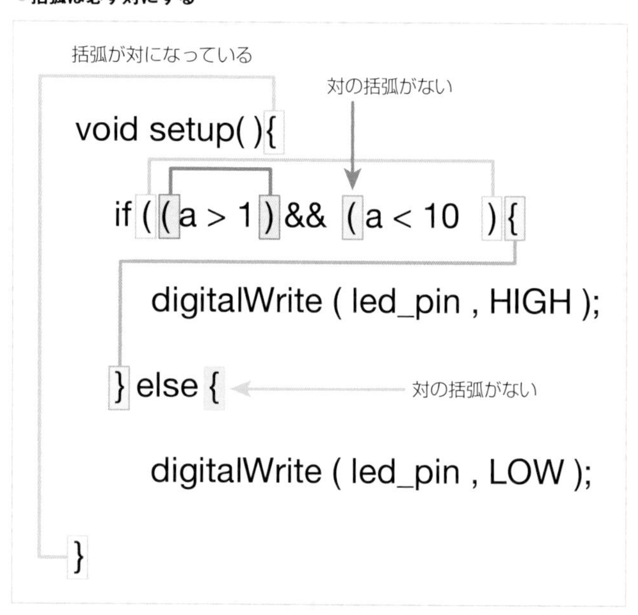

値を保存しておく「変数」

Arduino IDEでは「**変数**」を使うことで、計算した結果やセンサーの状態などを保存しておけます。保存した値は自由に読み出すことができ、他の処理や計算で利用できます。

変数を利用するには、あらかじめ定義が必要です。定義する場所は、一般的にプログラムの宣言部分や関数の初めに指定します。定義するには「データ型 変数名;」のように記述します（データ型についてはp.73を参照）。変数名にはアルファベット、数字、記号の「_」（アンダーバー）が利用できます。また、大文字と小文字は区別されるので気をつけましょう。

例えば、名前を「value」とした変数を用意する場合は、右のように指定します。

```
int value;
```

また、カンマで区切ることで複数の変数を一度に定義できます。

```
int value, str, flag;
```

定義時に値を代入しておくこともできます。この場合は、変数名の後に「=」で代入する値を指定します。

```
int value = 1;
```

POINT

変数名には予約語を利用できない

変数名には、予約語と呼ばれるいくつかの文字列は指定できません。予約語には「if」「while」「for」などがあります。変数名を入力した際に文字がオレンジや青に変化した場合は、予約語として利用されているので他の変数名に変更しましょう。

変数の値を変更したい場合は、「変数名 = 値」のように記述します。valueの値を「10」に変更する場合は右のように記述します。

```
value = 10;
```

変数を利用するには、利用したい場所に変数名を指定します。例えば、valueに格納した値をシリアルモニタに表示したい場合は、Serial.println()関数に変数名を指定します。

```
Serial.println( value );
```

変数を利用したプログラムの例を下に示しました。このプログラムでは、「value1」の値を「value2」の値でかけ算して結果を表示します。

①利用する変数、「value1」「value2」「answer」を定義します。

②「value1」と「value2」に計算を行う数値を代入しておきます。

③代入した変数同士を掛け合わせ、答えを「answer」変数に代入します。

④計算式をSerial.print()関数およびSerial.println()関数を使ってシリアルモニタに表示します。この際、文字列と変数の値は同時に表示できないため、文字列を表示してから、別のSerial.print()関数で変数内の値を表示するようにしています。また、Serial.print()関数は表示後に改行せず、Serial.println()関数は表示後に改行します。

⑤最後に、計算結果を格納してあるanswer変数の値をシリアルモニタに表示します。

●変数を利用したプログラム例

sotech/3-2/calc.ino

```
void setup(){
    Serial.begin(9600);    シリアル通信の初期化を行います
}
void loop(){
    int value1, value2, answer;    ①各変数を定義します

    value1 = 10;    ②計算対象の値を変数に代入します
    value2 = 3;

    answer = value1 * value2;    ③かけ算を行った結果をanswer変数に代入します

    Serial.print( "Formula : " );    ④計算式を表示します
    Serial.print( value1 );
    Serial.print( " * " );
    Serial.println( value2 );
    Serial.print( "Answer : " );    ⑤計算結果を表示します
    Serial.println( answer );

    delay(10000);    10秒間待機します
}
```

作成したらArduinoにプログラムを転送して、シリアルモニタを表示します。すると、計算式と答えが表示されます。

●計算して結果を表示するプログラムの実行結果

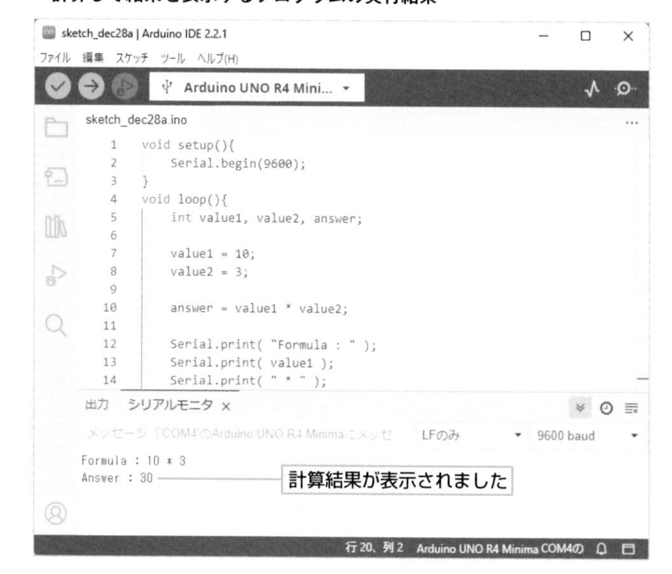

NOTE

変更しない値を格納する「定数」

LEDの端子のように決まった値の場合、プログラム実行中は変更しません。このようなケースでは「**定数**」として定義する方法があります。定数で定義すると、プログラム中に内容の変更ができなくなります。定数を定義する場合は「const」を前に付けます。例えば、int型であれば「const int LED = 13;」のように記述します。
また、「#define」を用いても定数のように定義できます。#defineを用いる場合は「#define LED 13」のように記述します。この際、変数の場合とは異なり「=」で代入したり、行末には「;」を付けないので注意しましょう。

変数のデータ型

Arduino IDEの変数は、データの種類がいくつか用意されており、用途に応じて使い分ける必要があります。定義したデータ型とは異なる値を代入しようとするとエラーが発生してしまいます。

主な**データ型**は次表の通りです。

●主なデータ型

データ型	説明	利用できる範囲
boolean	0または1のいずれかの値を代入できます。ON、OFFの判断などに利用します	0,1
char	1バイトの値を代入できます。文字の代入に利用されます	-128 ～ 127
int	2バイトの整数を代入できます。整数を扱う変数は通常int型を利用します	-32,768 ～ 32,767
long	4バイトの整数を代入できます。大きな整数を扱う場合に利用します	-2,147,483,648 ～ 2,147,483,647
float	4バイトの小数を代入できます。割り算した答えなど、整数でない値を扱う場合に利用します	3.4028235×10^{38} ～ $-3.4028235 \times 10^{38}$

「int型」は32,767までしか扱えません。これ以上大きな数値を扱う場合は「long型」で定義します。また、int型やlong型は整数だけ扱えます。もし、割り算の答えや、センサーからの入力など値が小数である場合は「float型」を利用します。

正の数のみ扱う

char型やint型、long型では、データ型の前に「unsigned」を付加すると、正の整数のみ扱えるようになります。また、負の数を扱うより倍の正の数を扱えます。例えば、int型ならば「0 ～ 65,535」まで代入可能です。

NOTE

文字列を代入する

Arduino IDEの変数では文字列をそのまま扱える変数がありません。文字列を扱う場合は、文字を格納するデータ型である「char」型を複数使って、それぞれ1文字ずつ代入する必要があります。代入には「ポインタ」というデータの扱い方を利用します。ポインタは、変数の値を保存しておくメモリーのアドレス（場所）を記録しておく方法です。変数の値を代入する場合は、ポインタが示したアドレスに値を記録します。この方法では、ポインタのアドレスから連続的にメモリーに書き込んでいくことができるため、複数の保存領域が必要な文字列を扱う場合に利用されます。

ポインタを利用する場合は、変数の定義時に変数名の前に「*」を付加します。例えば、変数名を「str」とする場合は次のように定義します。

```
char *str;
```

ポインタの変数に値を代入するなど、値を扱いたい場合は、変数名の「*」は記述しません。例えば、変数strに「Arduino」と代入する場合は、ダブルクォーテーションでくくって次のように記述します。

```
str = "Arduino";
```

同じ処理を繰り返す

Arduino IDEでは、loop()関数内に書き込んだ処理を繰り返します。また「**while**」文を利用することで、loop()関数内の別の繰り返し処理や、別の関数内での繰り返しを行えます。whileの記述方法は右図の通りです。

NOTE

条件式

条件式についてはp.76を参照してください。

●「while」での繰り返し

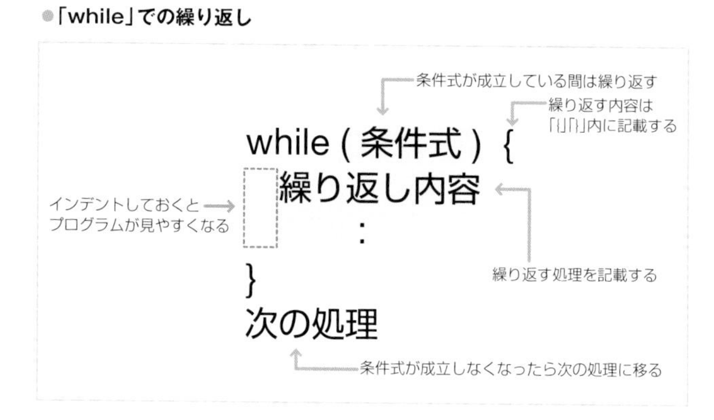

while文は、その直後に指定した条件式が成立している間、繰り返しを続けます。括弧の中の条件式が成立しなくなったところで、繰り返しをやめて次の処理に進みます。

while文の条件式の後に処理する命令等を記述します。この際「{」「}」でくくることで、この中の命令を繰り返し処理するようになります。括弧内はインデントしておくことで、繰り返している部分が一目で分かります。

繰り返しを利用したプログラムの例を次に示しました。

①プログラムでは、「count」変数にカウントした値を格納しています。さらに、変数を定義する際、変数に0を代入しておきます。

②whileで繰り返しを行います。繰り返しはカウントが100になるまで続けます。そのため、カウントが100よりも小さい場合に繰り返すようにします。

③繰り返しではcount変数の値を1増やします。「count++;」としても同様に変数の値を1増やせます。

④最後にカウントした値をシリアルモニタに表示します。

●while文を利用したプログラム例

sotech/3-2/count_up.ino

```
void setup(){
    Serial.begin(9600);          シリアル通信の初期化を行います
}

void loop(){
    int count = 0;               ①カウント中の数を格納します

    while ( count < 100 ) {      ②countが100よりも小さい場合は繰り返します

        count = count + 1;       ③カウントを1増やします

        Serial.print( "Count : ");
        Serial.println( count ); ④現在のカウントした数を表示します

        delay(1000);             1秒間待機します
    }
}
```

プログラムを作成したら、Arduinoに転送してシリアルモニタを表示します。すると、1秒ごとにカウントされ、その値が表示されます。カウントが99まで達すると繰り返しが終了します。その後loop()変数の初めに戻り、0から再度カウントが開始されます。

●カウントするプログラムの実行結果

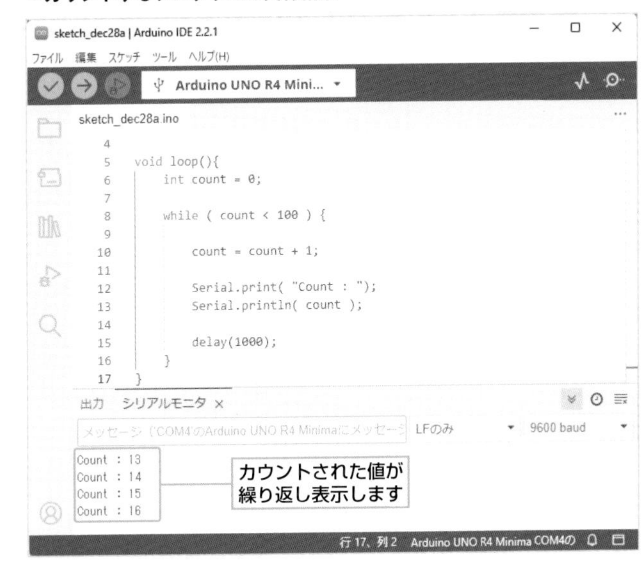

NOTE

「for」と「do while」

繰り返しは「while」の他にも「for」と「do while」があります。

「for」は、繰り返しに利用する変数の初期値の設定、条件式、変数の変更を一括して指定できます。右のように利用します。

```
for ( 初期化; 条件式; 変数の変更) {
    繰り返し内容
}
```

例えば、前ページで作成したカウントするプログラムであれば、右図のように変更できます。

●forに置き換えたプログラム

```
void setup(){
    Serial.begin(9600);
}

void loop(){
    int count;

    for ( count = 0; count < 100; count++ ) {
        Serial.print( "Count : ");
        Serial.println( count );
        delay(1000);
    }
}
```

「do while」は、whileと同様に条件式を指定して繰り返しを行います。ただし、繰り返し処理内容を行った後に条件を判別します。「do while」は右のように利用します。
このとき、whileの条件式の後にセミコロン(;)を忘れないようにします。

```
do {
    繰り返し内容
} while ( 条件式 );
```

条件によって処理を分岐する

プログラムの基本的な命令の1つとして「**条件分岐**」があります。条件分岐とは、ある条件によって実行する処理を分けることができる命令です。例えば、センサーの状態によってLEDの点灯・消灯を切り替えたりできます。

条件分岐するには、条件式と条件分岐について理解する必要があります。

条件式で判別する

条件分岐を行うには、分岐を行う判断材料が必要です。この判断に利用する式のことを「**条件式**」といいます。Arduino IDEでは「**比較演算子**」を利用します。比較演算子には右のようなものが利用できます。

●Arduino IDEで利用できる比較演算子

比較演算子	意味
A == B	AとBが等しい場合に成立する
A != B	AとBが等しくない場合に成立する
A < B	AがBより小さい場合に成立する
A <= B	AがB以下の場合に成立する
A > B	AがBより大きい場合に成立する
A >= B	AがB以上の場合に成立する

例えば、変数「value」が10であるかどうかを確認する場合は右のように記述します。

```
value == 10
```

複数の条件式を合わせて判断することも可能です。右のような演算子が利用できます。

●複数の条件式を同時に判断に利用できる演算子

演算子	意味
A && B	A、Bの条件式がどちらも成立している場合のみ成立します
A || B	A、Bのどちらかの条件式が成立した場合に成立します
! A	Aの条件式の判断が逆になります。つまり、条件式が不成立な場合に成立したことになります

例えば、valueの値が0以上10以下であるかどうかを判別するには右のように記述します。

```
( value >= 0 ) && ( value <= 10 )
```

条件分岐で処理を分ける

条件式の結果で処理を分けるには「**if**」文を利用します。ifは右図のように利用します。

ifは、その後に指定した条件式を確認します。もし条件が成立している場合は、その次の行に記載されている処理を行います。

また、「**else**」を利用することで、条件式が成立しない場合に行う処理を指定できます。この「else」は省略可能です。

ifを利用する場合は、while同様に条件式および「else」の後に「{」「}」内に処理する内容を記述します。

●「if」文での条件分岐

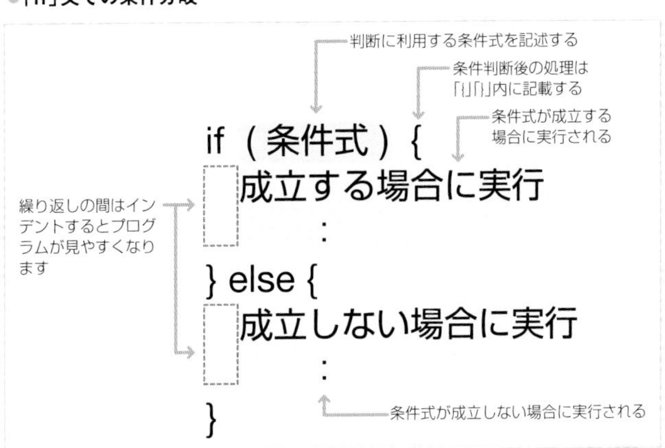

条件式と条件分岐を利用したプログラム例を右図に示しました。

このプログラムでは、「value」に格納した値が偶数か奇数かを判別します。

①value変数に判断する数値を代入しておきます。

②valueの値を2で割った余りをanswer変数に格納します。これを偶数か奇数かの判断に利用します。

③if文ではanswerの値が「0」であるかを判別します。

④もし「0」の場合は「Even number」（偶数）と表示します。

⑤「0」でない場合は「Odd number」（奇数）と表示します。

●if文を利用したプログラム例

sotech/3-2/even_odd.ino

```
void setup() {
    Serial.begin(9600);
}

void loop(){
    int value, answer;

    value = 7;

    answer = value % 2;

    if ( answer == 0 ){

        Serial.println( "Even number" );

    } else {
        Serial.println( "Odd number" );

    }
    delay(10000);
}
```

①判断の対象となる数値をvalue変数に格納します

②2で割った余りをanswerに格納します

③answerが「0」であるかを判断します

④answerが「0」の場合に表示します

⑤answerが「0」以外の場合に表示します

作成して実行すると、valueの値が偶数か奇数かを判断します。valueの値を変更すれば答えが変わります。

●偶数か奇数かを判断するプログラムの実行結果

NOTE

if は複数の条件式を判断できる

ifは、1つの条件式が成立しているか不成立であるかを判断するだけでなく、複数の条件式を判断して処理を分けられます。この場合は、右のように「else if」で条件を追加します。
「else if」を使えば、条件式はいくつでも増やすことが可能です。

```
if (条件式1) {
    条件式1が成立する場合に実行
} else if (条件式2) {
    条件式2が成立する場合に実行
} else if (条件式3) {
    条件式3が成立する場合に実行
} else {
    すべての条件が成立しない場合に実行
}
```

機能を提供する「関数」

プログラムを作成する際に、「LEDの点灯を違う間隔で点滅させる」などといった、同類の処理を何度も実行することが多々あります。この場合は、点滅の間隔が異なるため、同じ処理を何度も記述する必要があります。

例えば1秒間隔で10回、5秒間隔で3回、3秒間隔で7回とそれぞれ点滅する場合は、右図のようなプログラムを作成します。

右図の例では点滅する処理を3回記述して

●LEDを複数のパターンで点滅させる

sotech/3-2/led_blink.ino

```
void setup() {
    pinMode( 13, OUTPUT );
}

void loop(){
    int count;

    count = 0;
    while( count < 10 ){
```

1秒間隔で10回、LEDを点滅させる

次ページへつづく

います。もしこれが10回、20回となった場合、プログラムが非常に冗長になってしまいます。

このようなときに便利なのが「**関数**」です。関数とは、特定の処理をまとめておく機能で、利用時に関数名を指定するだけで機能を利用できます。複数のパラメータを引き渡すことができるため、条件が異なった処理をすることができます。

Arduino IDEのプログラムでは、たくさんの関数を利用できます。例えば、デジタル出力をする「digitalWrite()」やシリアルモニタに表示する「Serial.println()」は関数です。初期に実行する「setup()」やプログラムの本体となる「loop()」も関数です。

```
        digitalWrite( 13, HIGH );
        delay(1000);
        digitalWrite( 13, LOW );
        delay(1000);
        count++;
    }

    count = 0;
    while( count < 3 ){
        digitalWrite( 13, HIGH );
        delay(5000);
        digitalWrite( 13, LOW );
        delay(5000);
        count++;
    }

    count = 0;
    while( count < 7 ){
        digitalWrite( 13, HIGH );
        delay(3000);
        digitalWrite( 13, LOW );
        delay(3000);
        count++;
    }
}
```

5秒間隔で3回、LEDを点滅させる

3秒間隔で7回、LEDを点滅させる

NOTE

ライブラリの読み込み

Arduino IDEでは「**ライブラリ**」という形式で、プログラムで利用できる関数などを追加できます。このライブラリをプログラムで利用できるようにするには、プログラムの先頭で「インクルード」する必要があります。インクルードは、プログラムの先頭に「#include」と記述し、読み込むライブラリ名を指定します。例えばI^2Cのライブラリを使うには次のように指定します。

```
#include <Wire.h>
```

独自の関数を作成する

関数を作成するには、「関数の宣言」と「関数本体」をプログラム内に記述します。

関数の宣言（プロトタイプ宣言）は、setup()関数の前に右の形式で記述します。

戻り値の型　関数名 (引き渡す値) ;

関数名は、アルファベットや数字、一部の記号を利用して任意の名称を付けられます。

関数名の後に、関数へ引き渡す値を決められます。前述したLEDの点滅を行う場合は、回数と間隔を引き渡します。この場合は、引き渡した値を格納する変数名を、カンマで区切りながら指定します。このとき、データの型の指定も必要です。

関数名の前には、「戻り値」の型を指定します。戻り値とは、関数を終了する際に戻す値のことです。関数で計算した結果や、関数が正常に動作したかなどを戻すことができます。関数の宣言ではこの戻す値のデータ型を指定します（データ型についてはp.73を参照）。また、戻す値が無い場合は「void」と指定します。

前述したLEDの点滅を行う関数を宣言するには、右のように記述します。関数の宣言の末尾に「;」を付けるのを忘れないようにします。

```
void led_blink(int count, int interval);
```

実際に関数の処理を行う本体部分は、loop()関数の後に関数を指定します。

関数本体は、関数の宣言を記述し、その後に「{」「}」を付加してプログラム本体を記述します。関数の内容は、通常のプログラム作成同様に記述できます。

```
戻り値の型 関数名 ( 引き渡す値 ) {
    関数本体
}
```

前述したLEDの点滅関数であれば、右図のように作成できます。

関数化することで、関数の処理を行う際には、関数名と引き渡すパラメータを指定するだけで済みます。1秒間隔で10回LEDを点滅させるには、「led_blink(10, 1000);」と記述するだけで済みます。

こうすることで、何度も同じ処理を行う場合でも1行関数を呼び出すだけで済むため、プログラムが長くなるのを防げます。

●関数を使ってLEDを複数のパターンで点滅させる

sotech/3-2/led_blink_func.ino

```
void led_blink(int count, int interval);   // 関数の宣言

void setup() {
    pinMode( 13, OUTPUT );
}

void loop(){
    led_blink(10, 1000);   // 1秒間隔で10回、LEDを点滅させる

    led_blink(3, 5000);    // 5秒間隔で3回、LEDを点滅させる

    led_blink(7, 3000);    // 3秒間隔で7回、LEDを点滅させる

}
                           // 関数の本体
void led_blink(int count, int interval){
    int i = 0;
    while( i < count ){
        digitalWrite( 13, HIGH );
        delay(interval);
        digitalWrite( 13, LOW );
        delay(interval);
        i++;
    }
}
```

NOTE

関数の宣言を省略する

C言語では、作成する関数の宣言を記述するのが一般的です。なお、Arduinoの場合は宣言を用意しなくても問題無く動作します。関数の宣言は、プログラム内にどのような関数があるかがすぐに把握できるので、記述するとわかりやすくなります。

Part 4

電子回路の基礎知識

Arduinoに搭載されているデジタル入出力およびアナログ入力インタフェースでデジタルやアナログ信号の入出力が行えます。これを利用すれば、Arduinoで電子回路を制御できます。ここでは、電気や電子回路の基本について解説します。

Arduinoで電子回路を操作する

Arduinoに搭載されているデジタル入出力などのインタフェースを利用すれば、電子回路を制御できます。電子回路をどこに接続するかを理解しておきましょう。

Arduinoで電子回路を制御できる

私たちの周りにある電気スタンド、ドライヤー、時計から、パソコンやスマートフォン、テレビなど高機能な機器まで、ほとんどの電化製品は**電子回路**を搭載しています。電子回路上にある様々な部品に電気を流すことで、様々な制御や動作が可能です。

例えば、テレビであればスイッチを入れると画面に映像が映ります。これは、電子回路でスイッチを押されたことを認識して、放送電波の受信➡電波の解析➡映像信号を画面に表示、などの一連の処理をするためです。

電子回路は一般の人でも設計して作成できます。しかし、すべてを設計するには、深い電子回路の知識が必要です。例えばロボットを作りたい場合、モーターを動かす回路、どのようにモーターを動かすかを命令する回路、センサーを制御する回路、センサーから取得した情報を処理する回路、モーターなどに電気を供給する回路、などのようにたくさんの回路を考えて組み合わせる必要があります。

Arduinoを利用すれば、このような複雑な回路も比較的簡単に作れます。Arduinoは小さいながらもコンピュータなので、モーターをどのように動かすかやセンサーの制御などを、プログラムで処理できます。

また、複雑なシステムを構築するのではなく、ランプの点灯や、センサーからの各種情報の入力などといった簡単な電子回路も操作できるので、電子回路の学習用途にも向いています。

デジタル・アナログ入出力で電子回路を操作

Arduinoで電子回路を操作するには、デジタル入出力、およびアナログ入力インタフェースを利用します。Arduinoの右図の位置のピンソケットが各インタフェースです。ここから導線を使って電子回路に接続し、Arduinoから操作したり、センサーの情報をArduinoで受け取ったりします。

●上下のソケットに電子回路を接続する

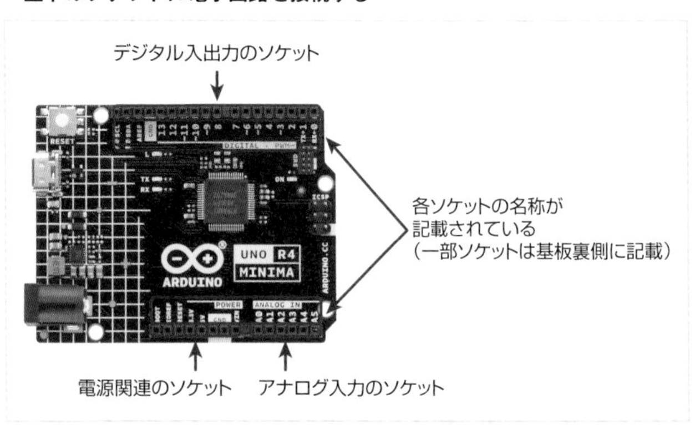

上部のソケットはデジタル入出力とPWM(擬似的なアナログ出力)ができ、右下のソケットはアナログ入力ができます。PWMはPD3、PD5、PD6、PD9、PD10、PD11の6ソケット(番号に「~」が付いているソケット)が対応しています。また、下中央には電源を供給するソケットが搭載されています。

それぞれのソケットには番号や名称が付いており、上部ソケットの右端が「PD0」、その左が「PD1」と続き、「PD13」まであります。

右下のアナログ入力ソケットは、左から「PA0」、「PA1」と続き、右端が「PA5」となっています。そのほかの端子には電源を供給する「5V」、「3.3V」、0Vとなる「GND」、Arduinoをリセットする「RESET」などが配置されています。

●各ソケットの名称

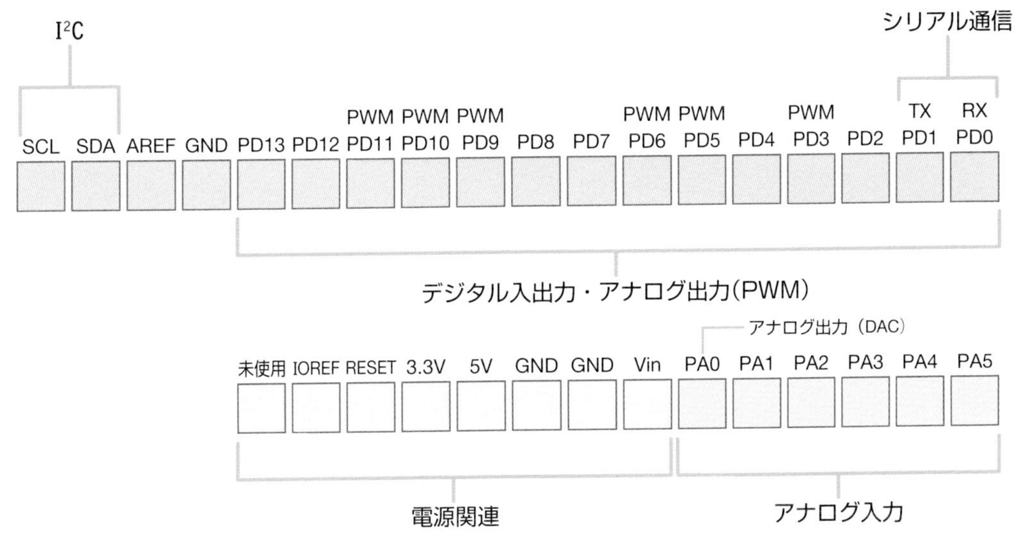

I²C
シリアル通信
SCL SDA AREF GND PD13 PD12 PD11 PD10 PD9 PD8 PD7 PD6 PD5 PD4 PD3 PD2 PD1 PD0
PWM PWM PWM PWM PWM PWM TX RX
デジタル入出力・アナログ出力(PWM)
アナログ出力（DAC）
未使用 IOREF RESET 3.3V 5V GND GND Vin PA0 PA1 PA2 PA3 PA4 PA5
電源関連
アナログ入力

また、2つの機能を併用するソケットもあり、モードを切り替えることで用途を変更できます。例えば「PD0」のソケットはシリアル通信の「RX」と併用されています。Arduino UNO R4では「PA0」をアナログ出力としても使えます。

各ソケットの用途や利用方法については、本書のソケットを利用する項目で説明します。

NOTE

Arduino の他の機種のソケット

Arduinoの他のエディションにも、同様の機能のソケットが備わっています。Arduino UNOと同じサイズのArduino Duemilanoveは、Arduino UNOとソケット位置が同じです。ただし、Arduino UNOにあるI²Cのソケットが無いなど、一部ソケットが実装されていないことがあります。

異なるサイズのArduinoの場合は、端子形状や配置が異なることがあります。各製品の端子情報を参照してください。

電子部品の購入

Arduinoで電子回路を動作させるには、電子回路の部品などをそろえる必要があります。ここでは電子部品の購入先や、はじめに購入しておくべき部品について紹介します。

電子部品の購入先

電子部品（**電子パーツ**）は、一般的に電子パーツ店で販売しています。東京の秋葉原や、名古屋の大須、大阪の日本橋周辺に電子パーツ店の店舗があります。主な店舗についてはAppendix 4で紹介しています。

このほかにも、ホームセンターなどで部品の一部は購入可能です。ただし、これらの店舗では種類が少ないため、そろわない部品については電子パーツ店で入手する必要があります。

通販サイトで購入する

電子パーツ店が近くにない場合は、通販サイトを利用すると良いでしょう。電子パーツの通販サイトについてもAppendix 4で紹介しています。

秋月電子通商（http://akizukidenshi.com/）や**マルツ**（http://www.marutsu.co.jp/）、**千石電商**（http://www.sengoku.co.jp/）などは多くの電子部品をそろえています。また、**スイッチサイエンス**（http://www.switch-science.com/）や**ストロベリー・リナックス**（http://strawberry-linux.com/）では、Arduinoなどのマイコンボードや、センサーなどの機能デバイスをすぐに利用できるようにしたボードが販売されています。秋月電子通商やスイッチサイエンスなどでは、液晶ディスプレイのような独自のキット製品を販売しています。

●秋月電子通商の通販サイト
（http://akizukidenshi.com/）

●スイッチサイエンスの通販サイト
（http://www.switch-science.com/）

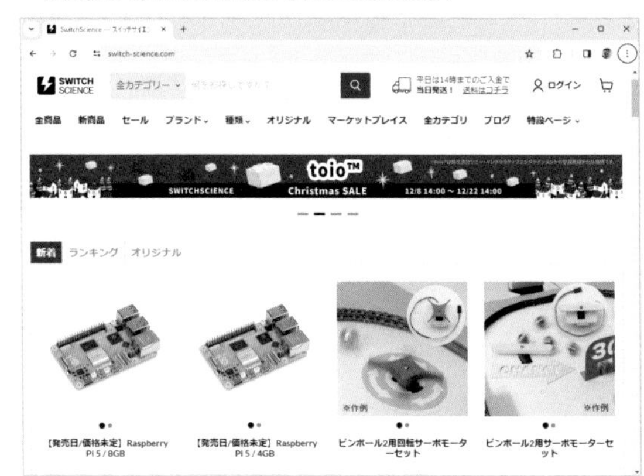

おすすめの電子部品

Arduinoで電子回路を利用する主要な部品について紹介します。これらの部品はあらかじめ購入するなどして準備しておくようにしましょう。また、ここで説明していない必要な部品については、各Chapterで随時紹介します。

NOTE

本書で利用した部品や製品について

本書で利用した部品や製品についてはAppendix 3にまとめました。準備や購入の際に参考にしてください。

1. ブレッドボードとジャンパー線

電子回路を作成するには、「基板」と呼ばれる板状の部品に電子部品をはんだ付けする必要があります。はんだ付けすると部品が固定されて簡単には外れなくなります。このため固定的な電子回路を作成するには向きますが、ちょっと試したい場合には手間がかかる上、固定した部品は再利用しにくいので不便です。

そこで役立つのが「**ブレッドボード**」です。ブレッドボードにはたくさんの穴が空いており、その穴に各部品を差し込んで利用します。各穴の縦方向に5〜6つの穴が導通しており、同じ列に部品を差し込むだけで部品が導通した状態になります。

ブレッドボードの中には、右図のように上下に電源とGND用の細長いブレットボードが付属している商品もあります。右図のブレッドボードでは、横方向に約30個の穴が並んでおり、これらがつながっています。電源やGNDといった多用する部分に利用すると良いでしょう。

様々なサイズのブレッドボードが販売されていますが、まずは30列程度のブレッドボードを購入すると良いでしょう。例えば、1列10穴（5×2）が30列あり、電源用ブレッドボード付きの商品であれば、200円程度で購入できます。

● 手軽に電子回路を作成できる「ブレッドボード」

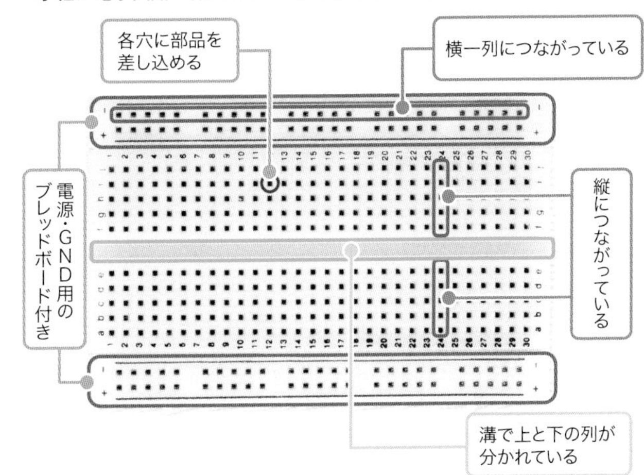

接続していない列同士をつなげるには「**ジャンパー線**」を利用します。ジャンパー線は両端の導線がむき出しになっており、電子部品同様にブレッドボードの穴に差し込めます。

ジャンパー線には端子部分が「オス型」のものと「メス型」のものが存在します。ブレッドボードの列同士を接続するには両端がオス型（オス―オス型）のジャンパー線を利用します。Arduinoのデジタル・アナログ入出力ソケットはメス型となっているため、両端がオス型のジャンパー線を利用できます。

オス―オス型のジャンパー線は30本程度あれば十分です。例えば、秋月電子通商ではオス―オス型ジャンパー線（10cm）は20本入り180円で購入できます。

KEYWORD

オス型とメス型

電子部品では、先端が凸状で穴に挿す形式の端子を「オス型」、凹状で挿し込まれる形式の端子を「メス型」と呼びます。

● ブレッドボード間の列やArduinoのソケットに接続する「ジャンパー線」

2. 電圧や電流を制御する「抵抗」

「**抵抗**」は、回路に流す電流を制御するために利用する部品です。例えば抵抗を用いることで、回路に流れる電流を小さくし、部品が壊れるのを防止できます。

抵抗は1cm程度の小さな部品です。左右に長い端子が付いており、ここに他の部品や導線などを接続します。端子に極性はなく、どちら向きに挿し込んでも動作します。

● 電圧や電流を制御する「抵抗」

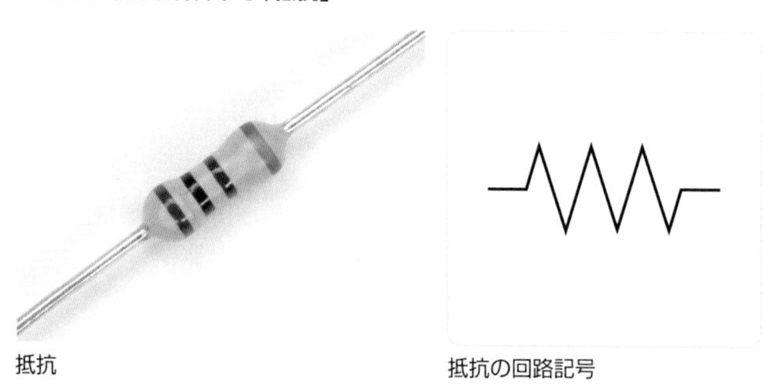

抵抗　　抵抗の回路記号

抵抗は、使用材料が異なるものが複数存在し、用途に応じて使い分けます。電子回路で利用する場合、通常は「**カーボン抵抗**」でかまいません。抵抗の単位は「**Ω（オーム）**」で表します。

抵抗は1本5円程度で購入できます。100本100円程度でセット売りもされています。様々な値の抵抗が販売されていますが、まずは次の6種類の抵抗をそれぞれ10本程度購入しておくと良いでしょう。

- 100Ω
- 330Ω
- 1kΩ
- 5.1kΩ
- 10kΩ
- 100kΩ

抵抗は、本体に描かれている帯の色で抵抗値が分かるようになっています。それぞれの色には、次ページの表のような意味があります。

● 抵抗値の読み方

帯の色	それぞれの意味			
	1本目	2本目	3本目	4本目
	2桁目の数字	1桁目の数字	乗数	許容誤差
■ 黒	0	0	1	—
■ 茶	1	1	10	±1%
■ 赤	2	2	100	±2%
■ 橙	3	3	1k	—
■ 黄	4	4	10k	—
■ 緑	5	5	100k	—
■ 青	6	6	1M	—
■ 紫	7	7	10M	—
■ 灰	8	8	100M	—
□ 白	9	9	1G	—
■ 金	—	—	0.1	±5%
■ 銀	—	—	0.01	±10%
色無し	—	—	—	±20%

1本目と2本目の色で2桁の数字が分かります。これに3本目の値を掛け合わせると抵抗値になります。例えば、右図のように「紫緑黄金」と帯が描かれている場合は「750kΩ」と求められます。

4本目は抵抗値の誤差を表します。誤差が少ないほど精密な製品であることを表しています。右図の例では「金」ですので「±5%の誤差」(±37.5kΩ)が許容されています。つまり、この抵抗は「787.5k～712.5kΩ」の範囲であることが分かります。

● 抵抗値の判別例

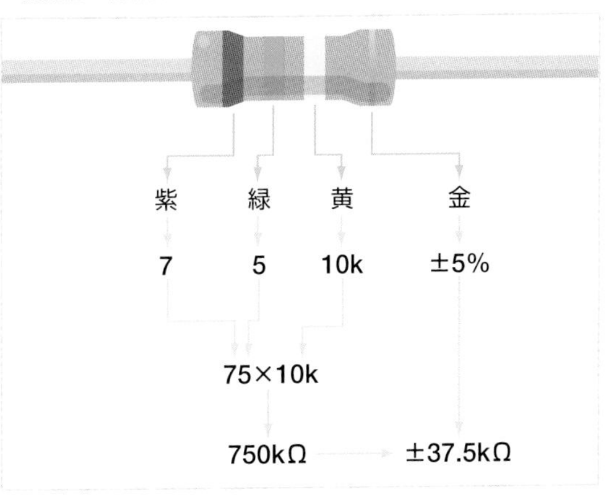

NOTE

区切りの良い値の抵抗がない場合

電子パーツ店で抵抗を購入する場合、5kΩなどのような区切りのよい値の抵抗が販売されていないことがあります。一方で、330Ωなどのような一見区切りの良くない値の抵抗が売られていることもあります。
これは、抵抗の誤差を考慮するため、「E系列」という標準化した数列に合わせて抵抗が作られているからです。小さな値であれば誤差の範囲は小さいですが、大きな値であると誤差の範囲が大きくなります。例えば誤差が5%の場合、1Ωであれば誤差の範囲は0.95～1.05Ωですが、10kΩの場合は9.5k～10.5kΩと誤差の範囲が広がります。このため、例えば10kと10.01kΩのように誤差の範囲がかぶる抵抗を準備しても無意味です。
電子工作では、5%の誤差のある抵抗がよく利用されています。5%の抵抗では「E24系列」に則って抵抗が作られています。例えば1k～10kΩの範囲のE24の抵抗値は、「1k」「1.1k」「1.2k」「1.3k」「1.5k」「1.6k」「1.8k」「2.0k」「2.2k」「2.4k」「2.7k」「3.0k」「3.3k」「3.6k」「4.3k」「4.7k」「5.1k」「5.6k」「6.2k」「6.8k」「7.5k」「8.2k」「9.1k」「10k」となっています。このため、「5kΩ」といったきりの良い値の抵抗は販売されていません。
なお、E系列でも利用頻度の低い抵抗は、店舗によっては取り扱いがないこともあります。例えば、秋月電子通商では「1k」「1.2k」「1.5k」の抵抗は販売されていますが、「1.1k」「1.3k」「1.6k」「1.8k」の抵抗は販売されていません。
電子部品は、どのようなものであっても誤差があります。計算で正しい値を導いたとしても、おおよそ近い値を選択するようにしましょう。多くの場合、少々の違いがあっても問題なく動作します。

3. 発光する「LED」

「**LED**(Light Emitting Diode：**発光ダイオード**)」は、電流を流すと発光する電子部品です。電化製品などのスイッチの状態を示すランプなどに利用されています。最近では、省電力電球としてLED電球が販売されていることもあり、知名度も高くなってきました。

● **発光できる「LED」**

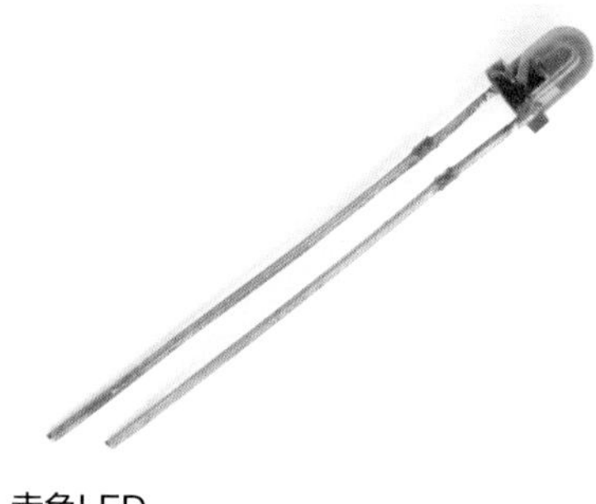
赤色LED

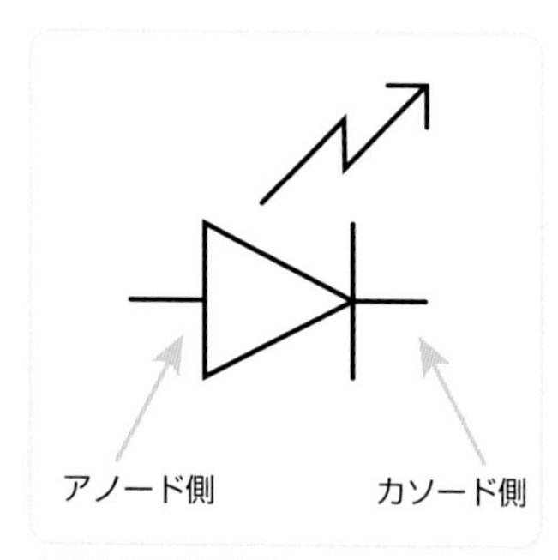

LEDの回路記号

LEDには極性があります。逆に接続すると電流が流れなくなり、LEDは点灯しません。

極性は端子の長い方を「**アノード**」と呼び、電源の＋（プラス）側に接続します。端子の短い方を「**カソード**」と呼び、電源の－（マイナス）側に接続します。

さらに、端子の長さだけでなく、LEDの外殻や内部の形状から極性が判断できます。外殻から判断する場合は、カソード側が平たくなっています（ただし製品によっては平たくない場合もあります）。内部の形状で判断する場合は、三角形の大きな金属板がある方がカソードとなります。

● **LEDの極性は形状で判断できる**

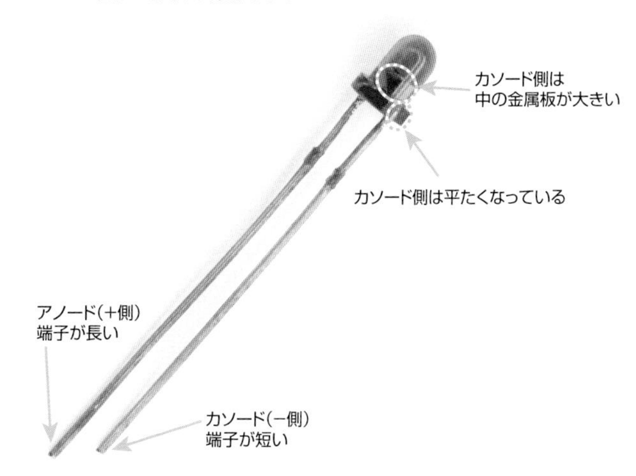

LEDには、点灯のために必要な情報として「**順電圧（Vf）**」と「**順電流（If）**」が記載されています。一般的に順電圧が2～4V程度、順電流が20～30mAの製品が販売されています。本書では、順電圧が2V程度、順電流が20mA程度のLEDを利用することを前提に解説します。また、各LEDの順電圧と順電流はLED本体では判別できないので、購入時に分かるようメモしておきましょう。これらの値はLEDを使う際に必要です。

LEDは「赤」「緑」「黄色」「青」「白色」など様々な色が用意されています。この中で赤、緑、黄色は駆動電流が比較的小さくて済むため、手軽に利用できます。初めのうちはこれらの色のLEDを選択するようにしましょう。直径5mmの赤色LEDであれば、1つ20円程度で購入できます。

NOTE

LEDの使い方

LEDを点灯させるには、抵抗を接続して流れる電流を制限します。詳しくはp.100のNOTEを参照してください。

Chapter 4-3

電子回路入門

電子回路を作成するには、いくつかのルールに則って作業する必要があります。そこで、実際にArduinoで電子回路を制御する前に、基本的なルールについて確認しておきましょう。

電源と素子で電子回路が作れる

電子回路の基本を説明します。電子回路は、電気を供給する「**電源**」と、その電気を利用して様々な動作をする「**素子**」を、電気的に導通性の金属の線である「**導線**」で接続することで動作します。

電源は、家庭用コンセントや電池などがそれにあたります。電源から供給した電気は、導線を通じて各素子に送られ、電気を消費して素子が動作します。電球を光らせたり、モーターを回したり、といった動作です。

●電源と素子を導線で接続すれば電子回路が完成

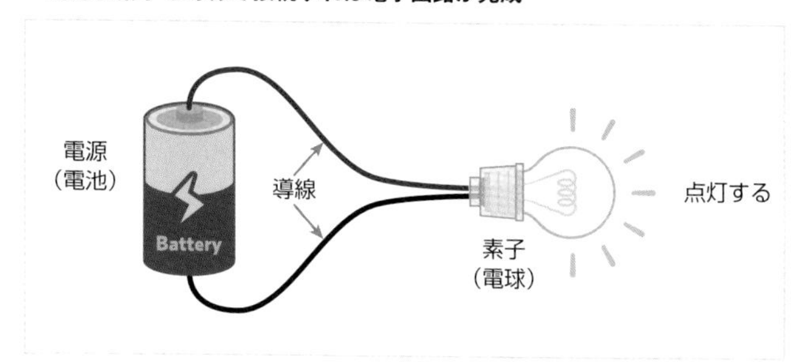

基本的に、電子回路はこのように構成されています。他に複数の素子を接続したり、素子を動作させるために必要な電気の量を調節したりして、様々な機器ができ上がっているわけです。

しかし、闇雲に電源や素子をつなげれば動作するというわけではありません。目的の動作をさせるには、適切な電源や素子を選択し、適切に素子を接続する必要があります。そのためには素子の特性を理解して、どの素子を利用するかを選択するなどといった知識が必要となります。

そこで、ここでは基本的な電気の性質や電子回路の知識を解説します。

電源は電気を流す源(みなもと)

コンセントや電池など、電気を供給する源が電源です。電源が送り出せる電気の力は「**電圧**」として表します。電圧の単位は「**ボルト(V)**」です。この値が大きい電源ほど、電気を流せる能力が高いことを表します。身近なものでは電池1本「1.5V」、家庭用コンセント「100V」などがあります。電池よりも家庭用コンセントから送り出される電気の力が大きいことが分かります。

Arduinoは、電源ソケットの出力として5Vまたは3.3Vが供給できます。これらを使って、電池と同じように電子回路への電気の供給が可能です。

電圧には、次の特性があるので覚えておきましょう。

1 直列に接続された素子の電圧は足し算

電源から直列に複数の素子を接続した場合、それぞれの素子にかかる電圧の総和が電源の電圧と同じになります。

例えば、右図のように5Vの電源に2つの電球を直列に接続した場合、それぞれの電球にかかる電圧を足し合わせると5Vになります。また、片方の電球に3Vの電圧がかかっていたと分かる場合、もう片方の電球には2Vの電圧がかかっていると導けます。

●直列接続の素子にかかる電圧の関係

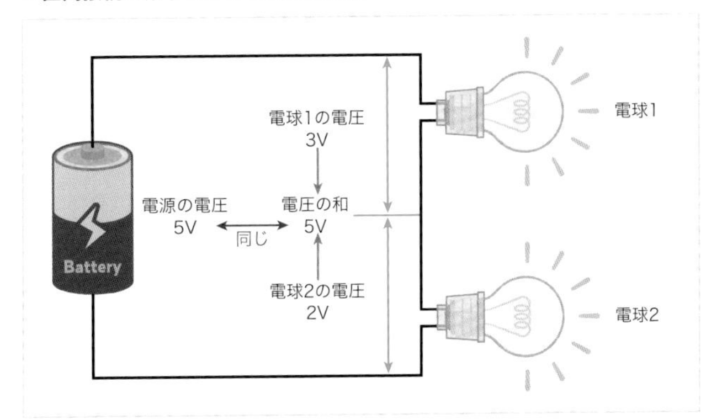

2 並列に接続された素子にかかる電圧は同じ

複数の素子を並列に接続した場合、それぞれの素子にかかる電圧は同じになります。もし、5Vの電源から並列に2つの電球に接続した場合、それぞれにかかる電圧は電源と同じ5Vとなります。

●並列接続の素子にかかる電圧の関係

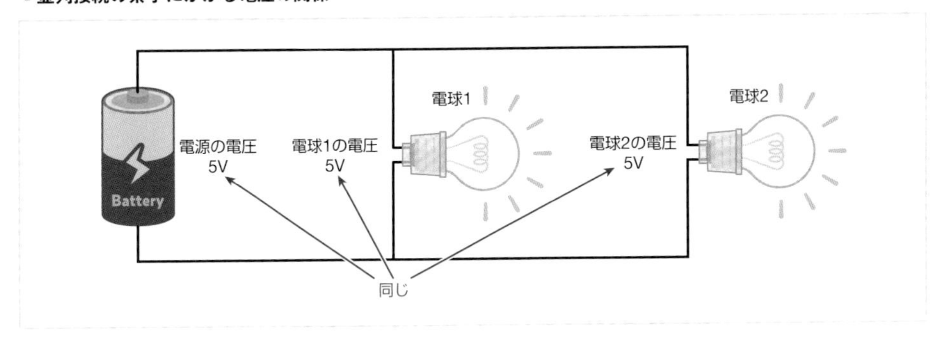

KEYWORD

電圧と電位差

電圧は、ある1点からもう1点までの差を示しています。電池の場合はマイナス側からプラス側までの差が電圧です。もし、10Vの位置から30Vの位置までの電圧を示す場合、「30V - 10V」と計算でき、電圧は「20V」となります。また、電圧のことを「電位差」とも呼びます。

一方、遥か遠く（「基点」または「無限遠」といいます）からの電位差のことを「**電位**」と呼びます。

電気の流れる量を表す「電流」

電源からは「**電荷**」と呼ばれる電気の素が導線を流れます。この電荷がどの程度流れているかを表すのが「**電流**」です。電流が多ければ、素子で利用する電気も多くなります。つまり、電流が多いほどLEDなどは明るく光ります。

電流を数値で表す場合、「**アンペア（A）**」という単位が利用されます。家庭にあるブレーカーに「30A」などと書かれているので目にしたことがあるかもしれません。これは、30Aまでの電流を流すことが可能であることを示しています。

電流は次のような特性があるので覚えておきましょう。

1 直列に接続された素子の電流は同じ

電源から直列に複数の素子を接続した場合、それぞれの素子に流れる電流は同じです。ホースに流れる水は、水漏れがなければどこも水流量が同じであるのと同様です。例えば、2つの電球が直列に接続されており、一方の電球に10mAの電流が流れていれば、もう一方の電球にも10mAが流れます。

● 直列接続の素子にかかる電流の関係

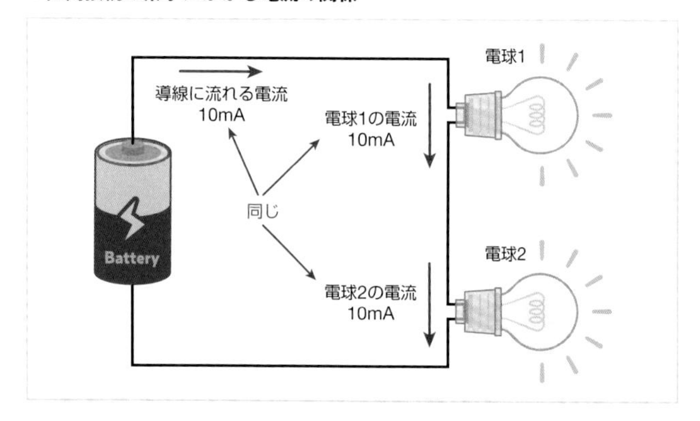

2 並列に接続された素子の電流は足し算

複数の素子を並列に接続した場合、それぞれの素子に流れる電流の合計は、分かれる前に流れる電流と同じになります。もし、電源に2つの電球が接続されており、それぞれの電球に10mA、20mA流れていたとすると、分かれる前は30mA流れていることになります。

● 並列接続の素子にかかる電流の関係

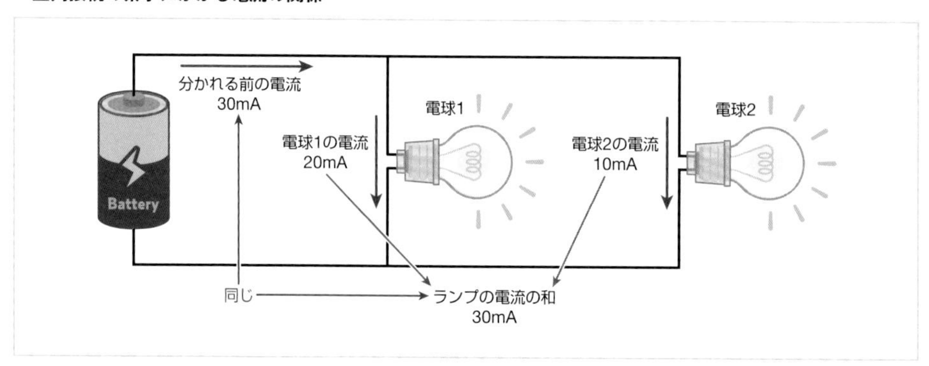

NOTE

電流と電圧について、おおよその数値の大きさを感覚的に身につけよう

長さや重さであれば、数値だけでもおおよそ長い、短い、軽い、重いといったことが感覚的に分かります。例えば、徒歩で移動するときに100m先であればすぐ近くと感じますが、10km先となると遠すぎて歩くのは無理だと判断します。
電気でも、おおよその数値の大きさについて感覚的に分かっていれば、素子を動作するのに十分であるか、素子を壊してしまうほど危険であるかなどを判断できます。もし大きすぎると感じられれば、再度確認して数値に間違いがないかを確かめることができます。
電子工作では、1から24V程度の電源を利用しています。Arduinoでは5Vが基準です。このため、「0から5V」程度であれば特に問題はありませんが、50Vや100Vの電圧がかかっている場合は、再度確認したほうがよいでしょう。また、Arduinoのソケットに10Vなどといった、5V以上の電圧がかかっている場合も注意が必要です。逆に、1V以下の場合は電圧が足りないことがあるので確認しましょう。また、デジタル入出力では0Vと5Vを切り替えています。Arduinoのソケットにかかる電圧を確認し、約0Vや約5Vの電圧以外がかかっている場合は、回路に間違いが無いかを確かめるようにします。
一方、電流の場合は「1mAから100mA」程度であれば特に問題はありません。1Aや10Aといった電流は大きすぎるので、確認しましょう。ただし、高輝度に点灯するLEDやモーターといった電気をたくさん利用する電子パーツの場合は1Aや2Aなど大きな電流が流れることがあります。逆に1mAより小さい場合は電流が少ないので電子パーツが正しく動作しないことがあります。なお、通信などといった信号をやり取りするような使い方ではほとんど電流が流れませんが、動作するのに問題はありません。

NOTE

実際に流れるのは「電子」

導線などは、金属の原子が集まって構成されています。原子は、中央にプラスの電気的な性質を持つ「原子核」(陽子と中性子)と、その周りを回る電気的にマイナスの性質を持つ「**電子**」から成ります。
原子核は原子の形状をなすものであり、その場からは動きません。一方、電子は小さな粒子状のように考えることができ、隣の原子に移動できます。電子が次々と別の原子に移動していくことで、マイナスの電気的な粒子が、導線上を移動できます。
また、電子回路では電子のことを「**マイナス電荷**」と呼びます。マイナス電荷が流れると逆方向にプラスの電気的な性質を持つ電荷が流れているように見えるので、電子と逆方向に「**プラス電荷**」が流れていると見なしています。
電子回路では、プラス電荷の流れる量のことを「**電流**」と呼んでいます。なお、動かないプラス電荷を現在でも電流と呼んでいるのは、発見当初はプラス電荷が動いていると考えられていたためです。

電圧、電流、抵抗の関係を表す「オームの法則」

電子回路の基本的な公式の1つとして「**オームの法則**」があります。オームの法則とは、「抵抗にかかる電圧」と「抵抗に流れる電流」、それに「抵抗の値」の関係を表す式で、右図のように表記されます。

オームの法則

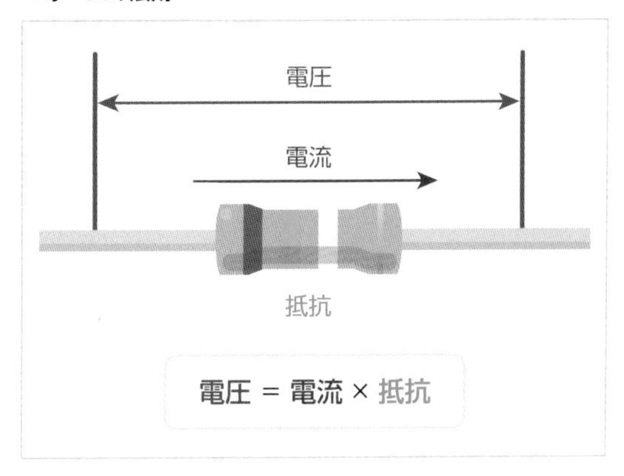

この式を利用すると、電圧、電流、抵抗のうち2つが分かれば、残りの1つを導き出すことができます。例えば、5Vの電源に1kΩの抵抗を接続した場合、次の式のように電流の値を求められます。

$$5V \div 1k\Omega = 5V \div 1000\Omega = 0.005A = 5mA$$

オームの法則では電流と抵抗を掛け合わせた値が電圧なので、電圧を抵抗で割ると、電流を求めることができます。つまり、電圧の5Vを抵抗の1kΩで割ると、電流が5mAと求められます。

これは、電子回路を作る際、素子やArduinoに流れる電流が規定以下であるかなどを導き出すのに利用されます。重要な公式なので覚えておきましょう。

オームの法則に当てはまらない素子

オームの法則はすべての素子で利用できるわけではありません。抵抗のように、電圧と電流が比例して変化する素子のみに使える式です。例えば、LEDはある電圧以上にならないと電流は流れず、電圧と電流は比例的に変化しないため、オームの法則で電流を求めることはできません。

電子回路の設計図である「回路図」

電子回路を作成する際、どのような回路にするかを考え、「**回路図**」と呼ばれる設計図を作成します（「電子回路図」や単に「回路」とも）。回路図はそれぞれの部品を簡略化した記号を用い、各部品を線で結んで作成します。

電子回路の設計図「回路図」の一例

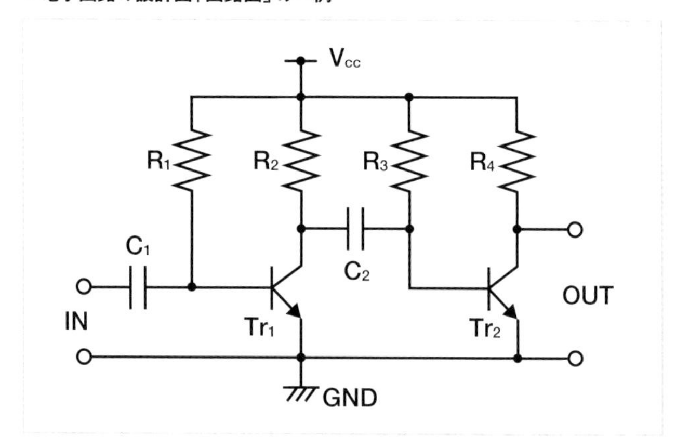

例えば、電池などの電源は右のような記号です。

●電源の回路記号

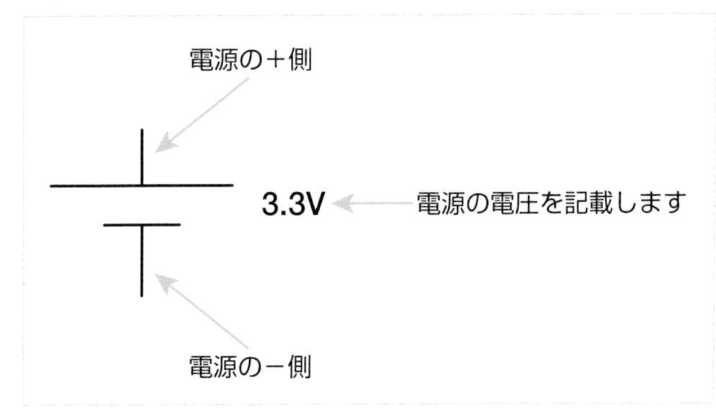

このほかに、抵抗やLED、スイッチなどもそれぞれの記号が用意されています。本書で使用する素子の回路記号については、素子の説明で併せて紹介します。

NOTE

電子回路記号

電子回路記号は、国際電気標準会議（IEC）により標準化されています。また日本において日本産業規格として標準化されています。標準化することで、電子回路の制作者と閲覧者が電子パーツを読み間違えるのを防げます。
どのような電子回路記号で電子パーツを表すかわからない場合は、いずれかの規格で調べることができます。国際電気標準会議の場合は「IEC 60617」、日本産業規格は「JIS C 0617」（旧版はJIS C 0301。1999年に廃止）として標準化されています。
JISについては、Webサイトで閲覧することが可能です。JIS検索ページ（https://www.jisc.go.jp/app/jis/general/GnrJISSearch.html）にアクセスし、JIS規格番号で「JIS C 0617」を検索してみましょう。抵抗やコンデンサーなどは「JISC0617-4」に掲載されています。
なお、本書では抵抗記号などのわかりやすさを優先し、JIS C 0301を利用して説明しています（JIS検索では閲覧できません）。

電源記号の別表記

電源は、電気を供給する部品であるため、たくさん配線を引きます。1つの電源記号にたくさんの配線を引くと線の数が多くなり、回路図が見づらくなります。

そこで、電源は他の記号に置き換えることができます。＋側、－側それぞれの記号を、右図のように変えられます。電源のプラス側であることを表す「Vdd」、マイナス側であることを表す「GND」という文字を、それぞれの記号付近に記述していることもあります。

●電源記号の別表記

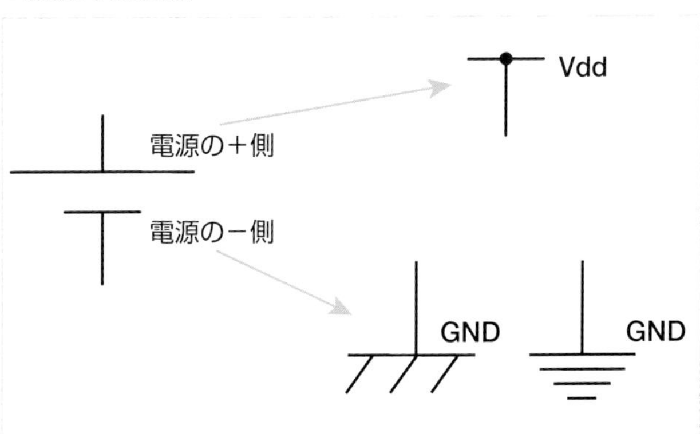

KEYWORD

Vdd

電源のプラス側を示す表記として「**Vdd**」が利用されます。VはVoltage（電圧）に由来します。また、「**Vcc**」と表記される場合もあります。従来､「Vdd」と「Vcc」は接続する素子の種類によって使い分けられていました。Vddは電界効果トランジスタ（FET）と呼ばれる半導体に、Vccはバイポーラトランジスタと呼ばれる半導体に接続することを表しました。しかし最近ではVddとVccを特に使い分けずに記述するケースもあります。ちなみに、Vddのdはドレインを表し、Vccのcはコレクタを表します。
なお、次に解説するグランド（GND）の表記として「Vee」（eはエミッタの意味）や「Vss」（sはソースの意味）と表記する場合もあります。

KEYWORD

グランド（GND）

一般的に電源のマイナス側を「**グランド**」と呼びます。電圧の基準として、地面（Ground）を利用したため、この名称が使われています。実際には電子回路のマイナス側と地面の電位は一致しないことがありますが、そのままグランドと呼ばれることが一般的です。また、グランドは省略して「**GND**」と記載したり、「**アース**」と呼ばれる場合もあります。

電子回路を作成する際の注意点

電子回路を扱う上での注意点がいくつかあります。この注意をおろそかにすると、正常に動作しなかったり、部品の破損、怪我などにつながるので、十分に気をつけてください。

1 回路は必ずループさせる

電気は電源のプラス側からマイナス側に向けて電荷（プラス電荷）が流れます。しかし、途中で線が切れていたりすると電気が流れません。回路は必ずループ状になっているかを確認しましょう。

● 電気回路は必ずループ状にする

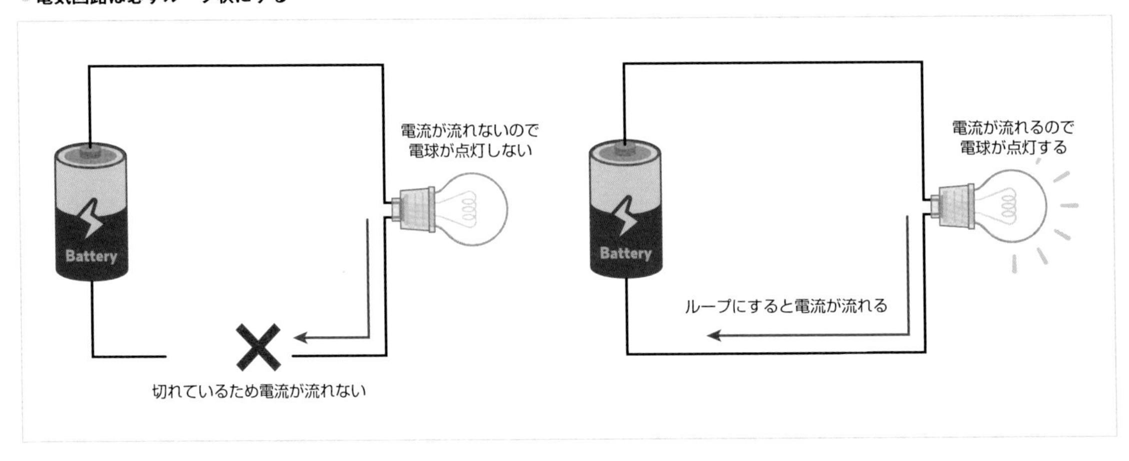

2 部品の極性や端子の接続は正確に

電子部品の多くは、それぞれの端子に役割が決まっています。例えば、プラス側に接続する端子、マイナス側に接続する端子、信号を入出力する端子などです。これらの部品は必ず端子の利用用途を十分確認してから接続するようにしましょう。

誤った端子に接続してしまうと、部品が正常に動作しなくなる恐れがあります。特に、給電する部品の場合は、極性（プラスとマイナス端子が分かれていること）を逆にしないようにします。逆に接続してしまうと、正常に動作しないばかりか、部品自体を破壊しかねません。さらに、部品自体が発熱することがあり、接触した際に火傷する危険性があります。

極性が存在する部品や、多数の端子がある部品は、どの端子かを把握できるように端子の形状が異なっていたり、印が付いていたりします。これらを確認して正しく接続しましょう。

ただし、抵抗やスイッチなどの一部の部品には、極性がなくどちらに接続しても問題ないものもあります。

●電子部品には端子の役割が決まっている

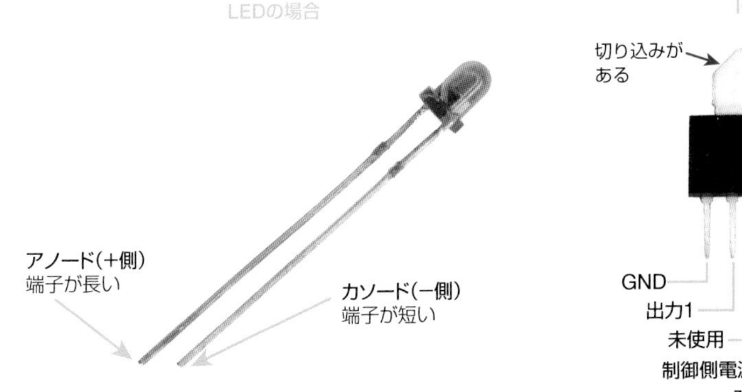

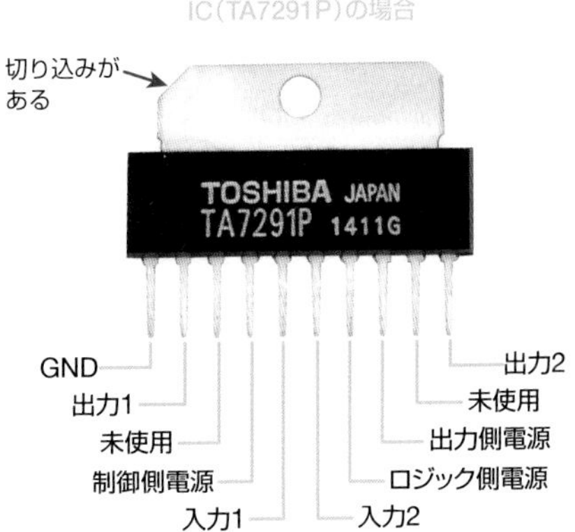

3 ショートに注意

ブレッドボードは、部品の端子を切らずにそのまま挿し込めて、手軽に回路を作成できます。しかし、抵抗のように長い端子がある部品を差し込む場合は、他の部品の端子と直接触れないように注意する必要があります。

もし、部品の端子同士が誤って接触してしまうと、回路が正常に動作しなくなる恐れがあります。特に電源のプラス側とマイナス側が直接接触（**ショート**）した状態になると、過電流が流れてしまい、部品を破壊したり、発熱したりする危険性があります。

●ショートには注意

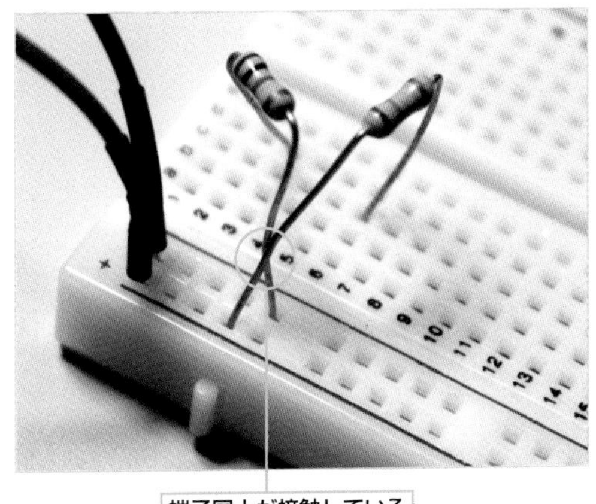

部品を無理に配置せずに、端子が接触しないよう配置を考慮しましょう。また、抵抗のように端子が長い部品の場合は、邪魔にならない程度に端子を切っておくとショートの心配が低減します。ただし、LEDのように端子の長さで極性を表している電子部品の場合は、極性が分かるように長さを変えて切るようにしましょう。

4 静電気除去をしっかりと

電子部品にとって静電気は大敵です。静電気は数千Vと高電圧であるため、静電気が流れ込むと部品内で絶縁破壊を起こして破損してしまいます。一般的に部品の抵抗値が高いものが壊れやすい傾向にあります。

電子部品を手で扱う場合は、直前にテーブルや椅子などの金属部分や静電気除去シートなどに触れることで、静電気を逃しておきましょう。

電子回路を作ってみよう

電子回路を作成する上でのルールを覚えたところで、実際に電子回路を作ってみましょう。ここでは、電源から供給した電気をLEDに送って光らせてみます。

今回は右のような回路を作成します。電源のプラス側からLEDのアノードにつなげます。その後、流れる電流を制限するため、LEDのカソードから抵抗につなげます。ここでは200Ωの抵抗を利用することにします。最後に抵抗から電源のマイナス側に接続します。

これで、回路がループ状になり、電源から供給した電気がLEDを流れて点灯します。

●LEDを点灯する回路図

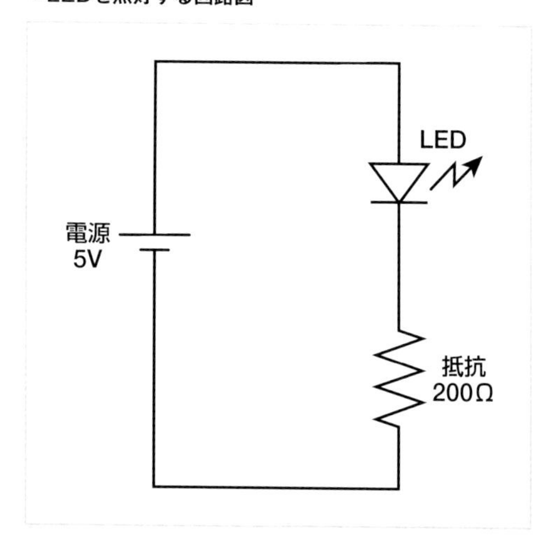

回路図が完成したら、実際にブレッドボード上に電子回路を作成しましょう。ここでは、Arduinoの電源端子を利用してみます。Arduino UNOは5Vと3.3Vが利用できますが、5Vを使うことにします。

下側の「5V」ソケットに接続し、電源のプラス側とみなします。電源のマイナス側は「GND」ソケットに接続します。3カ所GNDソケットがありますが、ここでは電源ソケットの隣にあるGNDソケットに接続します。また、ブレッドボードの上下にある電源用のブレッドボードにそれぞれの端子を接続しておきます。

電源はArduinoのソケットから取り出す

				PWM	PWM	PWM			PWM	PWM		PWM		TX	RX
SCL	SDA	AREF	GND	PD13	PD12	PD11	PD10	PD9	PD8	PD7	PD6	PD5	PD4	PD3	PD2	PD1	PD0

PD13〜PD0：デジタル入出力・アナログ出力(PWM)

未使用	IOREF	RESET	3.3V	5V	GND	GND	Vin	PA0	PA1	PA2	PA3	PA4	PA5

未使用〜Vin：電源関連

PA0〜PA5：アナログ入力

電源が用意できたら、各部品をブレッドボードに取り付けていきます。この際、LEDのアノード側（足の長い方）を電源のプラス側に、カソード側（足の短い方）を抵抗に接続するようにします。正しく接続できれば、LEDが点灯します。

光らない場合は逆に挿さっていないかを確認しましょう。なお、5V程度であれば逆に挿したとしてもLEDが壊れる心配はありません。

各部品をブレッドボードに差し込む

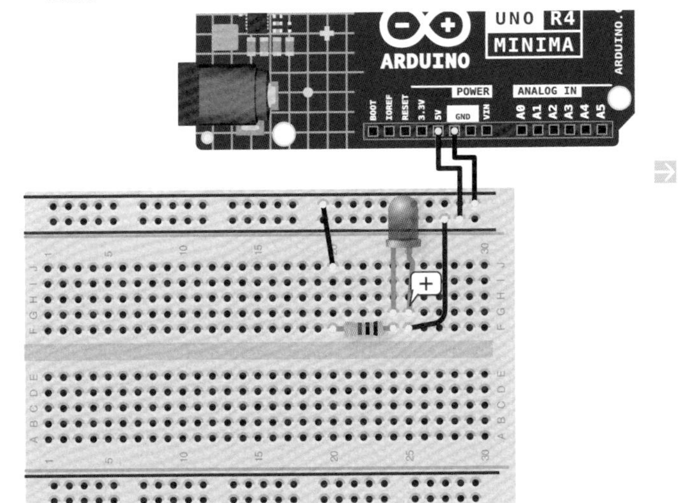

LEDが点灯しました

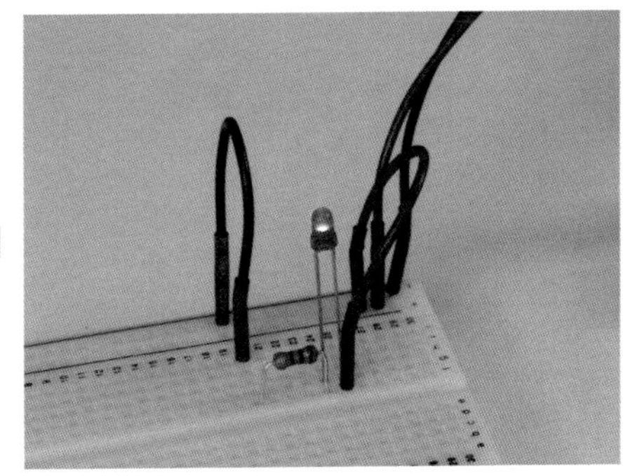

POINT

Arduinoに電源を接続しておく

Arduinoの電源ソケットを利用する場合は、あらかじめArduino本体にACアダプターやUSBケーブルを接続して電気を供給しておきます。

NOTE

LEDに接続する抵抗の選択

LEDは規定以上の電圧をかけないと光りません。LEDを動作させるための電圧を「**順電圧**」（**Vf**と表すこともあります）といいます。一般的に購入できる赤色LEDであれば、Vfはおおよそ1.5Vから3Vの範囲となっています。
LEDは電流が流れることで光ります。流れる電流が多ければ多いほど明るくなります。しかし、許容量以上に電流を流すと、LED自体が破壊され光らなくなってしまいます。発熱して発火する危険性もあるので、適切な電流を流す必要があります。そこで、個々のLEDには「**順電流**」（**If**とも表されます）という、LEDの推奨する電流値が決められています。
LEDを使った電子回路を作成する場合は、LEDに流れる電流を制御することが重要です。LEDに流れる電流は、直列に抵抗を接続することで制限できます。接続する抵抗は次のように求められます。

❶ 抵抗にかかる電圧を求めます。LEDにかかる電圧は「順電圧」の値を用います。LEDに流れる電流が変化してもかかる電圧はほとんど変化がないため、順電圧の値をそのまま用いてかまいません。
抵抗にかかる電圧は、「電源電圧」から「LEDの順電圧」を引いた値になります。例えば、電源電圧が「5V」、順電圧が「2V」の場合は、抵抗にかかる電圧が「3V」だと分かります。

❷ LEDに流す電流値を決めます。通常はLEDの順電流の値を利用します。また、Arduinoを使う場合は、すべてのデジタル入出力ソケットに流れる電流が200mAまでと決まっています。この「流して良い電流」のことを「定格電流」といいます。利用するLEDの順電流が20mA（0.02A）である場合、Arduinoの定格電流の範囲内であり、問題なく利用可能です。

❸ オームの法則を用いて抵抗値を求めます。オームの法則は「電圧 ＝ 電流 × 抵抗」なので、「抵抗 ＝ 電圧 ÷ 電流」で求められます。つまり「3 ÷ 0.02」を計算し、「150Ω」だと分かります。
しかし、このためだけに150Ωの抵抗を別途用意するのは手間です。そこで、150Ωに近く、E24系列で一般的に販売されている「200Ω」を利用すると良いでしょう。この際、実際に流れる電流がどの程度かを確認しておきます。「電流 = 電圧 ÷ 抵抗」で求められるので、「3 ÷ 200」で、「15mA」だと分かります。

●LEDに接続する抵抗値の求め方

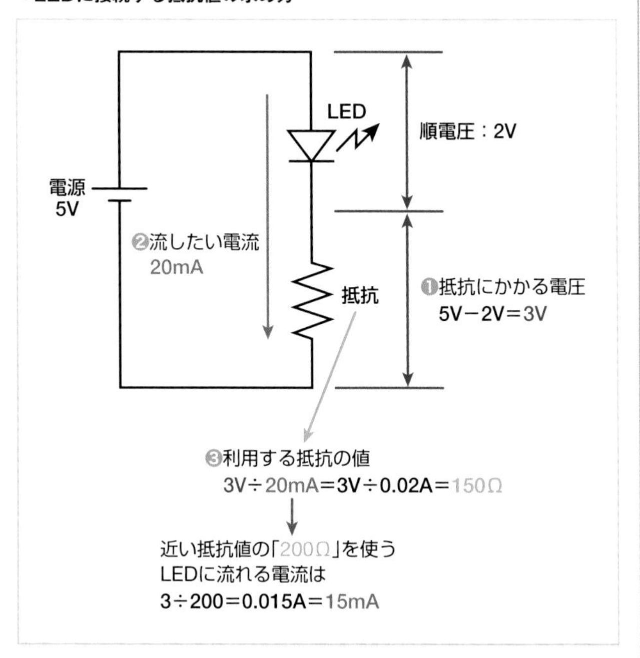

Part 5

Arduinoで
電子回路を制御しよう

Part4で電子回路や電気の基本について学びました。ここでは実際に電子回路を制御する方法を解説します。制御するプログラムはArduino IDEで作成します。

Chapter 5-1

LEDを点灯させる

電子回路について理解したら、実際にArduinoで電子回路を制御してみましょう。初めにデジタル出力を利用する方法として、デジタル出力でLEDを点灯させる方法を説明します。

デジタル出力でON／OFFを制御する

Arduinoのデジタル入出力ソケットでは**デジタル出力**ができます。デジタル出力は、「0」または「1」の2つの状態を切り替えることができる出力です。スイッチのON／OFFのような利用方法が可能です。

実際は、出力の電圧を「0V」または「5V」の状態に切り替えています。0Vの状態を「0」「LOW」「OFF」、5Vの状態を「1」「HIGH」「ON」などと表記することがあります。

ここでは、Arduinoからプログラムで**LED**を点灯／消灯してみましょう。

●デジタルは2つの値で表される

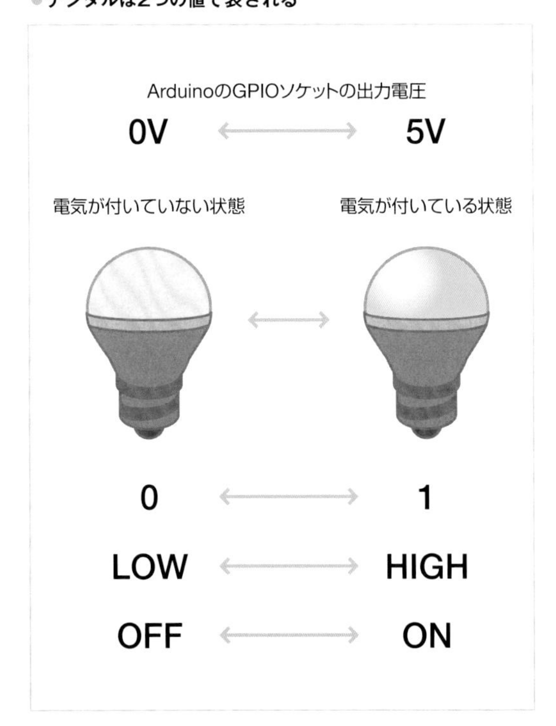

POINT

HIGHの電圧は異なる

Arduinoでは端子の出力としてHIGHであれば5Vが出力されます。しかし、HIGHの状態の電圧はボードや電子回路によってそれぞれ異なります。例えば、+3.3V、+12V、+24Vなど様々です。

しかし、1つのボード内ではHIGHの電圧をそろえる必要があります。例えば、Arduinoに12Vのような5Vより高い電圧をHIGHとして入力してしまうと、12Vから5Vの方向へ過電流が流れ、加熱したりArduino自体が壊れてしまう危険性があるためです。

電子回路を作成する

電子回路を作成します。作成に利用する部品は次の通りです。

- LED……………………………………………1個
- ジャンパー線……………………………………2本
- 抵抗（200Ω）…………………………………1個

今回は、図の通りArduinoのソケットを利用します。デジタル出力は、上部に配置されたソケットのPD0からPD13までの14本のソケットを利用できます。この中の1つのソケットを選んで出力に利用します。今回は「PD10」を利用することにします。他のソケットを利用しても同様に出力できるので、もし他のソケットを使う場合は、ソケットの番号を読み替えて作業してください。また、今回はPD13の隣にあるGNDソケットを利用しますが、本体下側の電源関連ソケットにあるGNDソケットを利用してもかまいません。

●利用するソケット

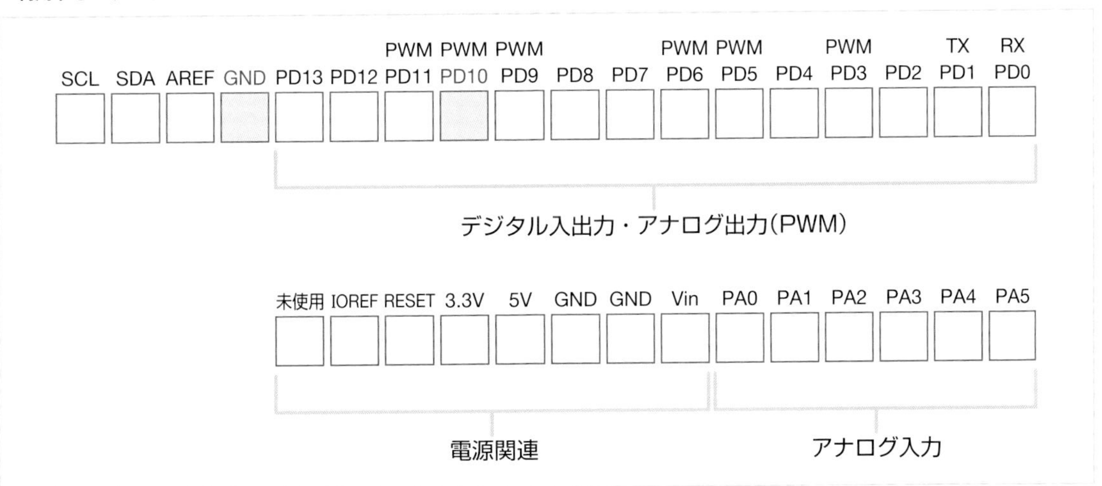

電子回路は右図のように作成します。デジタル出力するPD10ソケットからLEDのアノード（プラス）側（足の長い方）に接続します。LEDのカソード（マイナス）側（足の短い方）には抵抗（200Ω）を接続して電流の量を調節します。最後にGNDソケットに接続すれば回路の完成です。

●LEDを制御する回路図

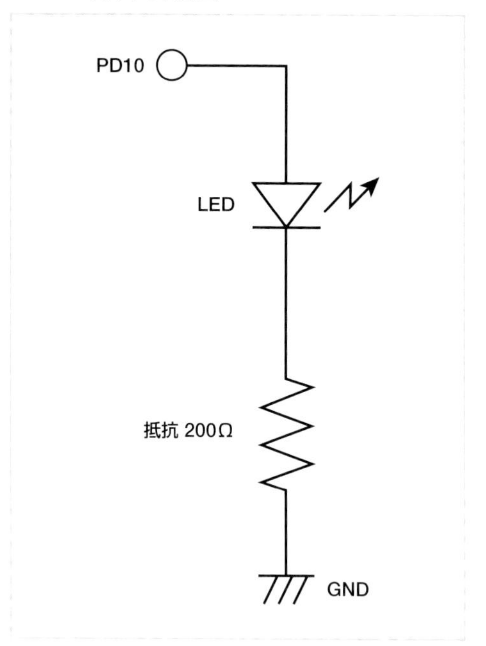

NOTE

LEDに接続する抵抗

LEDに接続する抵抗についてはp.100を参照してください。

ブレッドボード上に、右図のようにLED制御回路を作成します。「+」と記載されている端子がアノードです。

●LED制御回路をブレッドボード上に作成

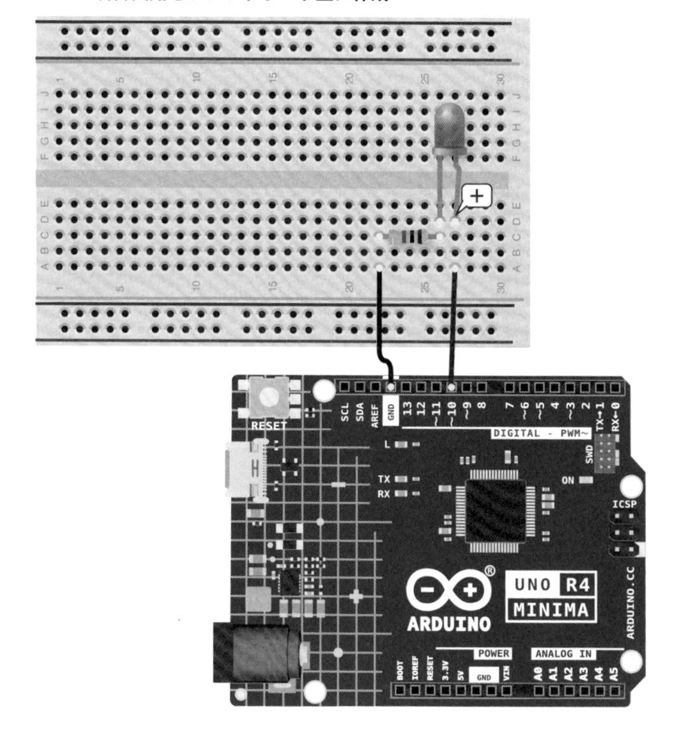

■ プログラムでLEDを制御しよう

回路の作成ができたら、Arduino上でプログラミングし、LEDを点灯させてみましょう。Arduino IDEでの作成方法を紹介します。

Arduino IDEでLEDを制御する

Arduino IDEでLEDを点灯するプログラムを作成します。プログラムは、Chapter3-1で説明したArduinoのオンボードLEDの点灯方法と同じ方法で作成します。このプログラムをもとに、オンボードLEDではなく、接続したソケットに出力するよう変更します。

プログラムは次のように作成します。プログラム内で、接続したソケット番号を数字で指定します。しかし、何度もソケット番号を利用する場合、点灯させるLEDが何番のソケットであるかをその都度確認する手間がかかります。さらに、接続したソケットを変更した場合、プログラム内のソケット番号をすべて変更する必要があり、とても面倒です。

このような手間を減らす方法として、ソケット番号をあらかじめ変数に格納しておく方法があります。これにより、プログラム作成時は変数名を指定するだけでよいため、ソケット番号の確認が不要になります。さらに、接続したソケットを変更した場合も、変数の値を変更するだけでよくなります。

①今回のプログラムでは、LEDの接続したソケットPD10の「10」を「LED_SOCKET」変数に格納しておくようにしています。

②setup関数内で、LEDを接続したソケット（PD10）のモードを出力（OUTPUT）に設定します。その際、対象ソケット番号の指定にあらかじめ設定しておいた変数名「LED_SOCKET」を指定します。

③LEDを点灯させるために、「digitalWrite」関数で5V（HIGH）を出力するように指定します。

● Arduino IDEで作成したLEDを点灯させるプログラム

sotech/5-1/led-on.ino

```
int LED_SOCKET = 10;        ①LEDを接続したソケット（PD10）を変数で指定します
void setup() {
    pinMode( LED_SOCKET, OUTPUT );        ②PD10を出力に設定します
}

void loop() {
    digitalWrite( LED_SOCKET, HIGH );        ③PD10をHIGHの状態にします
}
```

Part 5

作成が完了したら、Arduino IDEの画面左上の✓ボタンをクリックして誤りがないことを確認してから、Arduino IDEの画面左上の✓ボタンをクリックしてArduinoに転送します。

転送が完了すると、LEDが点灯します。

●LEDが点灯しました

Arduino IDEでLEDを点滅させる

「digitalWrite」で0V(LOW)に切り替えれば、LEDを消灯できます。このHIGHとLOWを順番に切り替えることでLEDを点滅させられます。

●LEDを点滅させるプログラム

sotech/5-1/led-blink.ino

```
int LED_SOCKET = 10;
int INTERVAL = 1000;                    ①点滅の間隔を1秒にします

void setup() {
    pinMode( LED_SOCKET, OUTPUT );
}

void loop() {
    digitalWrite( LED_SOCKET, HIGH );
                                        ②PD10をHIGHの状態にします
    delay(INTERVAL);                    ③指定した時間待機します
    digitalWrite( LED_SOCKET, LOW );
                                        ④PD10をLOWの状態にします
    delay(INTERVAL);                    ⑤指定した時間待機します
}
```

①LEDの点滅速度をINTERVAL変数に入れておきます。ミリ秒（1/1000秒）単位で指定するため、1秒としたい場合は「1000」と指定することになります。

②出力をHIGHの状態にしてLEDを点灯します。

③INTERVALで指定した時間待機してLEDを点灯した状態にしておきます。

④出力をLOWの状態にしてLEDを消灯します。

⑤再度、INTERVALで指定した時間待機してLEDを消灯した状態にします。

作成したプログラムをArduinoに転送すれば、LEDの点滅が開始します。

NOTE

Arduino UNO R4 WiFiのマトリクスLEDを点灯制御する

Arduino UNO R4 WiFiには、12×8のマトリクスLEDを装備しています。それぞれのLEDを点灯制御することで、文字や記号などを表示できます。

実際に点灯制御するには、Arduino_LED_Matrixライブラリを利用します。以下のようにプログラムを作成します。

①マトリクスLEDを制御するために、ライブラリ「Arduino_LED_Matrix」を呼び出します。
②呼び出したライブラリを利用できるようにします。この際、matrixという名前を付けてプログラム内で使えるようにします。
③マトリクスLEDに表示するパターンを配列で設定します。各数字は、マトリクスLEDのそれぞれのLEDを点灯するかを指定できます。「1」は点灯、「0」は消灯を表します。なお、各値はカンマで区切って表記する必要があるので、消さないように注意しましょう。
④マトリクスLEDを初期化して利用できるようにします。
⑤マトリクスLEDを点灯制御します。引数には表示パターンを格納した配列、縦のLEDの数、横のLEDの数の順に指定します。

プログラムをArduino UNO R4 WiFiに転送すると、各LEDが点灯し、「Hi!」と表示されます。なお、frame配列の内容を書き換え、再度「matrix.renderBitmap()」で描画すれば、他の表示に切り替えられます。

●マトリクスLEDに文字を表示した

●LEDを点滅させるプログラム

sotech/5-1/matrixled.ino

```
#include "Arduino_LED_Matrix.h"
ArduinoLEDMatrix matrix;
byte frame[8][12] = {
  { 1, 0, 0, 0, 1, 0, 0, 0, 0, 1, 1 },
  { 1, 0, 0, 0, 1, 0, 0, 1, 0, 0, 1, 1 },
  { 1, 0, 0, 0, 1, 0, 0, 0, 0, 1, 1 },
  { 1, 1, 1, 1, 1, 0, 1, 1, 0, 0, 1, 1 },
  { 1, 0, 0, 0, 1, 0, 0, 1, 0, 0, 1, 1 },
  { 1, 0, 0, 0, 1, 0, 0, 1, 0, 0, 0, 0 },
  { 1, 0, 0, 0, 1, 0, 1, 1, 1, 0, 1, 1 },
  { 0, 0, 0, 0, 0, 0, 0, 0, 0, 0, 0, 0 }
};

void setup() {
    matrix.begin();
}

void loop() {
    matrix.renderBitmap(frame, 8, 12);
    delay(10000);
}
```

①マトリクスLED制御用のライブラリを呼び出します
②ライブラリをmatrixという名前で利用できるようにします
③表示するパターンを設定します
④マトリクスLEDを初期化します
⑤マトリクスLEDにframeで設定したパターンを表示します

スイッチの状態を読み取る

LEDを光らせるといったデジタル出力とは反対に、回路の状態を読み取ることも可能です。例えばスイッチの状態をArduinoで読み取り、メッセージを表示するといったことが実現できます。

デジタル入力を読み取る

Arduinoは、デジタル出力とは反対に**デジタル入力**にも対応しています。例えば、スイッチの状態を確認し、スイッチがONになったらLEDの点滅を開始させるなどといったことが可能です。

ここでは、電子回路のデジタル信号をArduinoへ入力する方法について解説します。

押しボタンスイッチを読み取る

デジタル入力を電子回路上で簡単に実現できる部品に**スイッチ**類があります。スイッチは「ON」または「OFF」の2つの状態を切り替える部品です。スイッチを切り替えることで0V(OFF)、+5V(ON)の2つの状態を実現できれば、Arduinoのデジタル入力として利用できます。

スイッチにはいくつか種類があり、用途によって使い分けます。大きく分類すると、「切り替えてその状態を保持するスイッチ」と、「押している間だけONになり、手を離すとOFFに戻るスイッチ」の2種類があります。

電子部品では、状態を切り替えるスイッチとして「**トグルスイッチ**」「**スライドスイッチ**」「**DIPスイッチ**」「**ロータリースイッチ**」などが利用されています。また、2つの状態を切り替えるスイッチだけでなく、それ以上の状態を切り替えることが可能なスイッチもあります。

●状態を切り替えるスイッチの一例

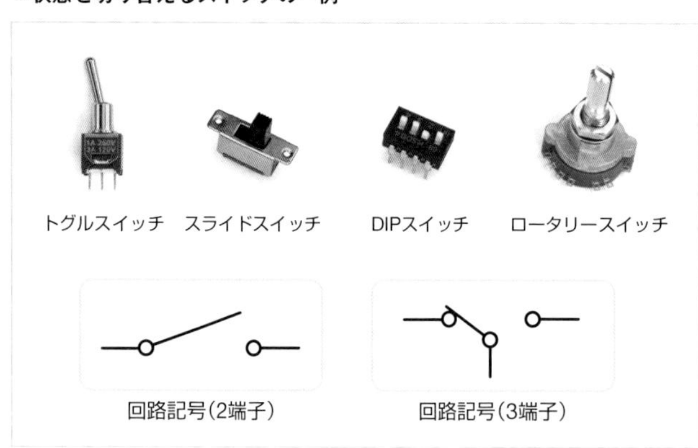

一方、状態が戻るスイッチとしては「**押しボタンスイッチ（プッシュスイッチ）**」「**タクトスイッチ（タクタイルスイッチ）**」などがあります。

一般的に、押し込む形状のスイッチを「**ボタン**」と呼んでいます。

●状態が戻るスイッチの一例

この中で、ブレッドボードで利用しやすいのがタクトスイッチです。タクトスイッチは、ブレッドボードの中央の溝をまたぐようにして利用します。

また、4端子のうち端子が外に出ている方を前にして右同士および左同士で内部的につながっており、スイッチとして利用するには右と左の端子を利用します。

●ブレッドボードに直接差し込めるタクトスイッチ

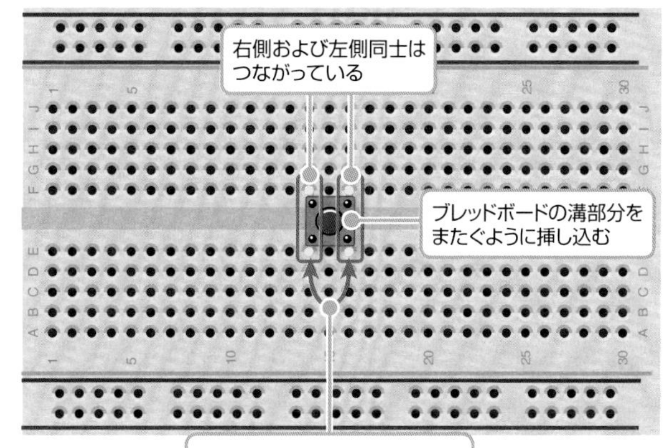

POINT

状態を保持する押しボタンスイッチもある

押しボタンスイッチの形状をしていても、状態を保持する部品も存在します。同様に、トグルスイッチの形状をしていても、手を離すとOFFに戻るスイッチもあります。各種スイッチを購入する場合は、スイッチの動作を確認しましょう。
なお、状態が保持されるスイッチを「オルタネートスイッチ」、元に戻るスイッチを「モーメンタリスイッチ」と呼びます。

電子回路を作成する

初めに電子回路を作成します。作成に利用する部品は次の通りです。

- タクトスイッチ……………………1個
- 抵抗（1kΩ）……………………1個
- ジャンパー線……………………3本

デジタル入力は、出力同様にArduino上部のソケットを利用できます。プログラム上で、利用する端子を出力から入力モードに切り替えることで、端子の電圧を調べてHIGHであるかLOWであるかを読み取れます。

ここでは、PD2ソケットを入力に利用することにします。このほかのデジタル・アナログ入出力端子でも入力ができるので、もし別の端子を利用する場合は、読み替えて作業してください。

●利用するソケット

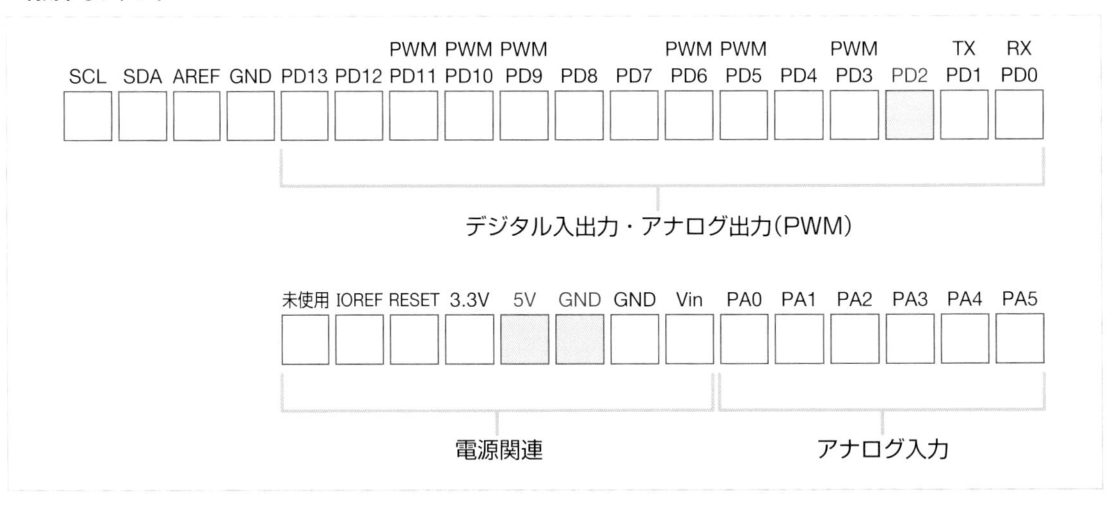

電子回路は右図のように作成します。

PD2ソケットをタクトスイッチの一方に接続し、もう一方を+5Vに接続します。こうすることでスイッチを押すと入力端子が+5V(HIGH)の状態になります。

また、スイッチを押していない場合に0V(LOW)の状態を保てるように**プルダウン**しておきます（プルダウンについてはp.115を参照してください）。

●スイッチで入力を切り替える回路

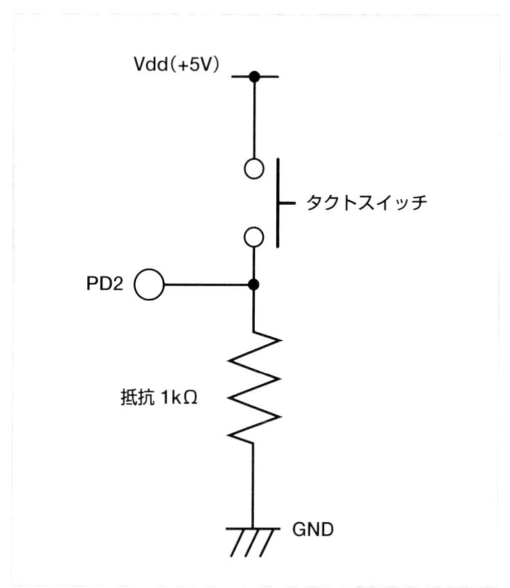

ブレッドボード上に次の図のように回路を作成します。

●スイッチで入力を切り替える回路をブレッドボード上に作成

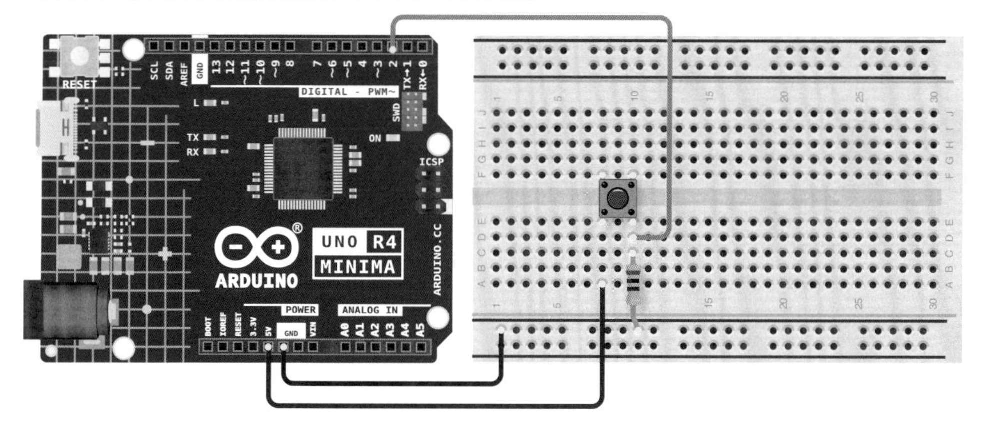

プログラムで端子から入力する

回路ができあがったらプログラミングして、タクトスイッチの状態を入力してみましょう。Arduino IDEでの作成方法を紹介します。

Arduino IDEで端子の状態を表示する

デジタル入力の基本的な利用方法として、端子の状態を取得し、状態を表示してみましょう。

次の図のようにプログラムを作成します。

● Arduino IDEで作成したタクトスイッチの状態を確認するプログラム

sotech/5-2/switch.ino

```
int SWITCH_SOCKET = 2;                           ①タクトスイッチを接続したソケット(PD2)を変数で指定します


void setup() {
    pinMode( SWITCH_SOCKET, INPUT );             ②PD2を入力に設定します

    Serial.begin(9600);                          ③シリアル接続の初期化
}

void loop() {                                    ④タクトスイッチの状態を入力し、
    Serial.println( digitalRead( SWITCH_SOCKET ) );  結果をシリアル出力します
    delay(1000);                                 1秒間待機します
}
```

①入力を行うソケットを「SWITCH_SOCKET」に格納しておきます。今回はPD2を利用するので「2」を格納します。

②setup()関数内で、pinMode()関数を使ってタクトスイッチを接続したソケット（PD2）のモードを入力（INPUT）に設定します。

③タクトスイッチが押されているかどうかを確認するために、シリアルモニタを利用して状態を表示することにします。そこで、Serial.begin()関数でシリアル接続を初期化しておきます。

④実際にタクトスイッチの状態を入力するには、digitalRead()関数を利用します。この際、入力するソケットの番号を指定しておきます。また、入力した値はSerial.println()関数でシリアル出力します。

プログラムを作成できたら、Arduinoに転送します。転送したら、Arduino IDEの「ツール」メニューの「シリアルモニタ」を選択して、シリアル出力した内容を表示できるようにします。

入力の状態が表示されます。タクトスイッチが押されていない場合は「0」、押されている場合は「1」と表示されます。

●スケッチのプログラムで入力状態を表示する

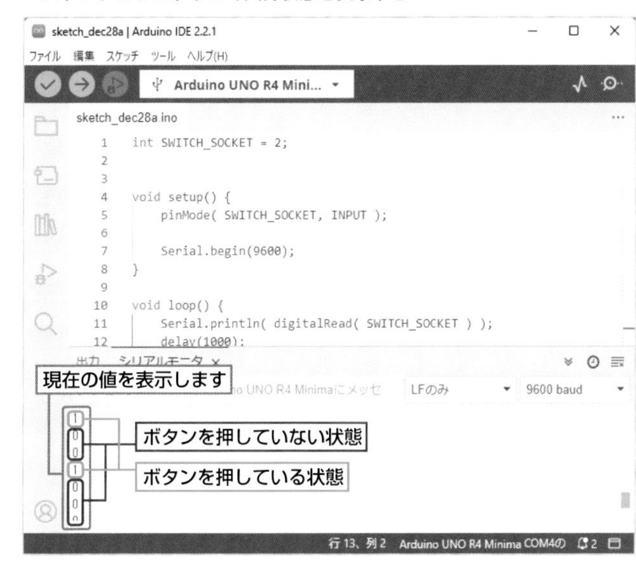

Arduino IDEでボタンを押した回数をカウントする

ボタンを押した回数をカウントするプログラムを作成してみましょう。Arduino IDEで作成する場合は、次のようにプログラムを作成します。

●スケッチでボタンを押した回数をカウントする

sotech/5-2/sw_count.ino

```
int SWITCH_SOCKET = 2;
int count = 0;                 ①タクトスイッチを押した回数を格納しておく変数


void setup() {
    pinMode( SWITCH_SOCKET, INPUT );
    Serial.begin(9600);
}
                                        ②タクトスイッチの入力を調べて、
void loop() {                            ON状態であれば次を実行します
    if ( digitalRead( SWITCH_SOCKET ) == 1 ){
        count = count + 1;              ③変数の値を増やします
        Serial.print( "Count : ");
                                        ④カウントした値を表示します
        Serial.println( count );
        while ( digitalRead ( SWITCH_SOCKET ) == 1 ){
            delay(100);   0.1秒待機します
        }                               ⑤タクトスイッチが離されるまで待機します
    }
}
```

①押した回数を格納しておく変数「count」を0に初期化しておきます。

②digitalRead()関数で読み込んだ状態をif文で確認します。タクトスイッチを押している状態では「1」となるので、「digitalRead(SWITCH_SOCKET) == 1」として入力が1であるかを確認します。

③タクトスイッチが押されている場合は、count変数の値を1増やします。

④現在のタクトスイッチが押された回数をシリアル出力します。

⑤押し続けてカウントが増えないように、「while」でタクトスイッチが押されている間はループして次の処理を行わないようにします。ループ内では処理を軽くするため、0.1秒間待機するようにしています。

作成できたらプログラムをArduinoに転送します。転送したら、「ツール」メニューの「シリアルモニタ」を選択してシリアル出力した内容を表示できるようにします。

タクトスイッチを押すごとに表示される回数がカウントアップされます。

● スイッチを押した回数が表示される

NOTE

1回の押下で複数回カウントされる場合

スイッチの特性によって、1回ボタンを押しただけなのに複数カウントされる場合があります。これは、スイッチを押したり切り替えたりした直後に端子部分がバウンドしてONとOFF状態を繰り返してしまう「**チャタリング**」が原因で起きる現象です。この場合はp.117で解説する方法でチャタリングを防止します。

NOTE

プルアップとプルダウン

スイッチを利用すれば、2つの値を切り替える回路を作れます。しかし、スイッチがOFFの状態だと、出力する端子（Arduinoの入力端子）が開放状態（何も接続されていない）状態となってしまいます。こうなると、周りの雑音を拾い、値が安定しない状態となってしまいます。

● **スイッチがOFFの状態では周りの雑音を拾ってしまう**

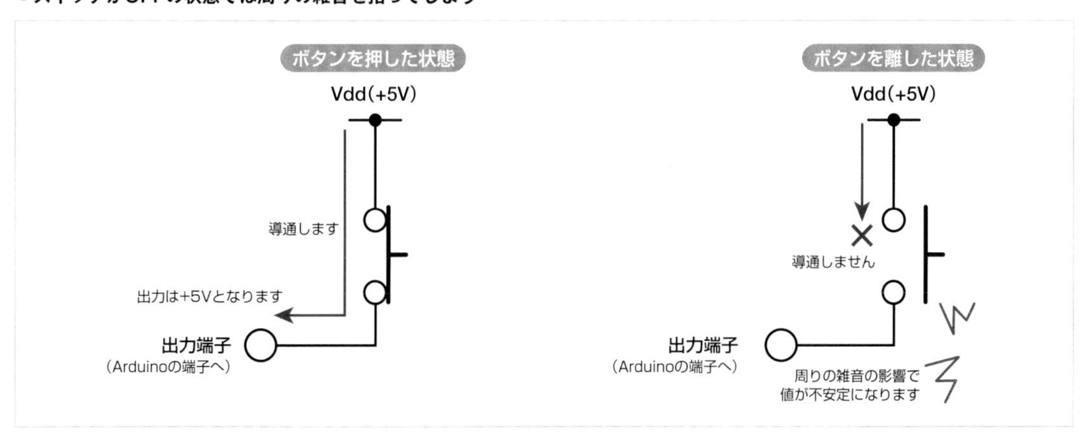

そこで、「**プルアップ**」または「**プルダウン**」と呼ぶ方法を利用して、スイッチがOFFの状態でも値が安定するように回路を工夫します。具体的には、出力端子側に抵抗を入れ、GNDやVddに接続しておく方法です。こうしておくことで、スイッチがOFF状態の場合、出力端子に接続されている抵抗を介して値を安定させられます。また、スイッチOFF時に0Vに安定させる方法を「プルダウン」、電圧がかかった状態（Arduinoの場合は+5V）に安定させる方法を「プルアップ」と呼びます。

● **プルアップとプルダウンの回路図**

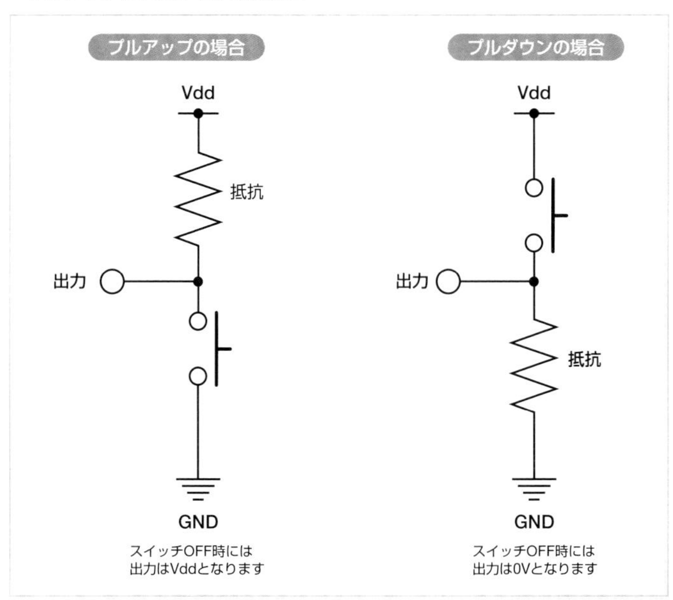

次ページへつづく

プルダウンの場合で動作を説明します。
スイッチがOFFの場合は、出力端子が抵抗を介してGNDに繋がります。この際、抵抗には電流が流れないため抵抗の両端の電圧は0Vとなります。つまり、出力端子とGNDが直結している状態と同じになり、出力は「0V」となります。
スイッチがONになると、Vddと出力端子は直結した状態となり、出力はVddと等しくなります。また、VddとGNDは抵抗を介して接続された状態となるため、電流が流れた状態になります。

●プルダウンの原理

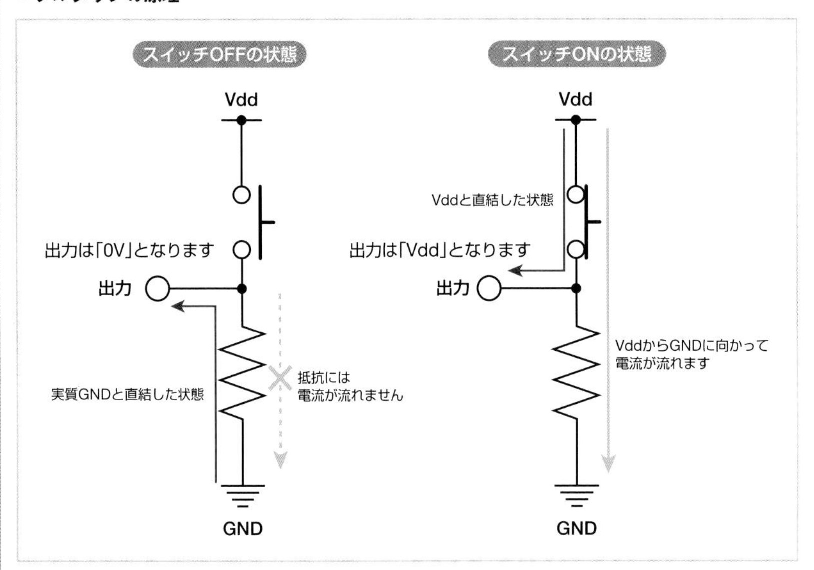

また利用する抵抗は、スイッチがON状態の時に流れる電流を考えて選択するようにします。あまり抵抗を小さくしすぎると大電流が流れ、Arduinoを壊してしまいます。また、逆に抵抗が大きすぎると、出力端子が解放された状態と同じになってしまうので、値が安定しなくなります。
例えば、Vddが5Vで抵抗に1kΩを選択した場合、オームの法則から抵抗に流れる電流が「5mA」だと分かります。Arduinoでは、1kから10kΩ程度の抵抗を利用すると良いでしょう。

NOTE

プルアップ抵抗を省略する

Arduinoのデジタル入出力端子には、プルアップ抵抗が取り付けられており、プログラムからプルアップ抵抗を利用するかどうかを切り替えるようになっています。Arduino内部のプルアップ抵抗を有効にすれば、回路上にプルアップ抵抗を接続する必要がありません。
プルアップ抵抗を有効にするには、「pinMode()」でデジタル入出力端子のモードを切り替える際に「INPUT_PULLUP」と指定します。p.112のプログラム（switch.ino）であれば3行目を、p.113のプログラム（sw_count.ino）であれば4行目を、それぞれ次のように変更しておきます。

```
pinMode( SWITCH_SOCKET, INPUT_PULLUP );
```

■ チャタリングを防ぐ

スイッチは、金属板を使って端子と端子を接続することで導通状態にします。しかし、金属板を端子に付ける際、反動で「付いたり離れたり」の状態をごく短い時間繰り返します。人間には振動している時間が分からないほど短い時間であるため、すぐにON状態になっていると感じますが、電子回路上ではこの振動を感知してしまい、「ONとOFFを繰り返している」と見なしてしまうことがあります。

こうなると、前述のようなボタンを押した回数をカウントする際に数回分増えてしまったり、キーボードのような入力装置では文字が余分に数文字入力されてしまったりします。

このような現象を「**チャタリング**」と呼びます。

● **スイッチを切り替えるとチャタリングが発生する**

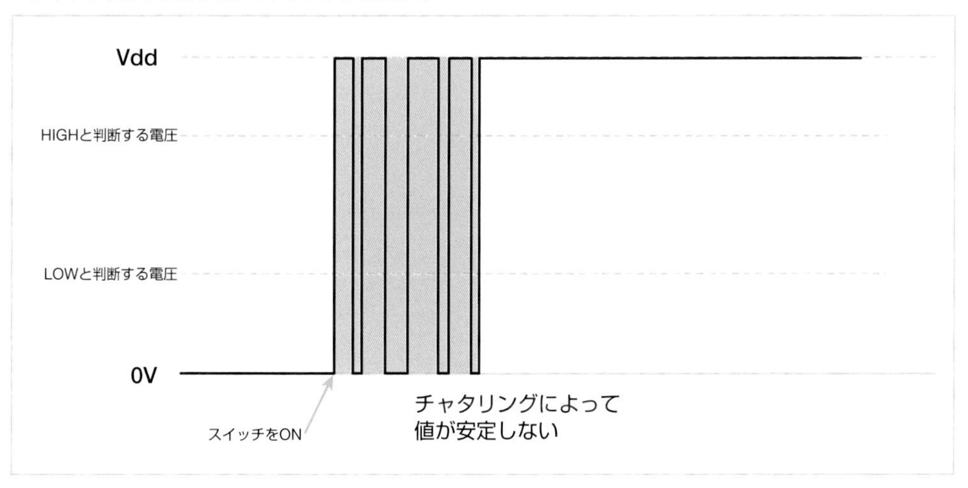

チャタリングを回避するには、プログラムを工夫する方法や、チャタリングを緩和する回路を作成する方法があります。特にプログラムで回避する方法は簡単に施せます。

プログラムでチャタリングを防止する

チャタリングはごく短い時間に発生します。そこで、チャタリングが起こっている間は一時的に待機させ、次の命令を実行しないようにすると、チャタリングを回避できます。具体的には、スイッチが切り替わったのを認識したら、0.1秒程度待機させるようにしてみましょう。

Arduino IDEの場合は右のように「delay()」

● **Arduino IDEのプログラム上でチャタリングを回避する**

```
 :
if ( digitalRead( SWITCH_SOCKET ) == 1 ){
    delay(100);
    count = count + 1;
}
  :
```

- `if ( digitalRead( SWITCH_SOCKET ) == 1 ){` — 入力が1に変わったことを認識する
- `delay(100);` — 入力の直後に0.1秒（100ミリ秒）程度待機する
- `count = count + 1;` — 変数の値を増やす

を挿入して0.1秒待機するようにします。

チャタリング防止回路を実装する

プログラムでチャタリングを防止するのは手軽ですが、待機する時間が必要だったり、チャタリングが長く続く場合に待機時間が長くなってしまったりして、スイッチ操作の反応が遅くなってしまいます。

このような場合は、チャタリング防止回路をスイッチの出力の後に作成しておくことでチャタリングを軽減できます。

チャタリング防止回路は、次の図のように作成します。

●チャタリング防止回路を挿入した回路図

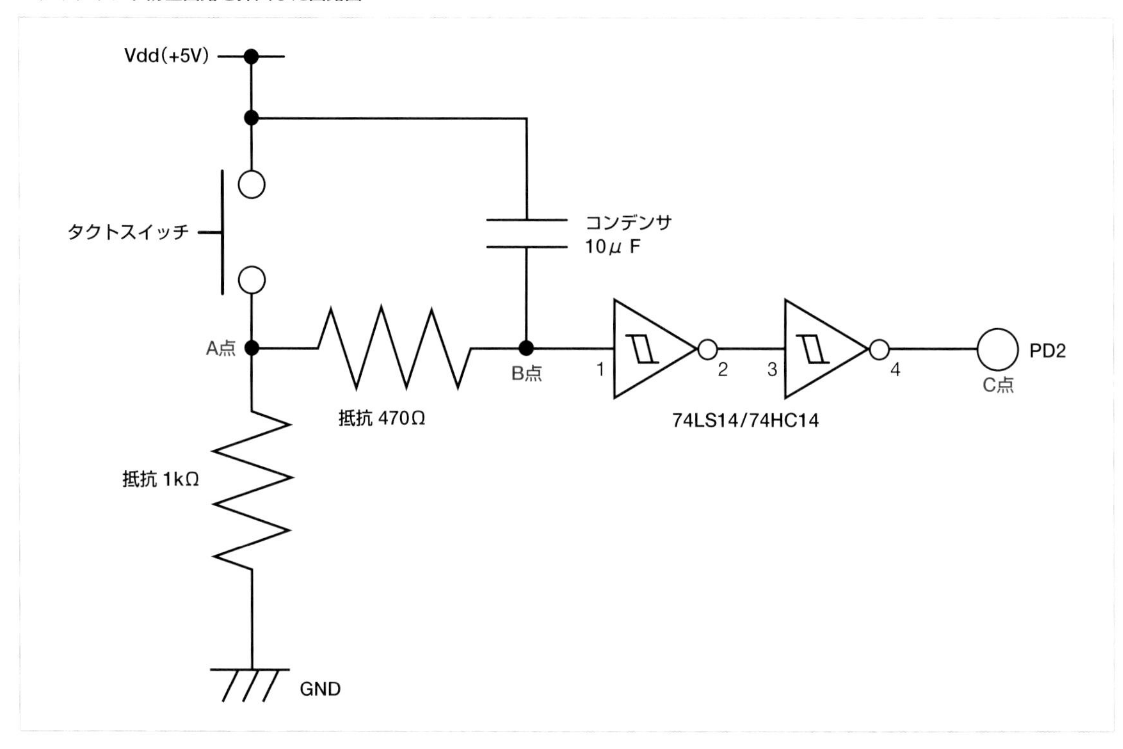

チャタリングが発生した際のA点、B点、C点の電圧変化は、次の図のようになります。

● **チャタリング発生時の各点の電圧変化**

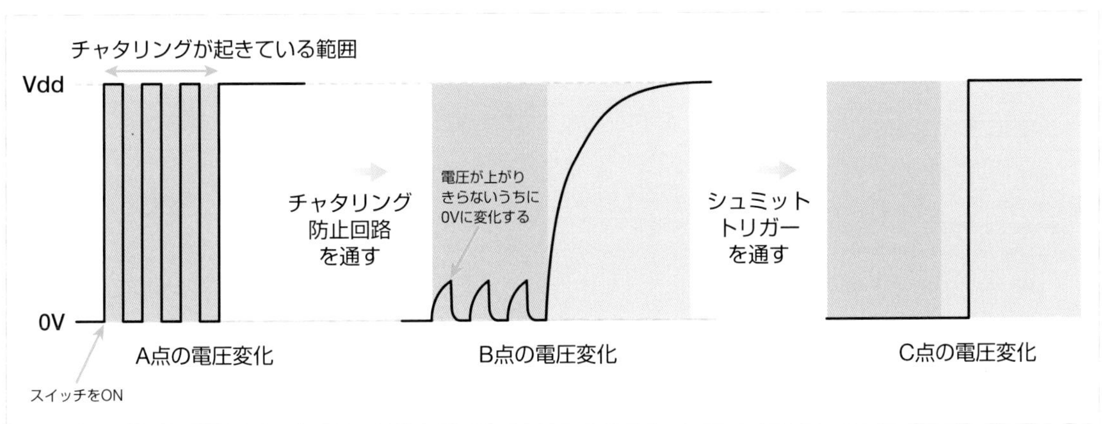

チャタリング防止回路では、スイッチの出力の後に抵抗とコンデンサーをつなぎます。抵抗は電流を抑え急激に電荷が流れるのを抑止できます。コンデンサーは両端に電荷を貯めることで電圧の変化を緩やかにする特性があります（コンデンサーについてはp.139を参照）。この効果により、スイッチが導通状態になるとB点では緩やかに電圧上昇が始まり、スイッチが切れた状態になると電圧が下がります。チャタリングはスイッチをON／OFFする周期が短いため、電圧が上がり始めてすぐに0Vに電圧が落ち始めます。このようにして、チャタリングが発生している部分を影響がない状態にできます。

シュミットトリガーの実装

チャタリングが終わった後は、抵抗とコンデンサーの影響で電圧が緩やかにVddになります。Arduinoでは、一定の電圧に達した際に入力が切り替わるようになっています。しかし、チャタリング防止回路で変化が穏やかになったことで、状態が不安定になったり、スイッチが反応するまでの時間が遅くなったりすることがあります。

そこで、「**シュミットトリガー**」と呼ぶ機能を搭載したICを利用することで、出力を0VからVddへ急激に切り替えることが可能です。シュミットトリガーは、一定の電圧を超えるとVddや0Vに切り替わる特性があります。つまり、B点の電圧変化のようになだらかに電圧変化する場合でも、シュミットトリガーを通せば特定の電圧までは出力を0Vに保ち、特定の電圧に達したら出力がVddに変化するようになります。

今回利用する「74LS14」と「74HC14」（以降「74LS14／74HC14」と表記）というICは「**汎用ロジックIC**」と呼ばれ、デジタル信号を論理的に計算します（詳しくは次ページを参照）。74LS14／74HC14には「**NOTゲート（インバータ）**」が実装されていて、入力を反転する特性があります。つまり0Vが入力されるとVddを出力し、Vddを入力すると0Vを出力します。このため、1つのNOTゲートを通すだけではスイッチが押されている状態は0Vとなり、スイッチが押されていない状態はVddとなってしまいます。そこで、NOTゲートを2つ通すことで、正しい出力に変えられます。

チャタリング防止回路をブレッドボード上に組み込むと、次の図のようになります。74LS14には電源とGNDを接続する必要があります。14番端子に+5V、7番端子にGNDを接続します。

●チャタリング防止回路を搭載した回路をブレッドボードに作成

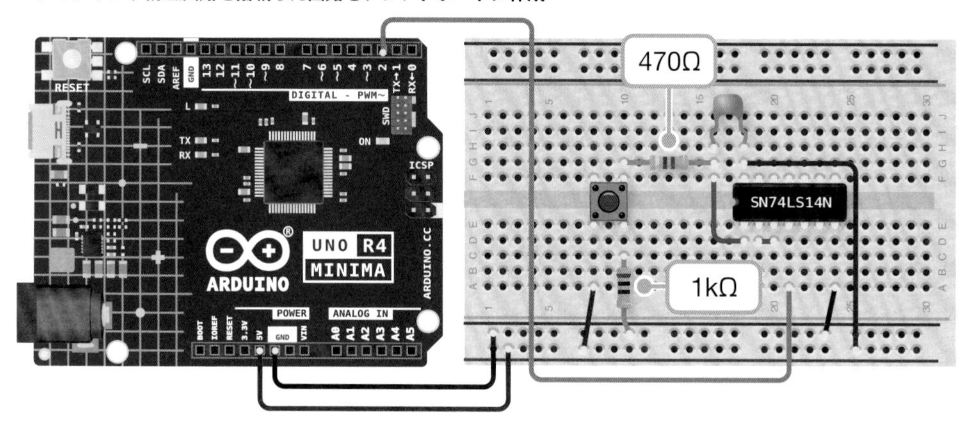

シュミットトリガー機能を搭載するNOTゲート汎用ロジックIC「74LS14」「74HC14」

汎用ロジックICは、デジタル信号を論理演算することのできるIC（集積回路）です。論理回路にはNOTゲート、ANDゲート、ORゲート、XORゲートなどが存在し、入力した信号により出力される信号が変化します。

前ページでも説明しましたが「**74LS14**」と「**74HC14**」には**NOTゲート**が実装されています。NOTゲートは入力した信号を反転する特性を持っています。0Vが入力されるとVddを出力し、Vddが入力されると0Vを出力します。NOTゲートは**インバータ**とも呼ばれます。

「74LS14」「74HC14」はシュミットトリガー機能を実装していて、特定の電圧を超えない限り、現在の状態を保持するようになっています。「74LS14」「74HC14」では右図のように、電圧が増えている際に入力が1.6Vを超えると出力を0Vにします。逆に、電圧が減っている際に入力が0.8Vより小さくなると、出力がVddとなります。この、出力を切り替える電圧のことを「**スレッショルド電圧**」と呼びます。

●74LS14／74HC14の入力と出力の関係

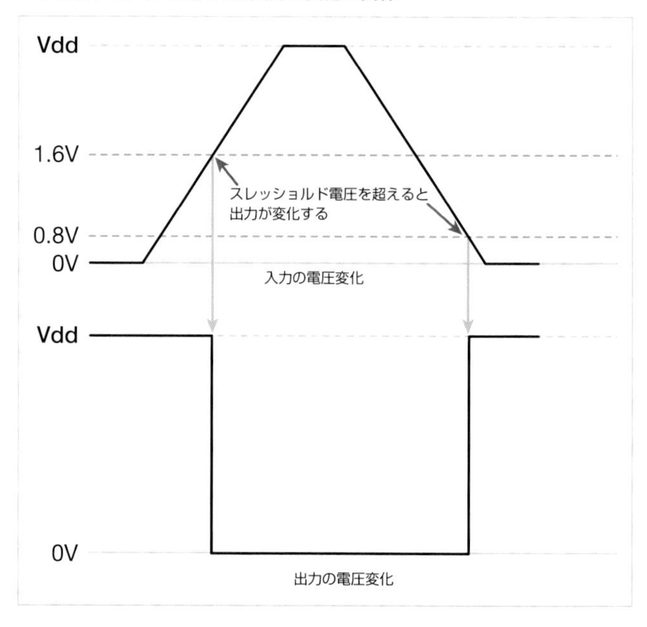

「74LS14」「74HC14」は、14本の端子を備えた細長い形状をしています。ICの一辺に凹みがあり、その下側の端子を1番端子として反時計回りに端子番号が割り振られています。つまり、凹みのある上側の端子が14番になります。

「74LS14」「74HC14」にはNOTゲートが6個搭載されています。隣り合わせの端子が1つのNOTゲートの入力と出力になっています。例えば、1番端子が入力、2番端子が出力です。

74LS14を動作させるには、別途電源の接続が必要です。14番端子にVcc(+5V)を、7番端子にGNDへ接続します。

●シュミットトリガー搭載NOTゲート汎用ロジックIC「74LS14」「74HC14」

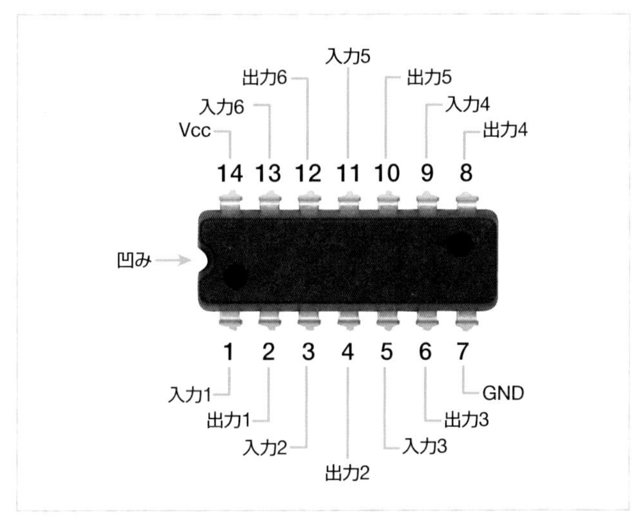

回路図では1つのNOTゲートを右図のように表記します。NOTゲート内に描かれているマークはシュミットトリガー機能を搭載していることを表します。

●シュミットトリガー搭載NOTゲートの回路図

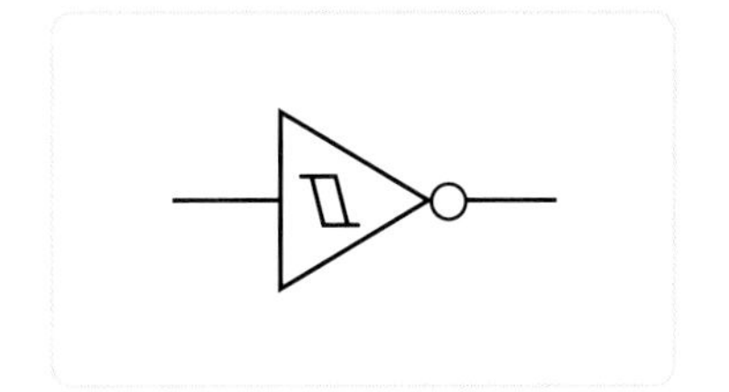

NOTE

「74LS」シリーズと「74HC」シリーズ

論理ICには、いくつかのシリーズが存在し、動作速度や消費電力、動作電圧、サイズなどが異なります。ブレッドボードに直接差し込めるサイズのシリーズとして主に「74LS」シリーズと「74HC」シリーズが販売されています。
74LSシリーズは、トランジスタ(バイポーラトランジスタ)の動作を用いて論理回路が作られています。トランジスタは動作速度が速いという利点がありますが、消費電力が74HCシリーズよりも大きくなるのが特徴です。
一方、74HCシリーズはMOSFET(電界効果トランジスタ)と呼ばれる構造を用いて論理回路が作成されています。74LSシリーズよりも低消費電力で動作します。また、旧来はMOSFETはトランジスタに比べて動作が遅いという欠点がありましたが、74HCシリーズは74LSシリーズと同等の速度で動作します。
いずれを用いても同様な動作をするため、どちらか購入できるICを使えば問題ありません。

可変抵抗の変化を読み取る

Arduinoでは、アナログ情報の入力にも対応しています。アナログはデジタルと異なり、多段階の状態を読み取ることが可能です。ここでは、可変抵抗を利用してアナログ入力を利用します。

アナログでの入力

電子回路から入力できるのは、スイッチなどを切り替えるデジタル情報だけではありません。例えば音量調節のボリュームや、周囲の明るさの取得などといった場合は、アナログ情報を扱う必要があります。

Arduinoには右下にアナログ入力ソケットが6個付いており、ここに接続することで**アナログ入力**が可能です。

● Arduinoのアナログ入力ソケット

アナログ入力は1024段階

電子回路上のアナログ信号は、電圧が無階調に変化しています。これを数値化すると「3.6753644……V」といった小数点以下が無限に続く数になってしまいます。仮に1.5Vと記載されている電池であっても、実際は「1.5367153……V」と正確な「1.5V」ではありません。しかし、コンピュータではこのような数は扱えず、必ず小数点以下が有限な数のみ扱えます。そこで、アナログ信号をコンピュータで扱う場合は、特定の小数点以下を切り捨てた値を利用します。

また、コンピュータはデジタルデータを扱っていますが、デジタルデータはp.102で説明したように「1」または「0」の2通りの状態しか表せません。これだけでは一般的な数値は扱えないため、1と0のデータをいくつかまとめることで数値を表せるようにしています。一般的には8ビット（0～255）、16ビット（0～65,535）などが利用されます。

Arduinoのアナログ入力では、10ビット（0～1023）のデータに変換するようになっています。つまり、0から5Vの値を1,024階調で表します。例えば0Vであれば「0」、5Vであれば「1023」、2.5Vであれば「512」という値になります。

● アナログは1024段階で表される

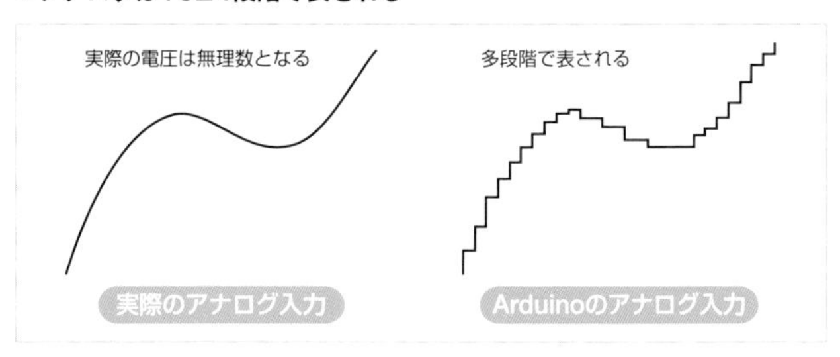

NOTE

より精細なアナログデータを取得したい場合

Arduino UNO R4のアナログ入力は初期状態で1024段階、つまり約4.8mV（0.0048V）ごとに1段階変化します。これでは、4.8mV以下の変化は計測できません。もし、さらに細かくアナログ信号を取得したい場合は、A/Dコンバーターの解像度を細かく設定します。Arduino UNO R4は14ビットのA/Dコンバーターを搭載しており、設定を変更することで最大16384段階での計測が可能です。つまり、1階調あたり約0.3mA（0.00003V）の変化まで認識できるようになります。解像度はsetup()関数に以下のように指定することで変更できます。

```
analogReadResolution(14);
```

さらに細かい電圧を計測したい場合は、別途A/Dコンバーターを用意してArduinoに接続します。例えば、テキサスインスツルメンツ社製の16ビットA/Dコンバータ「ADS1115」であれば、65,536階調までの入力ができ、1階調あたり約0.076mV（0.000076V）の変化まで認識できるようになります。

抵抗値を調節できる可変抵抗

電圧を自由に変化させるためには「**可変抵抗**」が利用できます。可変抵抗にはつまみが付いており、内部の抵抗が変化するようになっています。可変抵抗を使うことで、音量やランプの明るさを調節することなどが可能です。

また、可変抵抗の変化を**A/Dコンバーター**で読み取れるようにすることで、調節した度合いをArduinoで利用することもできます。

一般的に可変抵抗には、3つの端子が搭載されています。そのうち2つの端子は抵抗素子の両端に接続されています。つまり、両端の端子間はボリュームの最大抵抗値となります。もう1つの端子（通常は中央に配置された端子）は、抵抗素子上を動かせるようになっています。この端子と抵抗素子の端に接続された1つの端子との間の抵抗値は、中央の端子を移動させることで変わります。

可変抵抗には、つまみを付けて自由に変化できる「**ボリューム**」があります。多くの場合は回転させて抵抗値を調節しますが、中には上下に動かして変化させるスライダー形式のボリュームもあります。

また、一度調節したら通常は抵抗値を変えないといった使い方をする場合は、「**半固定抵抗**」を利用します。半固定抵抗は、ドライバーなどで回転させるようになっています。また、部品自体が小さく、直接基板に付けることができます。ブレッドボードに挿しても利用できます。

● 抵抗素子上を移動することで抵抗値を変えられる

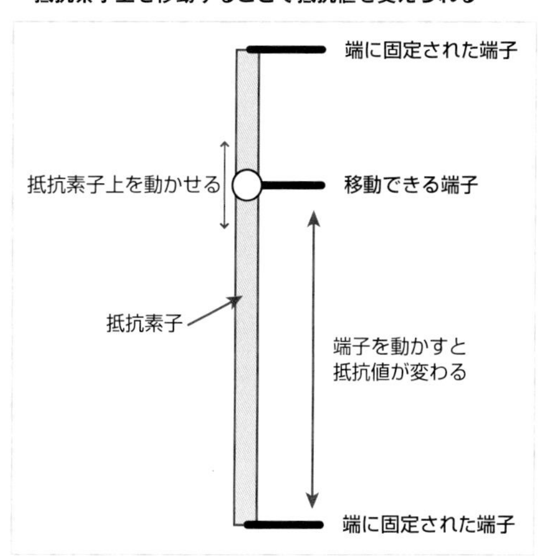

● 抵抗値を調節できる可変抵抗

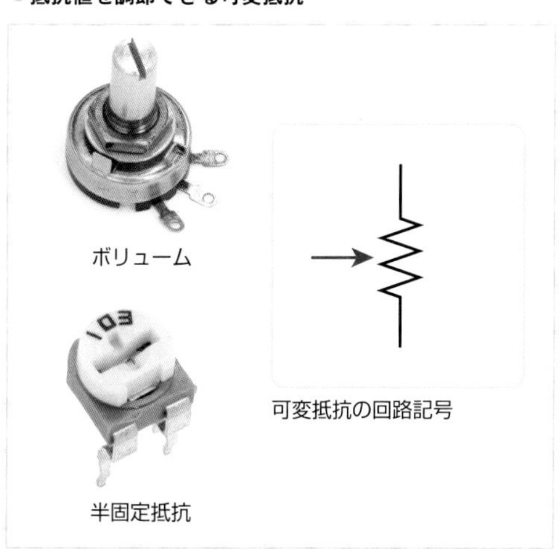

可変抵抗は内部の中央の端子の抵抗が変更するだけで、電圧の変化を読み取るA/Dコンバーターに直接接続しても変化を読み取ることはできません。抵抗が変化するような部品を使う場合は、電源に接続することで電圧の変化として出力できます。可変抵抗の場合は左右の端子に電源を接続します。例えば左の端子に5V、右の端子にGNDを接続します。すると中央の端子が可変抵抗のつまみの場所によって電圧として出力されます。例えば、おおよそ6割ほどの場所まで回すと約2Vの電圧が出力されます。

出力する電圧は、左と中央の端子間の抵抗値、右と中央の端子間の抵抗値から求めることができます。

● 可変抵抗で出力される電圧を求める計算

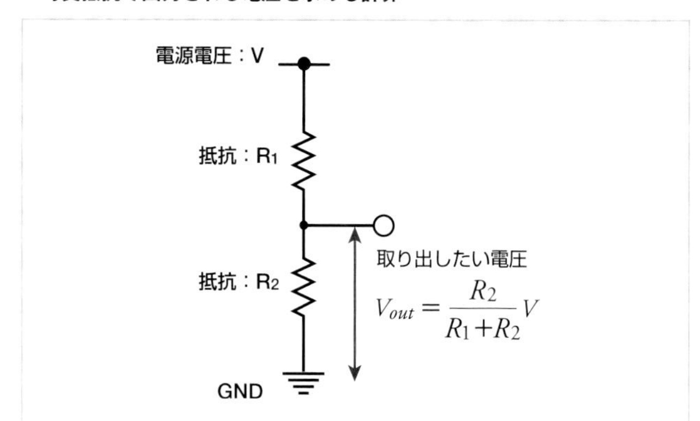

電子回路を作成する

半固定抵抗を利用して電子回路を作成してみましょう。作成に利用する部品は次の通りです。

- 半固定抵抗（10kΩ）……………… 1個
- ジャンパー線 ……………………… 3本

Arduinoには本体右下のアナログ入力ソケットに接続します。ここではPA0ソケットに接続します。

● 利用するArduinoのソケット

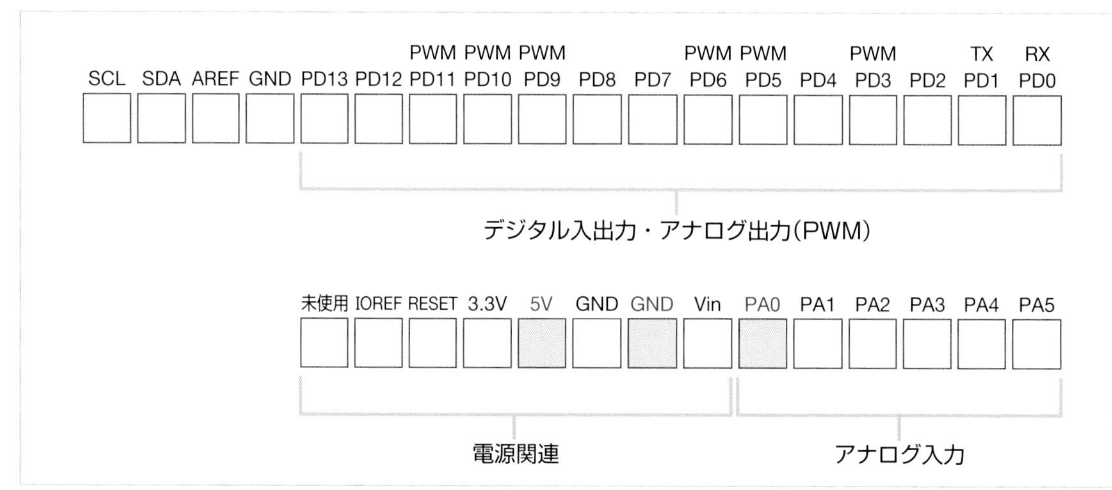

電子回路は右図のように作成します。

半固定抵抗の左右の端子を電源に接続します。半固定抵抗の左右の端子に5VとGNDを接続します。中央の端子をArduinoのアナログ入力端子（PA0）に接続するだけです。

これで回路は完成です。

●半固定抵抗の出力をアナログ入力する回路図

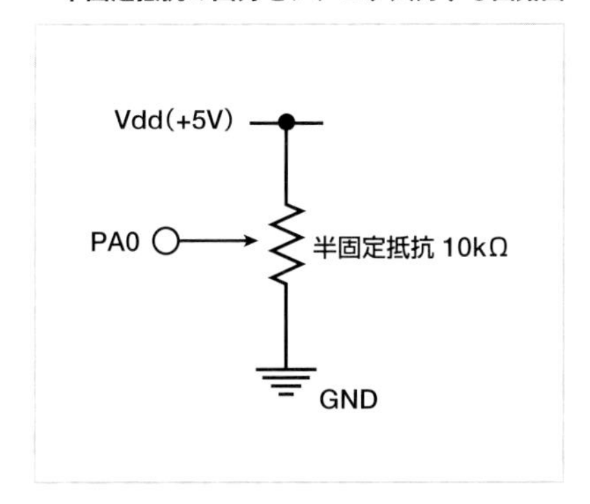

ブレッドボード上に、右の図のようにアナログ入力回路を作成します。

この際、5VとGNDを接続する端子によってツマミの回転で電圧を上昇させるか下降させるかを決められます。左をGND、右を5Vに接続した場合は右に回転させると電圧が上昇し、逆に接続した場合は右に回転させると電圧が下降します。

●アナログ入力回路をブレッドボード上に作成

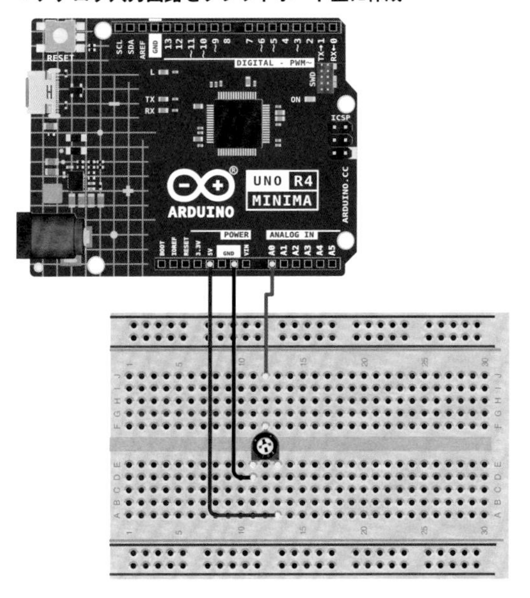

プログラムで半固定抵抗の状態を取得しよう

回路の作成ができたらプログラムを作成して、半固定抵抗の状態を表示しましょう。ここではArduino IDEでプログラムを作成してみることにします。

Arduino IDEで半固定抵抗の状態を読み取るプログラムを作成

Arduino IDEを使ってプログラムを作成してみましょう。プログラムは次のように作成します。

最初に変数を使ってアナログ入力のソケット番号を設定しておきます。

①今回はPA0に接続するので「VOLUME_SOCKET」を「A0」と指定します。

デジタル入出力では、setup()関数で初期設定として各ソケットのモードを設定しました。しかしアナログ入力ソケットはアナログ入力のみに利用するため、モードの指定が必要ありません。そのため、setup()関数には特に何も記載しなくてかまいません。

②ただし、今回は取得したアナログ入力情報をシリアルモニタに表示するようにするため、シリアル接続の初期設定をしておきます。

●スケッチで作成した明るさによってメッセージを表示するプログラム

sotech/5-3/volume.ino

```
int VOLUME_SOCKET = A0;        ①半固定抵抗の入力を接続したソケット(PA0)を変数で指定します

void setup(){
    Serial.begin(9600);        ②シリアル接続の初期設定
}

void loop(){
    int analog_val;            ③アナログ入力の値を格納する変数
    float input_volt;          ④電圧に変換した値を格納する変数

    analog_val = analogRead( VOLUME_SOCKET );
                               ⑤アナログ入力して変数に格納します
    input_volt = float( analog_val ) * ( 5.0 / 1024.0 );
                               ⑥アナログ入力の値を電圧に変換します
    Serial.print(analog_val);  ⑦アナログ入力した値を表示します
    Serial.print(" : ");
    Serial.print(input_volt);  ⑧電圧を表示します
    Serial.println("V");       ⑨電圧の単位を表示して改行します

    delay (500);               0.5秒間待機します
}
```

loop()関数内で半固定抵抗の入力を取得してメッセージを表示するプログラムを作成します。まず、入力した値を格納しておく変数を作成しておきます。まず各種変数を指定します。

③アナログ入力した値を「analog_val」変数として格納します。アナログ入力は0から1023の整数となるため、「int」型とします。

④電圧の値を「input_volt」変数として格納します。電圧は0から5Vの間の小数となるため、「float」型とします。

⑤アナログ入力します。アナログ入力は「analogRead()」関数を利用します。この関数にアナログ入力するソケット「VOLUME_SOCKET」を指定しておきます。

⑥アナログ入力は0から1023の整数となります。ここから電圧を取得したい場合は、計算をします。0から5Vまでを1024段階に分けるため、取得したアナログ入力に5をかけ、1024で割ることで電圧になります。

最後のメッセージをシリアル出力します。⑦まず、アナログ入力した値を表示します。この際、print()関数を利用することで改行しないようにします。⑧次に電圧を表示します。⑨最後に電圧の単位を表示して改行します。

作成できたらArduinoに転送します。転送したら「ツール」メニューの「シリアルモニタ」を選択してシリアル出力した内容を表示できるようにします。すると、アナログ入力した値と電圧値が表示されます。半固定抵抗を変化させると表示される値も変化します。

● 実行結果

NOTE

シリアル出力する場合はパソコンからArduinoを外さない

シリアルで出力する結果を表示する場合は、Arduinoをパソコンに接続した状態にしておきます。外してしまうと、シリアルモニタで結果を表示しません。

明るさを検知する

可変抵抗以外にもセンサーなど抵抗が変化する電子部品があります。可変抵抗同様に抵抗の変化をArduinoで読み取ることで様々な状態を知ることができます。ここでは、明るさを検知するセンサーのCdSを利用して周囲の明るさを調べてみます。

抵抗値が変化する電子部品

可変抵抗のようなツマミを調節することで抵抗値が変化する電子部品以外にも、抵抗値が変わる部品があります。例えば、明るさや温度などといった周囲の状況を知ることができる「**センサー**」の一部では、内部の抵抗値を変化させて計測値を表すことがあります。このような電子部品では、可変抵抗の場合同様に電圧に変換してからA/Dコンバーターで読み取ることで、センサーの計測値をArduinoで扱えるようになります。

ここでは、明るさを検知できる「**CdSセル**」を例に抵抗値の変化するセンサーの値を読み取ってみましょう。

明るさで抵抗値が変わる「CdSセル」

CdSセルは、材料に硫化カドミウム（CdS）を利用した素子で、光が当たると内部の抵抗が小さくなる特性を持っています。この抵抗値を読み取れば、どの程度の明るさであるかが分かります。

販売されているCdSセルには、暗い状態と明るい状態の抵抗値が記載されています。例えば、1MΩのCdSセルでは暗い状態で500kΩ、明るい状態（10ルクス）で10～20kΩの抵抗になるようになっています。また、100ルクス程度の明るさならば2～3kΩになります。

今回は、1MΩのCdSセル「**GL5528**」を使用します。素子に極性はありませんので、どちらの方向に接続しても問題ありません。

●明るさによって内部抵抗が変わる「CdSセル」

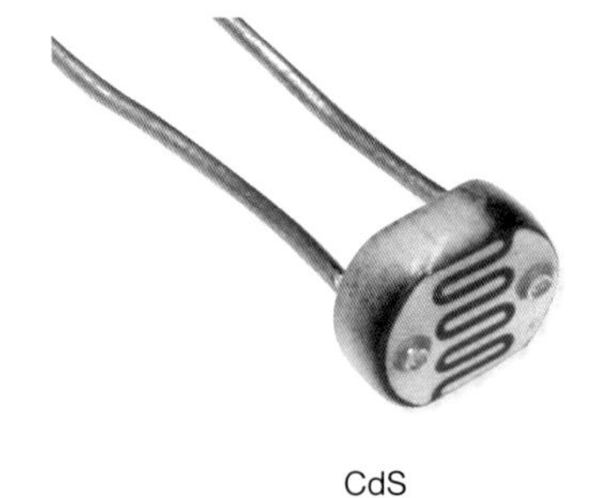

CdS

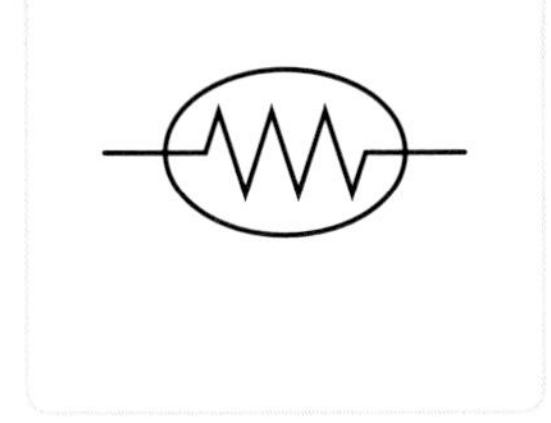

CdSの回路記号

KEYWORD

明るさを表す単位「ルクス」

明るさを表すのに利用する単位が「**ルクス**」（**lx**）です。1平方メートルあたりに当たる光の量を表します。晴天時の昼の明るさが約100,000lx、曇天の昼の明るさが約30,000lx、デパート店内の明るさが約500lx、ろうそくの明かりが約15lx、月明かりが約1lx程度です。

分圧回路でCdSの抵抗を電圧として出力する

Arduinoのアナログ入力は、電圧の変化を入力して利用します。しかし、電気を発生しないCdSのような素子をそのままArduinoのソケットに接続しても、電圧が変化しません。この場合は、CdSに電流を流すことで内部抵抗の変化を電圧として取り出せます。

しかし、そのままCdSを電源に接続するだけでは入力としては使えません。CdSの一方の端子に電源を接続しても、電流が流れないため、周囲の明るさを問わず、もう一方の端子も電源と同じ電圧になります。この端子を入力しても、電源の電圧が得られるだけです。

この場合、**分圧回路**を利用することで、CdSの状態を電圧に変換できます。分圧回路とは、右図のようにCdSと抵抗を直列に接続した回路のことです。このCdSと抵抗の接続している部分を入力として利用します。

●CdSセルの内部抵抗を電圧で出力する回路

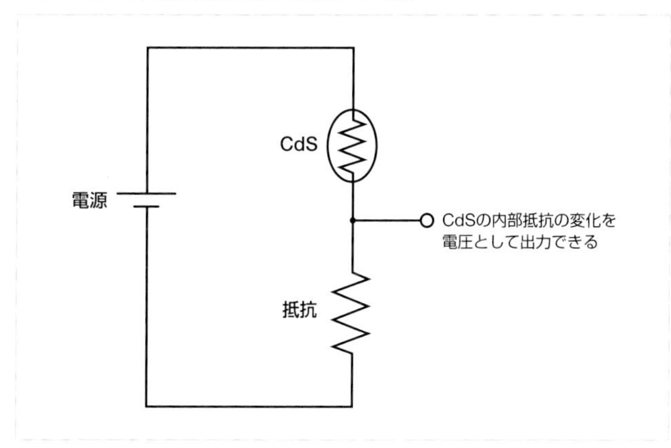

もし、CdSの内部抵抗が小さい（明るい）場合は、入力する部分は電源電圧（5V）に近づいた電圧になります。逆に内部抵抗が大きい（暗い）場合には、入力する部分はGND(0V）に近づいた電圧になります。

どの程度の電圧を出力するかは、右図のような計算式で求めることができます。この際、CdSの抵抗をRx[kΩ]としておきます。

アナログ出力される電圧はGNDとCdSと抵抗を接続した両端の電圧になります。ここの電圧は、オームの法則や電圧、電流の法則を利用して「50/(10+Rx)」と求められます。このRxにCdSの内部抵抗値を代入することで電圧を求められます。

●出力電圧の計算

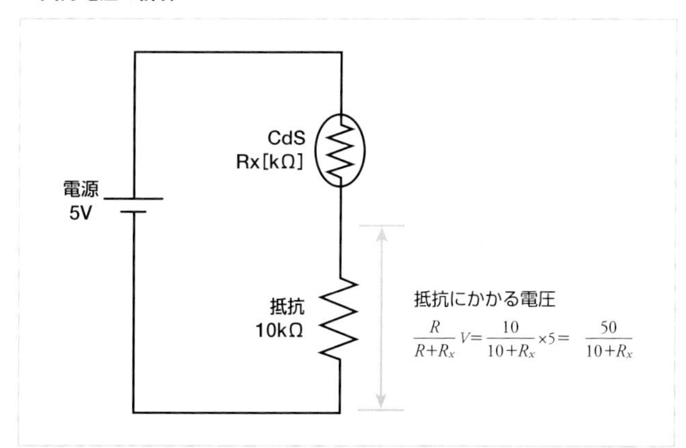

完全に暗い状態の場合、CdSの抵抗値は500kΩになります。前述した式に抵抗値を入れると、「約0.1V」の出力となります。つまり、真っ暗な状態では電圧がほぼ0Vとなります。

10lxの明るさである場合、CdSの抵抗値は10k～20kΩになります。これを計算式に入れると、出力電圧は「約1.6～2.5V」になります。つまり、室内程度の明るさならば電源の半分程度の電圧になります。

100lxの明るさである場合、CdSの抵抗値は2k～3kΩになります。同様に計算すると「約3.8～4.2V」になります。つまり昼間の明るさの状態では、電源に近い電圧が取れるということになります。

電子回路を作成する

CdSセルを利用して電子回路を作成してみましょう。作成に利用する部品は次の通りです。

- CdSセル（GL5528）…………………1個
- 抵抗（10kΩ）…………………………1個
- ジャンパー線……………………………3本

Arduinoには、本体右下のアナログ入力ソケットに接続します。ここではPA0ソケットに接続することにします。

●利用するArduinoのソケット

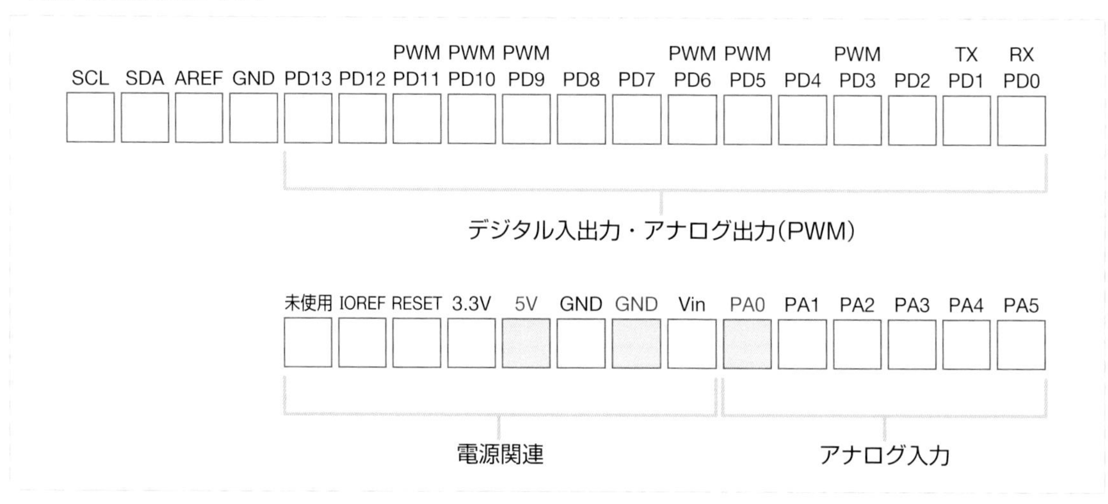

電子回路は右図のように作成します。

CdSは内部抵抗が変化します。しかし、Arduinoで抵抗値を直接測ることはできません。そこで、分圧回路を利用してCdSに電流を流すことで出力を電圧に変換できます（分圧回路については前ページを参照）。

分圧回路は、CdSと抵抗を直列に接続してその両端を電源に接続します。電源はArduinoの5VとGNDに接続するようにします。CdSと抵抗を接続している部分が出力となります。ここをPA0ソケットに接続します。

これで回路は完成です。

●CdSセルの出力をアナログ入力する回路図

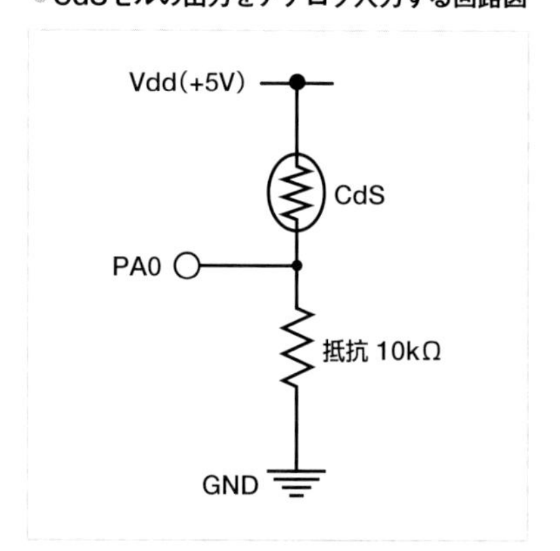

ブレッドボード上に、右の図のようにアナログ入力回路を作成します。

●アナログ入力回路をブレッドボード上に作成

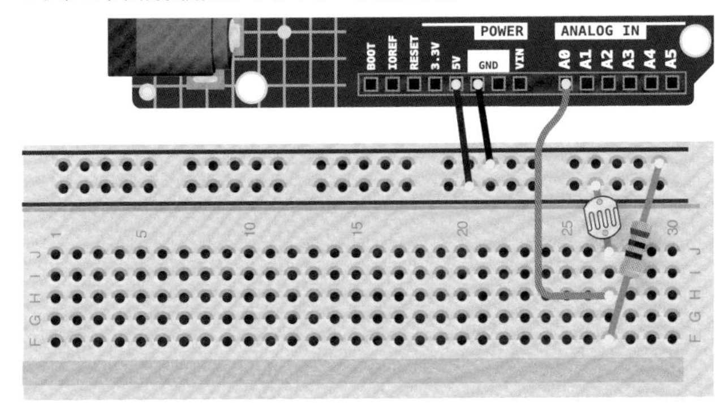

プログラムで明るさを取得しよう

回路の作成ができたらプログラミングを作成して、明るさによってメッセージを表示しましょう。ここではArduino IDEでプログラムを作成してみることにします。

Arduino IDEで明るさ検知プログラムを作成

Arduino IDEを使ってプログラムを作成してみましょう。プログラムは次のように作成します。

最初に変数を使ってアナログ入力のソケット番号を設定しておきます。

①今回はPA0に接続するので、「CDS_SOCKET」を「A0」と指定します。

デジタル入出力では、setup()関数で初期設定として各ソケットのモードを設定しました。しかしアナログ入力ソケットはアナログ入力のみに利用するため、モードの指定が必要ありません。そのため、setup()関数には特に何も記載しません。

②ただし、今回は取得したアナログ入力情報をシリアルモニタに表示するようにするため、シリアル接続の初期設定をしておきます。

●スケッチで作成した明るさによってメッセージを表示するプログラム

sotech/5-4/cds.ino

```
int CDS_SOCKET = A0;            ①CdSの入力を接続したソケット(PA0)を変数で指定します

void setup(){
    Serial.begin(9600);         ②シリアル接続の初期設定
}

void loop(){
    int analog_val;             ③アナログ入力の値を格納する変数
    float input_volt;           ④電圧に変換した値を格納する変数
    String message = "";        ⑤表示するメッセージを格納する変数

                                ⑥アナログ入力を行い変数に格納します
    analog_val = analogRead(CDS_SOCKET);
                                ⑦アナログ入力の値を電圧に変換します
    input_volt = float(analog_val) * ( 5.0 / 1024.0 );
if (input_volt > 1.0 ){
                                ⑧入力が1Vより大きい場合は表示するメッセージを「Lighted」とします
        message = "Lighted : ";
    } else {                    ⑨入力が1V以下の場合は表示するメッセージを「Dark」とします
        message = "Dark : ";
    }
    Serial.print(message);      ⑩メッセージを表示します
```

次ページへつづく

```
    Serial.print(input_volt);     ⑪電圧を表示します
    Serial.println("V");          ⑫電圧の単位を表示して改行します

    delay (500);                  0.5秒間待機します
}
```

loop()関数内でCdSの入力を取得してメッセージを表示するプログラムを作成します。まず、入力した値を格納しておく変数を作成しておきます。まず各種変数を指定します。③アナログ入力した値を「analog_val」変数として格納します。アナログ入力は0から1023の整数となるため、「int」型とします。④電圧の値を「input_volt」変数として格納します。電圧は0から5Vの間の小数となるため、「float」型とします。⑤さらに表示するメッセージを「message」変数として格納します。メッセージは「String」型とします。

⑥アナログ入力します。アナログ入力は「analogRead()」関数を利用します。この関数にアナログ入力するソケット「CDS_SOCKET」を指定しておきます。

⑦アナログ入力は0から1023の整数となります。ここから電圧を取得したい場合は、計算をします。0から5Vまでを1024段階に分けるため、取得したアナログ入力に5をかけ、1024で割ることで電圧になります。

取得した電圧をif文で条件分岐し、表示するメッセージを決めます。⑧今回は1V超の時は「Lighted」(明るい)と表示し、⑨1V以下の場合は「Dark」(暗い)と表示するようにします。

最後のメッセージをシリアル出力します。⑩まず明るいか暗いかを表示します。この際、print()関数を利用することで改行しないようにします。⑪次に電圧を表示します。⑫最後に電圧の単位を表示して改行します。

作成できたらArduinoに転送します。転送したら「ツール」メニューの「シリアルモニタ」を選択してシリアル出力した内容を表示できるようにします。すると、明るさを表すメッセージと入力した電圧が表示されます。

NOTE

シリアル出力する場合は パソコンから Arduino を外さない

シリアルで出力する結果を表示する場合は、Arduinoをパソコンに接続した状態にしておきます。外してしまうと、シリアルモニタで結果が表示されません。

●実行結果

Chapter 5-5

モーターを制御する

Arduinoでは、デジタルだけでなく擬似的なアナログとして利用できる「PWM」での出力が可能です。PWMを使ってモーターの回転速度をArduinoで制御できるようにしましょう。

アナログでの出力

Chapter 5-1のLEDの点灯の際に説明したように、Arduinoではデジタル出力ができます。しかし、デジタルでは「点灯」か「消灯」の2通りしか表せません。

これに対し「**アナログ出力**」ができれば、無段階で電圧を変化させられます。つまり、アナログ出力を利用すればLEDの明るさを自由に調節できるようになります。Arduinoでは、PWMとD/Aコンバーターの2つの方法でLEDの明るさなどを調節できます。

●パルス変調での疑似アナログ出力

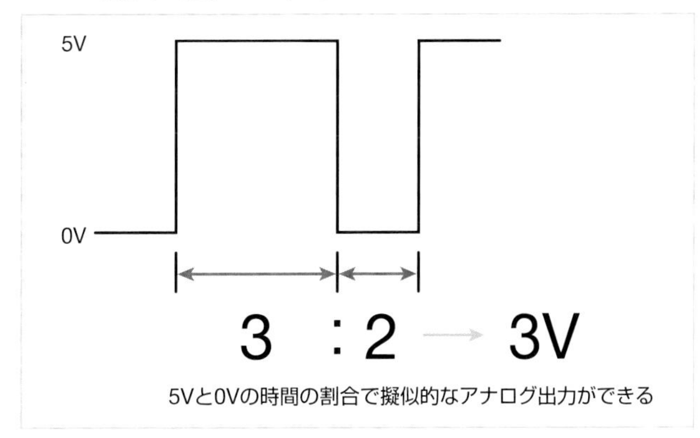

5Vと0Vの時間の割合で擬似的なアナログ出力ができる

「**パルス変調**」（**PWM**：Pulse Width Modulation）は、擬似的にアナログ出力が可能です。PWMは、0Vと5Vを高速で切り替えながら、擬似的に0Vと5V間の電圧を作り出す方式です。電圧は0Vを出力している時間と5Vを出力している時間の割合で決まります。例えば、3Vの電圧を得たい場合、5Vの時間を3、0Vの時間を2の割合で出力するようにします。

ここでは、モーターの回転速度を、PWM出力を使ってArduinoで調節できるようにしてみます。

なお、D/Aコンバーターを利用する方法についてはp.141で説明します。

回転動作をする「DCモーター」

モーターは電源につなぐと、軸が回転する部品です。中にコイルと磁石が入っており、電気を流して電磁石となった軸が周りに配置された磁石と寄せ合ったり反発したりしながら回転します。

モーターにはいくつかの種類があり、回転させるための電圧のかけ方などが異なります。「**DCモーター**」は、直流電圧をかけるだけで回転します。手軽に動かせるため、模型など様々な用途で用いられています。

●内部の磁石で軸を回転させるモーター

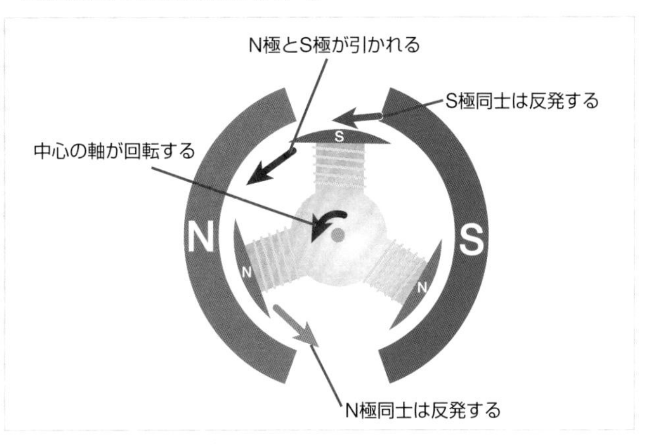

DCモーターには2つの端子が搭載されています。2つの端子の一方に電源の＋側、もう一方に－側を接続すると回転します。＋－を逆に接続すると、逆に回転します。かける電圧によって回転する速度が変化します。

電圧が低いと回転が遅く、電圧が高いと回転が速くなります。ただし、モーターにはかけられる電圧の範囲が決まっています。例えば**FA-130RA**は、1.5から3Vの範囲が推奨される電圧です。

● DCモーター「FA-130RA」

モーターを動作させる「モーター制御用IC」

LEDの点灯では、Arduinoのデジタル出力に直接接続しました。しかし、モーターを制御する場合は、Arduinoのデジタル出力のソケットに直接つないではいけません。モーターを駆動させるには、比較的大きな電流を流す必要があります。そのため、直接デジタル出力に接続すると、大電流が流れることによりArduinoが故障する恐れがあります。さらに、モーターの回転軸を手で回すと発電します。手でモーターを回して電流が発生すると、Arduinoに流れ込んでやはり故障させてしまう危険性があります。他にも、モーターによる雑音で他のセンサーなどに悪影響を及ぼす恐れもあります。

そのためモーターを利用する場合は、「**モーター制御用IC**」を使用します。モーター制御用ICを用いれば、電気の逆流の防止や、雑音の軽減が可能です。

モーターは電力を多く消費します。Arduinoからの電源でモーターを制御しようとすると、場合によってはArduinoや電子回路上にある部品に供給する電力が不足して停止してしまう恐れがあります。そこで、モーター制御用ICでは、別途モーター制御用に用意した電源から電気を供給します。

今回使用する「DRV8835」についても、上記の特徴を備えています。ここでは秋月電子通商がDRV8835のチップを基板上に取り付け、ブレッドボードでも利用できるようにした「**DRV8835使用ステッピング&DCモータドライバモジュール**」を使います。

10番（AIN1）と9番端子（AIN2）に制御用の信号を入力すると、それに従って2番（AOUT1）と3番端子（AOUT2）に接続したモーターを動かすことが可能です。また、1番端子（VM）にはモーターを動作させるた

● モーター制御用ICモジュール
「DRV8835使用ステッピング&DCモータドライバモジュール」

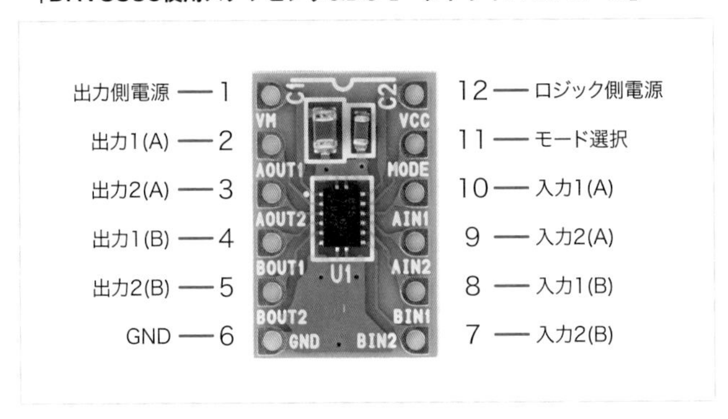

めの電源を接続します。この回路では、モーターを駆動させる電源を別途乾電池から取得するようにしています。

DRV8835は2つの入力端子を備えています。これは、モーターの回転数を制御するだけでなく、モーターを逆回転させるなどの制御もできるようにするためです。しかし、今回はモーターを回すだけなので、回転方向の制御は必要ありません。

ここでは、モーターを正転方向に回転させ、回転数のみ制御することにします。正転させる場合は、入力端子1（10番端子）にArduinoからの制御用の電圧をかけ、入力端子2（9番端子）は0V(GND）としておきます。

DRV8835には複数の端子が搭載されています。半円の白い印刷が上になるように配置した際、左上から1番端子で、反時計回りに2番、3番と続き、左下が6番、右下から上へ7番、8番と続き、右上が12番です。

NOTE

DRV8835は2系統利用できる

DRV8835には、2系統搭載しており、2つのDCモーターを同時に制御できます。

電子回路を作成する

電子回路を作成します。作成に利用する部品は次の通りです。

- DCモーター「FA-130RA」……1個
- モーター制御用ICモジュール
  「DRV8835使用ステッピング&DCモータドライバモジュール」……1個
- コンデンサー（0.1μF）……1個
- 単3×2電池ボックス……1個
- 単3電池……2個
- ジャンパー線（オス―オス）……8本

回路の作成

Arduinoの接続ソケットは次ページの図の通りです。PWM出力は、PD3、PD5、PD6、PD9、PD10、PD11のいずれかのソケットが使えます。PWM対応のソケットには基板に「~」マークが記載されています。ここでは、PD5を利用することにします。

● **利用するArduinoのソケット**

SCL	SDA	AREF	GND	PD13	PD12	PWM PD11	PWM PD10	PWM PD9	PD8	PD7	PWM PD6	PWM PD5	PD4	PWM PD3	PD2	TX PD1	RX PD0

デジタル入出力・アナログ出力(PWM)（PD13〜PD0）

未使用	IOREF	RESET	3.3V	5V	GND	GND	Vin	PA0	PA1	PA2	PA3	PA4	PA5

電源関連（未使用〜Vin）　アナログ入力（PA0〜PA5）

電子回路は右図のように作成します。

ArduinoからPWMを出力するにはPD5を利用します。PD5のソケットからDRV8835の入力1（端子番号：10番）に接続します。また、入力2（端子番号：9番）はGNDに接続して常に正転するようにします。出力1、2（端子番号：2、3番）はDCモーターに接続します。

続けて、5Vの電源はDRV8835のロジック側電源（端子番号：12）に接続します。また、モーターを駆動するのに使用する電池は、＋側をDRV8835の出力側電源（端子番号：1）に接続します。－側はブレッドボードのGNDに接続しておきます。

● **モーターを制御する回路図**

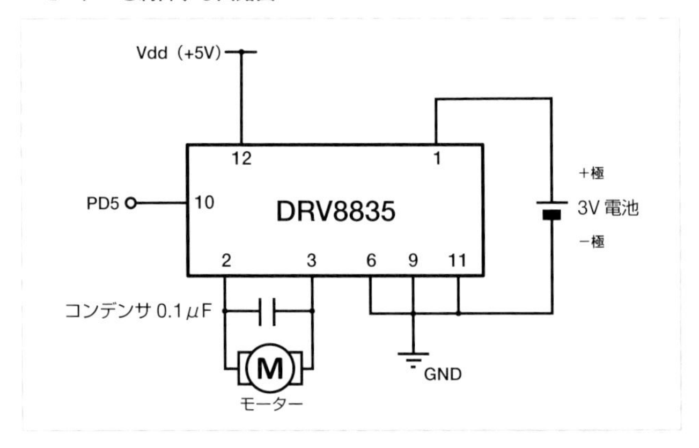

ブレッドボード上に、下図のようにモーターの制御回路を作成します。DRV8835の向きに注意してください。

● モーターの制御回路をブレッドボード上に作成

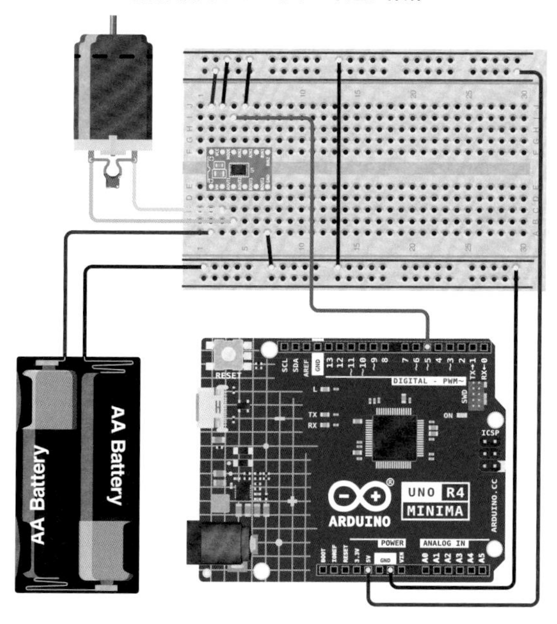

NOTE

雑音を軽減できるコンデンサー

モーターの雑音の軽減に利用したコンデンサーについてはp.139を参照してください。

プログラムで端子から入力する

回路ができたらArduino上でプログラミングをし、モーターを制御してみましょう。

ここでは、モーターの回転速度を徐々に速くしてみます。Arduino IDEでの作成方法を紹介します。

Arduino IDEでモーター制御プログラムを作成する

Arduino IDEを使ってプログラムを作成してみましょう。プログラムは次ページのように作成します。

●徐々にモーターの回転速度を速くする

sotech/5-5/motor.ino

```
int M_SOCKET = 5;                              ①モーター制御用のソケット番号を指定します
int m_speed = 0;                               ②PWMの出力を格納する変数

void setup() {
    pinMode(FAN_SOCKET, OUTPUT);               ③モーター制御用ソケットを出力に設定します
}

void loop() {
    analogWrite( M_SOCKET, m_speed );          ④モーター制御用ソケットにPWMで
    delay ( 2000 );                              m_speedの値を出力します

    m_speed = m_speed + 15;                    ⑤m_speedの値を15増やし、次の出力時に
                                                 モーターを速く回転させます
    if ( m_speed > 255 ){                      ⑥m_speedの値が255を越えた場合は、
        m_speed = 0;                             0にします
    }
}
```

①M_SOCKETにモーターを接続したソケットの番号を指定します。ここではソケットPD5に接続したため、M_SOCKETは「5」としています。

②PWMで出力する値を格納しておく変数として「m_speed」を用意しておきます。初めは0としておきます。

③モーターの制御に利用するPD5は出力をするため「OUTPUT」にします。

④出力には「analogWrite()」関数を利用します。この中に対象となるソケットの番号、出力の値の順にカンマで区切って指定します。今回は、出力するソケットが「M_SOCKET」、出力する値が「m_speed」となります。PWMでの出力は0から255までの256段階で出力します。これは0Vの場合が「0」、5Vの場合が「255」となり、その間を256段階に分けています。m_speedの値が「135」となっている場合は、出力は約2.6Vとなります。

⑤次回のanalogWriteでモーターの回転速度を上げるためm_speedの値を15増やしておきます。

⑥m_speedの値が255を越えてしまった場合は、m_speedを0に戻し、モーターを停止させます。

作成が完了したらArduinoにプログラムを転送しましょう。すると、モーターの回転速度が徐々に上がり、最大電圧に達した後、モーターが停止します。これを何度も繰り返すようになっています。

NOTE

電気を一時的に貯める「コンデンサー」

モーターでは回転すると電気的な雑音が発生します。この雑音は、センサーなどといった機器に影響を及ぼし、正しい値が計測できなくなる恐れがあります。そこで、モーターの雑音を軽減するために「**コンデンサー**」を使います。
コンデンサーとは、2つの金属（電極）が絶縁体を挟んでいる素子です。両端に電圧をかけると金属に電気が貯まる仕組みになっています。いわば少量の電気を貯められる蓄電池のような特性があります。
コンデンサーを電源に接続した直後は電流が流れ、コンデンサーへ充電されます。充電が進むにつれて流れる電流が少なくなり、コンデンサーの電圧が電源と同じ電圧になると電流が流れなくなります。
この状態で電源を外すと、電気が貯まった状態を保ちます。また、コンデンサーの両方の端子を直結すると放電が始まります。この際、逆方向に電流が流れ、放電が完了するまで電流が流れ続けます。

●**コンデンサーは電気を充電・放電する**

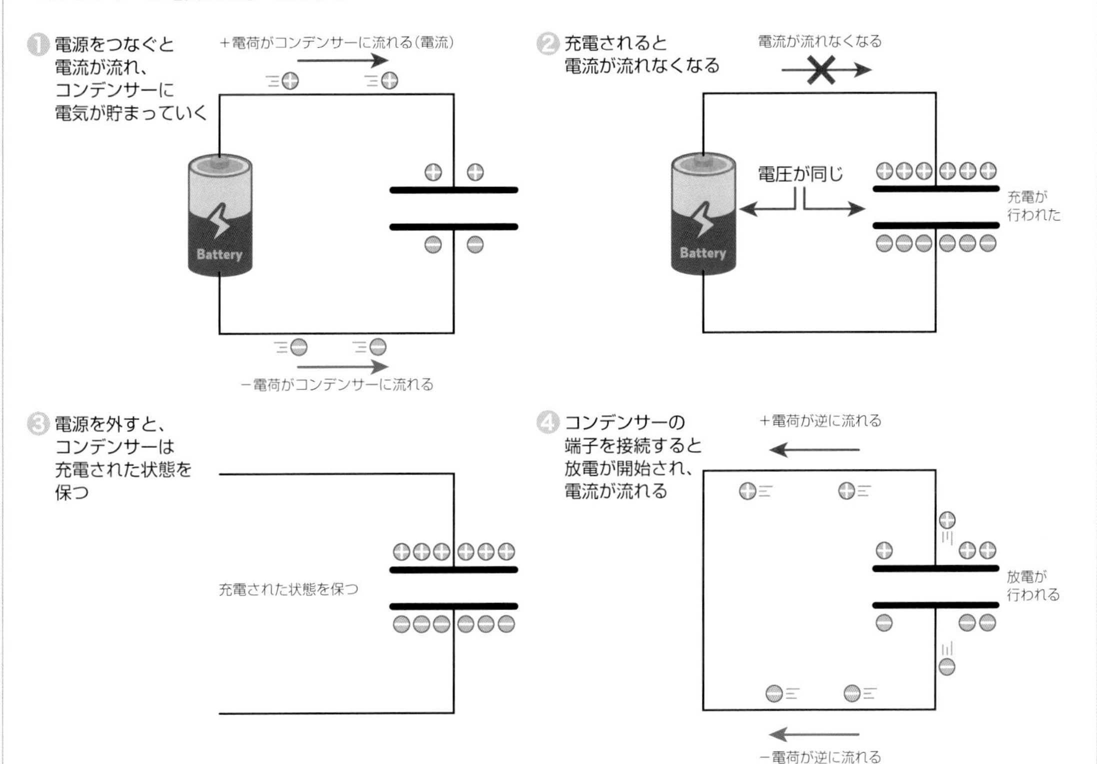

このように、コンデンサーはつながれた電源よりも電圧が低い場合は充電され、電圧が高い場合は放電して、電圧が同じになるよう作用します。
このため、急な電圧の変化があった場合には、コンデンサーへの充電や放電をすることで電圧の変化がなめらかになります。この特性から雑音などを軽減できます。

次ページへつづく

●コンデンサーで雑音を軽減できる

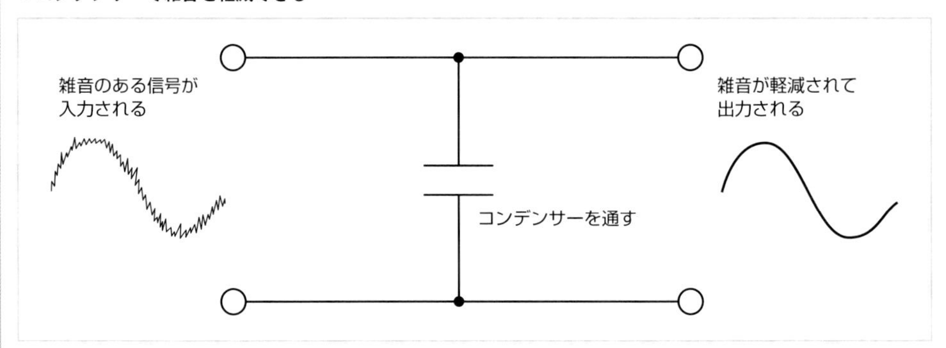

コンデンサーには、充電できる容量が数値で表記されています。単位は「ファラド（F）」が使用されています。
コンデンサーは材料によっていくつかの種類があります。その中でも「セラミックコンデンサー」と「電解コンデンサー」がよく使用されています。
セラミックコンデンサーは、絶縁体にセラミックを利用したコンデンサーです。充電できる容量が1pF～0.1μF程度と比較的低容量です。そこで、複数の層状にして、5μF程度と通常のセラミックコンデンサーよりも容量が大きい「積層セラミックコンデンサー」も販売されています。どちらのセラミックコンデンサーにも端子の極性がありません。
電解コンデンサーは、電極に化学処理がされており、小サイズながら比較的大きな容量を充電できるようにしています。大きいものでは10000μFを超える容量の電解コンデンサーも存在します。極性が存在し、端子の長い方を＋側に接続します。素子の側面にマイナスを表すマークが記載されています。

●積層セラミックコンデンサー（左）と電解コンデンサー（右）

積層セラミックコンデンサー　コンデンサーの回路記号　電解コンデンサー　電解コンデンサーの回路記号

NOTE

D/A コンバーターでアナログ出力する

Arduino UNO R4 MinimaとWiFiは、アナログ電圧を出力できる**D/Aコンバーター**を搭載しています。PWMとは異なり、指定した電圧を出力でき、LEDの明るさなどを調節可能です。D/Aコンバーターは Chapter5-3で説明したA/Dコンバーターと逆で、指定したデジタル値からアナログ電圧に変換して出力する方式です。Arduino UNO R4には、解像度12ビットのD/Aコンバーターを備えます。これは、0から4095の値を指定すると、それに合わせて0から5Vの電圧を出力できます。出力する電圧は以下の計算式で求められます。

出力電圧 = 5V × デジタル値 ÷ 4096

例えば、デジタル値に2000を指定すると、約2.4Vの電圧が出力されることになります。
D/Aコンバーターで出力できるのは、「PA0」端子のみです。例えば、アナログ出力でLEDの明るさを制御したい場合は、右のように接続します。
プログラムは次のように作成します。

①アナログ出力に利用する端子を指定します。Arduino UNO R4の場合はPA0が利用可能なので「A0」と指定します（PA0はアナログ入力とアナログ出力を切り替えて併用するソケット）。
②D/Aコンバーターの解像度を指定します。Arduino UNO R4の最大は12ビットです。
③アナログ出力するデジタル値を指定します。解像度が12ビットの場合は0～4095の範囲でしています。

これでプログラムを転送すると、LEDの明るさを調節できます。analogWriteの値を変更してみて、明るさが変わることを確かめてみましょう。

● アナログ出力でLEDを制御する接続図

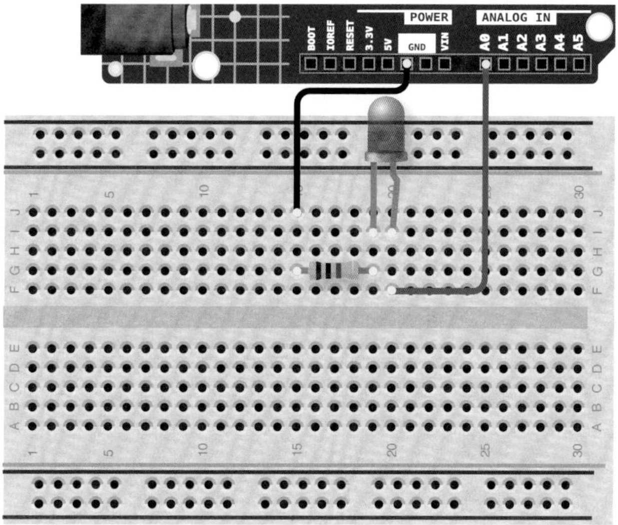

● 徐々にモーターの回転速度を速くする

sotech/5-5/dacled.ino

```
int LED_SOCKET = A0;        ①LEDを接続した端子(PA0)を指定します
void setup() {
    analogWriteResolution(12);        ②D/Aコンバーターの解像度を指定します
}

void loop() {
    analogWrite( LED_SOCKET, 2000 );        ③アナログ出力する値を指定します
}
```

Part 5

Chapter 5-6 サーボモーターを制御する

サーボモーターを使うと、特定の角度まで回転する動作が可能となります。Arduinoから PWMで出力することでサーボモーターを制御できます。

特定の角度まで回転できる「サーボモーター」

動く電子部品としては、回転動作をするモーターが代表的です。Chapter 5-5で利用したDCモーターの他には「**サーボモーター**」があります。サーボモーターは、特定の角度まで回転しその状態を保持する動作をします。ロボットの手や足を動かす動作や、模型の車のステアリングを制御するなどの用途で使われています。

サーボモーターは、高精度で動作するものや、動作する力が強いもの、広範囲に回転するもの、安価で購入可能なものなど様々な種類が販売されています。用途に応じて利用するサーボモーターを選択します。

今回は、秋月電子通商で販売されている「**SG-90**」を使用します。1つ550円程度で購入可能です。

SG-90は、角度として180度の範囲を動作できます。しかしトルク（動かせる力）が小さいため、重いものを動かすのには力不足です。重いものを動かしたい場合は、トルクが大きなサーボモーターを選択するようにしましょう。

●特定の角度まで動かす「サーボモーター」

■ サーボモーターの動作

サーボモーターはPWMで信号を送り込むことで、目的の角度まで動くように制御できます。目的の角度はPWMのHIGHになっている時間「**パルス幅**」で決まります。

SG-90の場合は、パルス幅を0.5m秒間にすると0度、2.4m秒間にすると180度の位置まで移動します。動作範囲の中心となる90度まで移動するには、1.45m秒のパルス幅のPWMを送り込めば良いことがわかります。

サーボモーターを制御するパルス幅は、どのメーカーでも似た決まりとなっています。多くの場合は、動作の中心が1.5m秒、1度動かすことに0.01m秒パルスを増減します。180度の動作をするサーボモーターであれば、0度が0.5m秒、180度は2.5m秒となります。ただし、メーカーによって多少の違いがあるため、各メーカーのWebサイトなどを確認して、動作条件について確認しておきましょう。

また、個々のサーボモーターには動作の誤差があります。そのため、180度まで動かすパルス幅のPWMを送っても、実際は170度までしか動かないこともあります。

●パルス幅によって目的の角度まで動かす

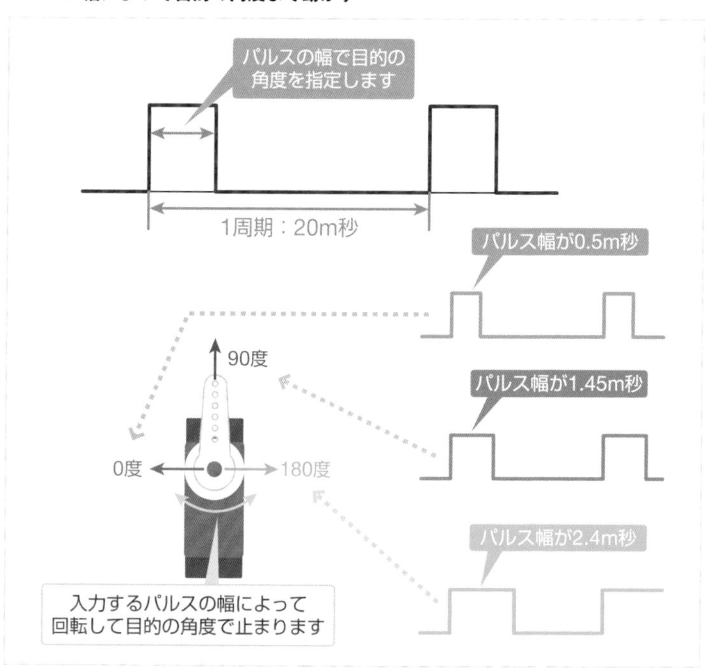

NOTE

アナログ出力では制御できない

サーボモーターは、PWM出力のHIGHになっている時間を基に動作します。このため、D/Aコンバーターでアナログ電圧に変換して出力するアナログ出力では、HIGHやLOWに切り替わることがなくなるため、サーボモーターの制御には利用できません。

電子回路を作成する

サーボモーターをArduinoに接続します。作成に利用する部品は次の通りです。

- サーボモーター「SG-90」……………1個
- ジャンパー線（オス―オス）…………3本

サーボモーターの接続端子

サーボモーターには3本の導線がついています。多くの場合は赤、茶、オレンジの3色のケーブルになっています。赤には5V電源、茶にはGND、オレンジにはPWM信号を入力します。

また、サーボモーターによってはケーブルの色が異なることがあります。接続する前にサーボモーターの仕様書などを確認しておきます。

●サーボモーターの接続端子

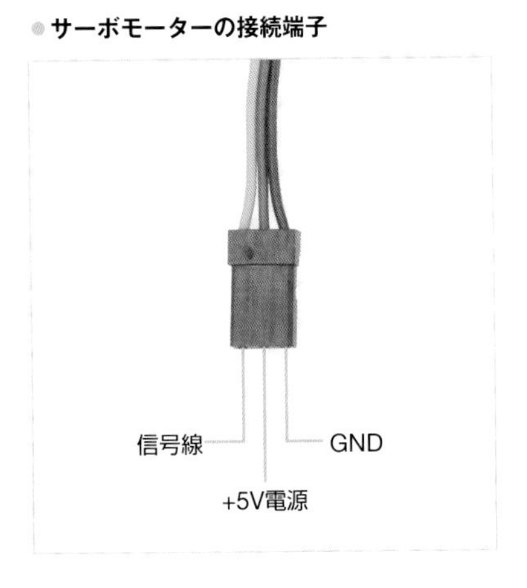

回路の作成

Arduinoの接続ソケットは次の図の通りです。PWM出力は、PD3、PD5、PD6、PD9、PD10、PD11のいずれかのソケットが使えます。ここでは、PD9を使うことにします。

●利用するArduinoのソケット

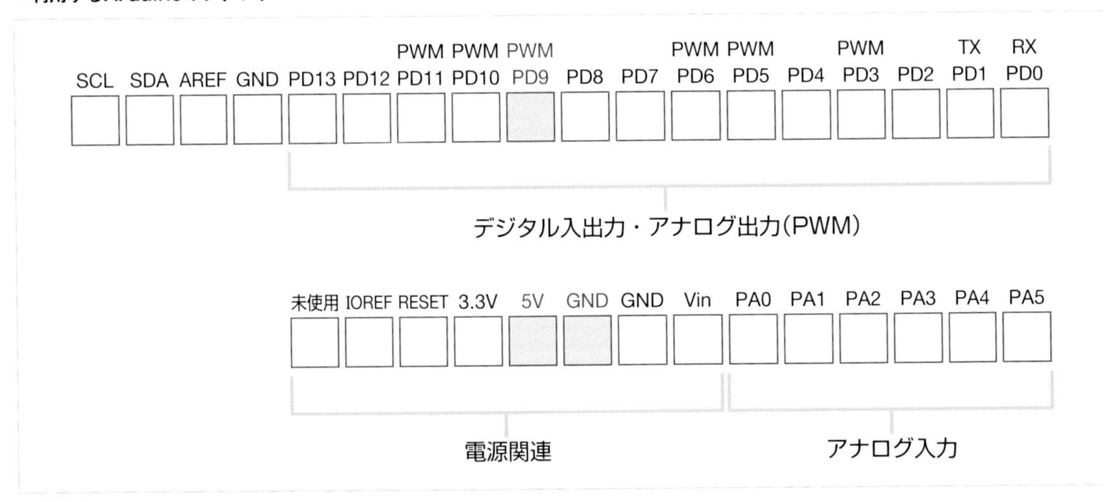

サーボモーターに接続するには、オス-オス型のジャンパー線を使います。サーボモーターの赤色の端子を5V電源、茶色の端子をGNDに接続します。オレンジの端子はPWM出力できるPD9に差し込みます。

なお、次の図では分かりやすくするために、茶色の線（GND）を黒、オレンジの線（信号線）は黄色としています。

これで回路の作成は完了です。

● サーボモーターをArduinoへ接続する

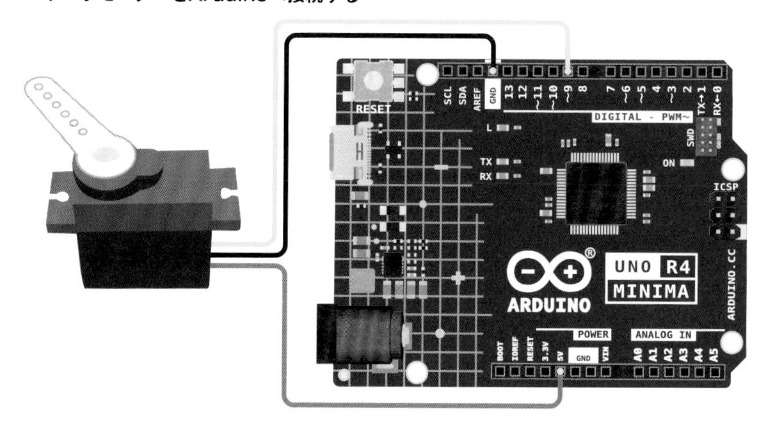

プログラムでサーボモーターを動かす

サーボモーターを接続したら、プログラムを作成してサーボモーターを動かしてみましょう。ここでは、0度、90度、180度、90度、0度と1秒間隔で順にサーボモーターを制御してみます。

Arduino IDEでは、標準でサーボモーターを制御するライブラリ「Servo」が用意されています。ライブラリを読み込んで、設定を施し、所定の角度を指定するだけでサーボモーターを目的の角度まで動作可能です。

プログラムは次ページのように作成します。

● スケッチでサーボモーターを制御する

sotech/5-6/servo.ino

```
#include <Servo.h>

int SERVO_SOCKET = 9;

Servo servo;

void setup() {
    servo.attach( SERVO_SOCKET );
}

void loop() {
    servo.write( 0 );
    delay( 1000 );
    servo.write( 90 );
    delay( 1000 );
    servo.write( 180 );
    delay( 1000 );
    servo.write( 90 );
    delay( 1000 );
}
```

①サーボモーター制御用ライブラリを読み込みます
②サーボモーターを接続したソケット番号を指定します
③サーボモーター制御用のインスタンスを作成します
④サーボモーターを初期化します。サーボモーターを接続しているソケット番号を指定します
⑤指定した角度までサーボモーターを動かします
⑥1秒間待機します

①#includeでサーボモーター制御用ライブラリ「Servo」を読み込みます。

②サーボモーターを接続したソケット番号を指定します。今回はサーボモーターのオレンジの線をPD9に接続したため、「9」と指定します。

③サーボモーター制御用のクラスを使うため、インスタンスを作成します。設定やサーボモーターの制御などをする際は、ここで作成したインスタンス名を関数や変数の前に指定します。

④サーボモーターの初期化をします。この際、サーボモーターのオレンジの線を接続したソケット番号を指定します。

⑤servo.write()関数で、指定した角度までサーボモーターを動かします。角度は度数単位で指定します。例えば、「90」と指定すれば、90度の位置にサーボモーターが動きます。

⑥サーボモーターを動かした後に1秒間待機します。

作成が完了したら、Arduinoへプログラムを転送します。すると、サーボモーターが90度ずつ回転します。

Part 6

I^2Cデバイスを動作させる

I^2Cデバイスは、２本の信号線でデータのやりとりを行える規格です。I^2Cに対応したデバイスをArduinoに接続すれば、比較的簡単にデバイスを制御できます。例えば、キャラクタデバイスに文字を表示したり、モーターを駆動したり、温度や湿度などの各種センサーから測定情報を受け取ったりできます。
ここでは「温湿度センサー」「有機ELキャラクタデバイス」をArduinoからI^2Cで制御する方法を紹介します。

I²Cで手軽にデバイス制御

I²Cを利用すると、4本の線を接続するだけでセンサーや表示デバイスを手軽に利用できます。Arduino用のI²Cデバイス制御のライブラリも提供されており、比較的簡単にそれぞれのデバイスを制御できます。

■ 2本の信号線で通信する「I²C」

センサーなどのデバイスを利用するには、それぞれの素子を駆動するための回路を作成し、データをコンピュータ（Arduino）などに送ったり、逆に命令を与えるような回路を作成したりする必要があります。また、作成した回路によってそれに合ったプログラミングをする必要もあります。デバイスが複数あれば、それぞれのデバイスに対してこれらの作業が必要です。

このような手間のかかる処理を簡略化する方法として「**I²C**(Inter Integrated Circuit)」（アイ・スクエア・シー、アイ・ツー・シー）を利用する方法があります。I²Cとは、IC間で通信することを目的に、フィリップス社が開発したシリアル通信方式です。

I²Cの大きな特徴は、データをやりとりする「**SDA(シリアルデータ)**」と、IC間でタイミングを合わせるのに利用する「**SCL(シリアルクロック)**」の2本の線をつなげるだけで、お互いにデータをやりとりできるようになっていることです。実際には、デバイスを動作させるための電源とGNDを接続する必要があるため、それぞれのデバイスに4本の線を接続することになります。

表示デバイスや温度、湿度、気圧、加速度、光などといった各種センサー、モーター駆動デバイスなど、豊富なI²Cデバイスが販売されており、電子回路を作成する上で非常に役立ちます。

また、I²Cには様々なプログラム言語用のライブラリや操作用のプログラムが用意されているのも特徴です。Arduinoで利用する言語に合ったライブラリを使うことで、I²Cデバイスを比較的簡単に操作できます。

I²Cは、各種デバイスを制御するコントローラー（**I²Cコントローラー**）と、コントローラーからの命令によって制御されるターゲット（**I²Cターゲット**）に分かれます。コントローラーはArduinoにあたり、それ以外のI²Cデバイスがターゲットにあたります。

●2本の信号線で動作するI²Cデバイス

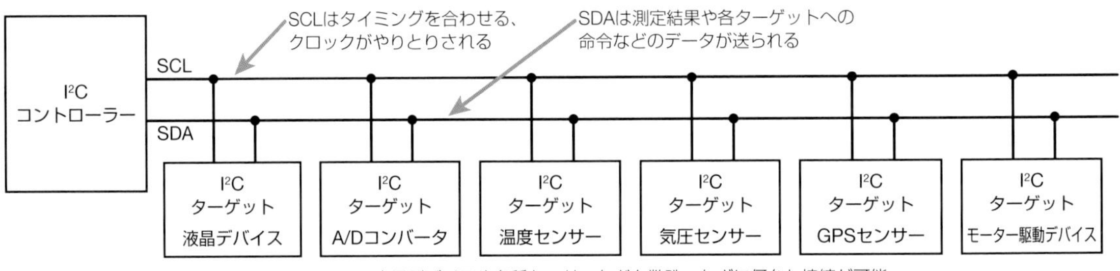

表示デバイスや各種センサーなどを数珠つなぎに何台も接続が可能

ArduinoのI^{2}C端子

I^{2}CデバイスをArduinoに接続するには、Arduinoに搭載されたソケットを利用します。データの送受信をする「SDA」とクロックの「SCL」はArduinoの左上にソケットが用意されています。I^{2}Cデバイスの電源とGNDを接続するのを忘れないようにします。

複数のI^{2}Cデバイスを接続する場合は、それぞれの端子を枝分かれさせて接続する必要があります。しかし、Arduinoにはそれぞれのソケットが1つしかありません。そこで、まずArduinoからブレッドボードに接続し、その後それぞれのI^{2}Cデバイスに分けて接続します。また、空いている電源用ブレッドボードを利用すると、多くのI^{2}Cデバイスを接続する際に、配線が整理されて分かりやすくなります。

● I^{2}Cデバイスへの配線

ブレッドボードで線を分ける

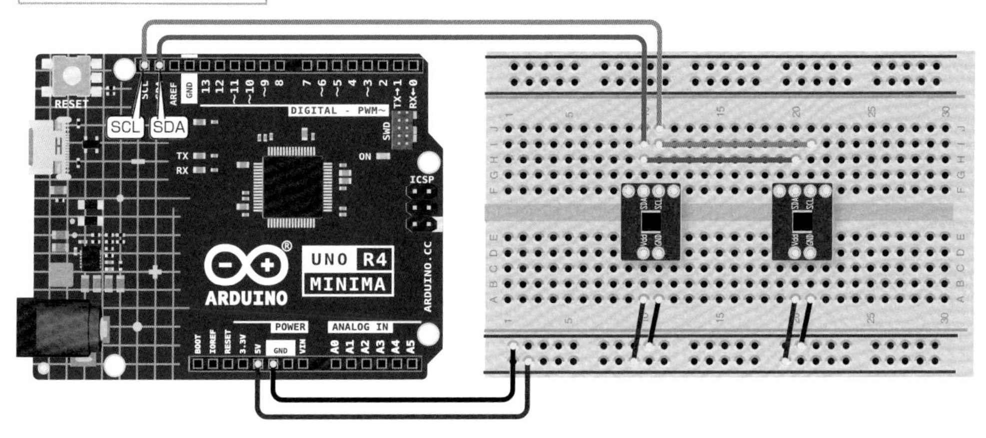

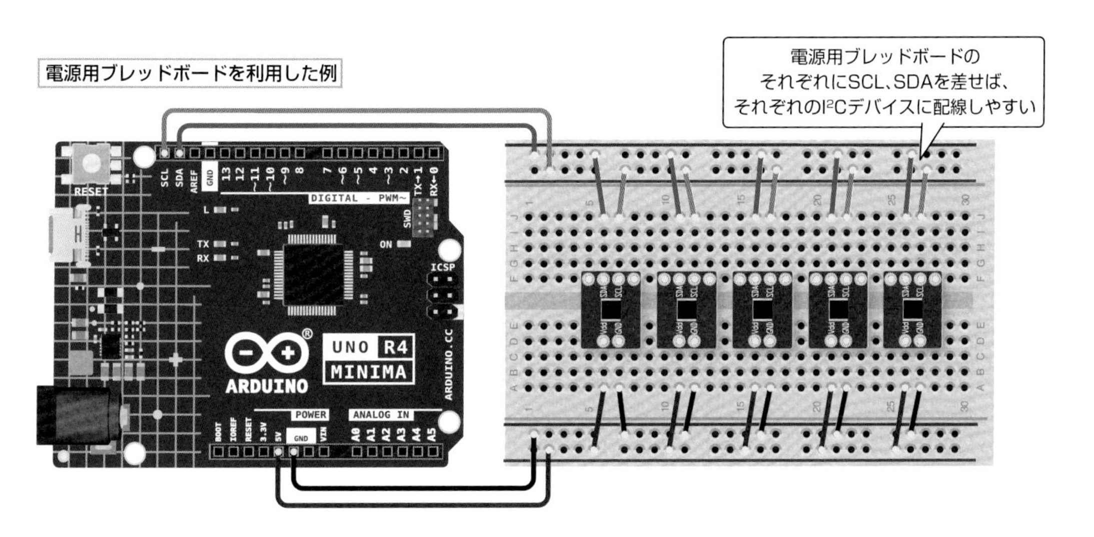

NOTE

PA4とPA5をI^2Cのソケットとして利用可能

Arduino UNOなど最近のArduinoにはSDAおよびSCL用のソケットが用意されています。しかし、前世代のArduinoである「Arduino Duemilanove」にはSDA、SCLソケットが用意されていません。Arduino Duemilanoveでは、アナログ入力をするPA4をSDAとして、PA5をSCLとして利用可能です。
Arduino UNOのSDA端子とSCL端子は、それぞれPA4とPA5に直結しています。このためPA4とPA5をI^2C通信に利用することも可能です。なお、いずれの端子を利用した場合も、PA4とPA5をアナログ入力に利用することはできません。

ArduinoでI²Cデバイスを使う

Arduinoには、スケッチでプログラムを作成する際に、I^2Cデバイスを簡単に利用できるライブラリ「Wire」が用意されています。ライブラリを読み込むよう設定することで、I^2C制御用の各関数が使えるようになります。

Wireライブラリを利用するには、右のようにプログラムの先頭にWireのヘッダを読み込むよう指定します。

●Wireライブラリのヘッダを読み込む

```
#include <Wire.h>
```

またsetup()関数では、I^2Cの初期化をするように、右のように「Wire.begin()」関数を記述しておきます。

●Wireライブラリの初期化

```
void setup()
{
    Wire.begin();
}
```

これで、プログラム内でI^2C制御用のライブラリが使えるようになりました。

Wireライブラリでは次の表のような関数を使えます（I^2Cの各関数の詳細についてはp.231を参照）。

●Wireライブラリで利用できる関数

関数名	用途
begin()	Wireライブラリの初期化をします
requestFrom()	通信対象となるI^2Cデバイスのアドレスおよびデータ量を指定します
beginTransmission()	指定したI^2Cデバイスとの送信を開始します
endTransmission()	I^2Cデバイスとの送信を終了します
write()	I^2Cデバイスにデータを書き込みます
available()	読み込み可能なデータ量を取得します
read()	I^2Cデバイスからデータを読み込みます
onReceive()	コントローラーからデータが送られてきたときに呼び出す関数を指定します
onRequest()	コントローラーから割り込みした際に呼び出す関数を指定します

■ I²Cデバイスのアドレス

前述したように、I²Cは複数のデバイスを接続することが可能です。そのため、デバイスを制御する場合、対象デバイスを指定する必要があります。各I²Cデバイスにはアドレスが割り当てられており、I²Cコントローラーから対象となるデバイスのアドレスを指定することで制御できます。アドレスは、16進数表記で0x03から0x77までの117個のアドレスが利用できます。

各デバイスは、特定のアドレスがあらかじめ割り当てられていることがほとんどです。アドレスはデバイスのデータシートなどに記載されています。I²Cデバイスによっては、VddやGNDなどに接続したり、ジャンパーピンを導通させることで、アドレスを選択できるものもあります。

もし、I²Cデバイスのアドレスが分からない場合は、アドレス取得プログラムをArduinoに書き込むことで調べられます。

I²Cデバイスのアドレスを調べる

I²Cデバイスのアドレスを調べるには、「i2c_scanner」プログラムを取得して、Arduinoに書き込みます。

i2c_scannserは、i2c_scannerのWebページで入手できます。Webブラウザを起動して「https://github.com/asukiaaa/I2CScanner」にアクセスします。右上にある「Code」をクリックして「Download ZIP」をクリックするとファイルをダウンロードできます。

●i2c_scannerのプログラム取得
(https://github.com/asukiaaa/I2CScanner)

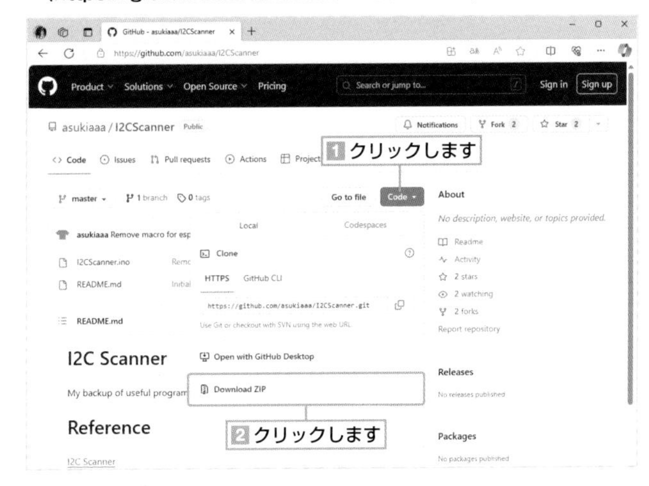

ダウンロードしたファイルはZIP形式で書庫化されています。ファイル上で右クリックして「すべて展開」を選択して展開します。展開したフォルダー内にある「I²CScanner.ino」をArduino IDEで開き、Arduinoへ転送します。

転送が完了したら、「ツール」メニューの「シリアルモニタ」を選択してシリアルモニタを表示します。すると、I²Cデバイスから取得したアドレスが表示されます。

●接続されたI²Cデバイスのアドレスが表示される

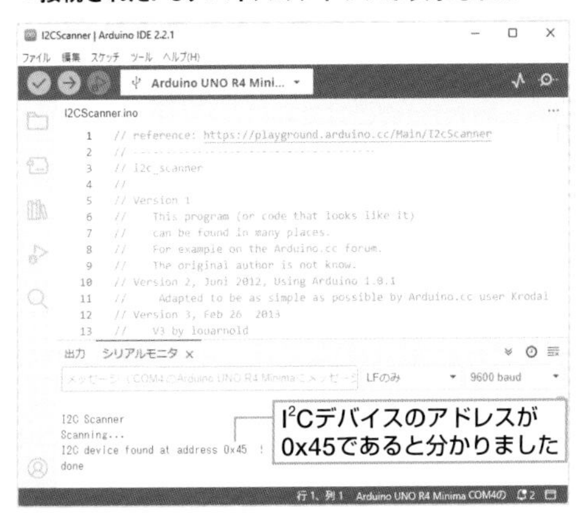

NOTE

アドレスが表示されないデバイスもある

I²Cデバイスによっては、i2c_scannerでアドレスを取得できないこともあります。

NOTE

10進数、16進数、2進数

日常生活では、0～9の10個の数字を利用して数を表しています。この表記方法を「**10進数**」といいます。しかし、コンピュータでは10進数での数字表記だと扱いが面倒になる場合があります。
コンピュータではデジタル信号を利用しているため、0か1の2つの状態しかありません。これ以上の数字を表す場合、10進数同様に桁を上げて表記します。つまり1の次は桁が上がり、10となります。この0と1のみで数を表記する方法を「**2進数**」といいます。
しかし、2進数は0と1しか無いため桁が多くなればなるほど、どの程度の値かが分かりづらくなります。例えば、「10111001」と表記してもすぐに値がどの程度なのかが分かりません。
そこで、2進数の4桁をまとめて1桁で表記する「**16進数**」をコンピュータではよく利用します。2進数を4桁で表すと、右表のように16の数字が必要となります。しかし、数字は0～9の10文字しか無いため、残り6個をa～fまでのアルファベットを使って表記します。つまり、先述した「10111001」は、16進数で表すと「b9」と表記できます。
また、アルファベットに大文字を利用して表記する場合もあります。

● **10進数、16進数、2進数の表記**

10進数	16進数	2進数
0	0	0
1	1	1
2	2	10
3	3	11
4	4	100
5	5	101
6	6	110
7	7	111
8	8	1000
9	9	1001
10	a	1010
11	b	1011
12	c	1100
13	d	1101
14	e	1110
15	f	1111

NOTE

Arduinoでの16進数、2進数の表記方法

「a4」のように、アルファベットが数字表記に入っていれば16進数であることが一目瞭然です。しかし、「36」と表記した場合、10進数であるか16進数であるか分かりません。そこで、Arduinoのプログラム上で16進数を表記する際には、数字の前に「0x」を記載します。つまり、「0x36」と記載されていれば16進数だと分かります。
同様に2進数で表記する場合は「0b」を付けます。一般的に10進数の場合は何も付けず、そのまま数値を表記します。

気温と湿度を取得する

温度や湿度など気象情報を取得するセンサーも販売されています。I²Cに対応したデバイスを利用して、Arduinoで気象情報を取得してみましょう。

■ 気象情報を取得できるデバイス

電子パーツの中には、温度や湿度、気圧などの気象データを取得できる製品もあります。これらの製品を利用すれば、室温データを取得してユーザーに知らせるといったことができます。また、室温によって自動的に空調機に電源を入れるなどの応用も考えられます。

温度や湿度を取得できる製品に、Sensirion社の**温湿度センサー「SHT31-DIS」**があります。湿度を測定し、数値化したデータをI²Cを介してArduinoで読み取れます。また、温度も同時に測定できます。

SHT31-DISは小さな部品で、そのままではブレッドボード上では扱えません。そこで、秋月電子通商が販売している基板化された商品を利用します。同店で950円程度で販売しています。この製品はピンヘッダがはんだ付けされていないので、同梱しているピンヘッダをはんだ付けする必要があります。

● I²C対応の温湿度センサー「SHT31-DIS」を搭載したボード

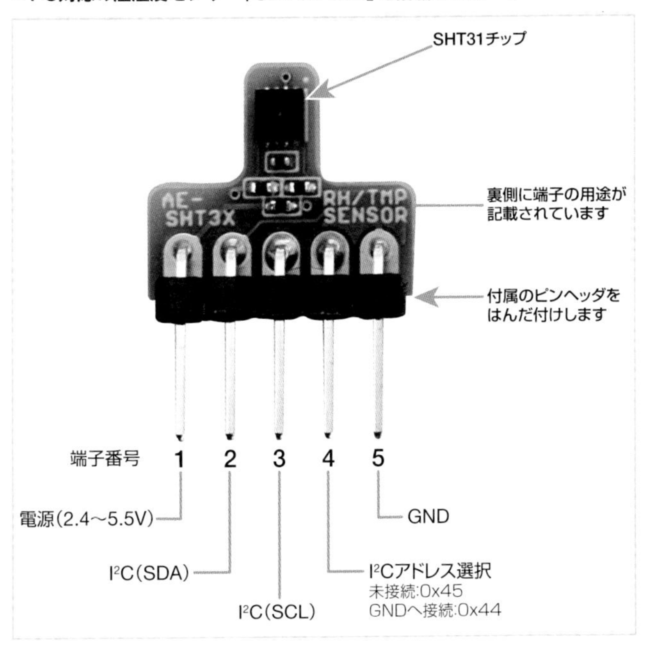

電子回路を作成する

気温と湿度を取得する電子回路を作成してみましょう。作成に利用する部品は次の通りです。

- 温湿度センサー「SHT31-DIS」……… 1個
- ジャンパー線 ……………………… 4本

Arduinoに接続するソケットは、SCL、SDA、+5V、GNDを利用します。

●利用するArduinoのソケット

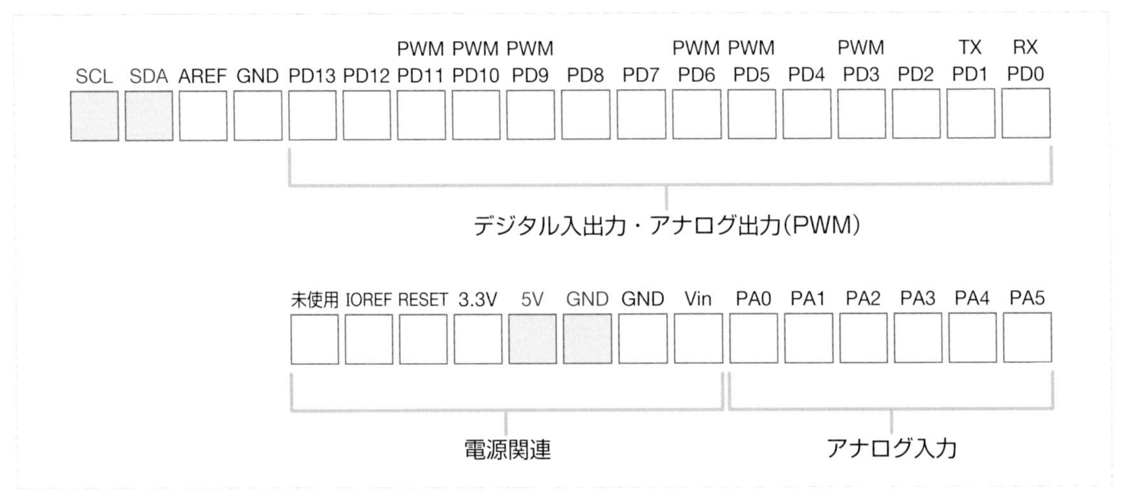

電子回路は右の図のように作成します。

SHT31-DISの電源とGND、I²CのSDAとSCL端子をArduinoの各ソケットに接続するだけで計測ができるようになります。

●温湿度センサーの回路図

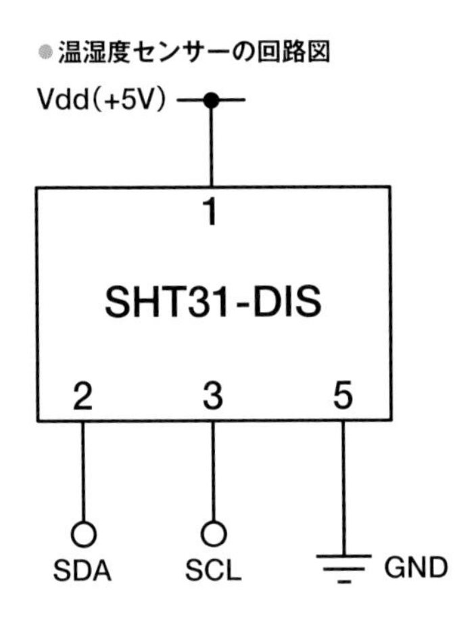

ブレッドボード上に右の図のように回路を作成します。

> **NOTE**
>
> **SHT31-DIS の I^2C アドレス**
>
> SHT31-DISのI^2Cアドレスは「0x45」となっています。また、アドレス選択端子（4番端子）にGNDを接続すると、I^2Cアドレスを「0x44」に変更することが可能です。

●回路をブレッドボード上に作成

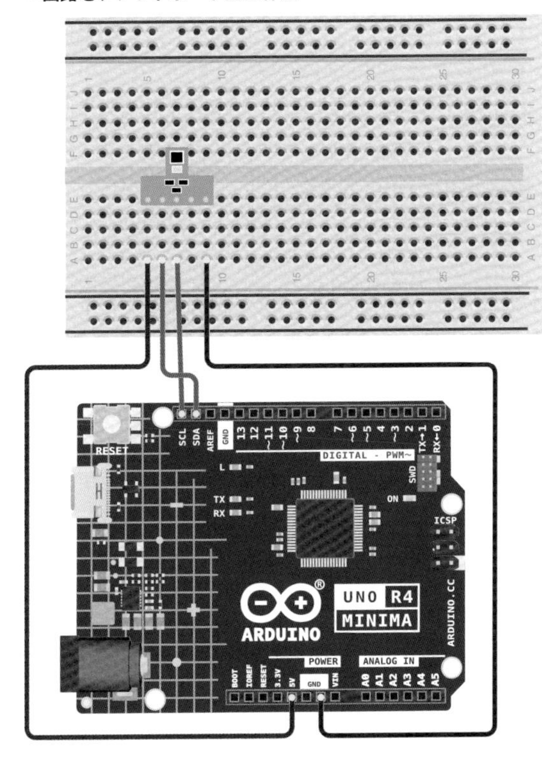

▪ プログラムで気温と湿度を取得しよう

回路が作成できたらプログラムを作成してみましょう。ここでは、SHT31-DISから気温と湿度を取得し、それぞれの値をシリアル出力してみます。

次のようにプログラムを作成します。

①#defineでI^2Cデバイスのアドレスを指定しておきます。SHT31-DISではI^2Cアドレスとして「0x45」が割り当てられています。

②setup()関数で各種初期化します。シリアル接続をする「Serial.begin()」、I^2Cでの通信をする「Wire.begin()」を実行しておきます。

③SHT31-DISについて初期化をしておきます。初期化は「0x30」「0xa2」を送り0.5秒待機してから「0x30」「0x41」を順に送り

●温度、湿度を取得するスケッチ

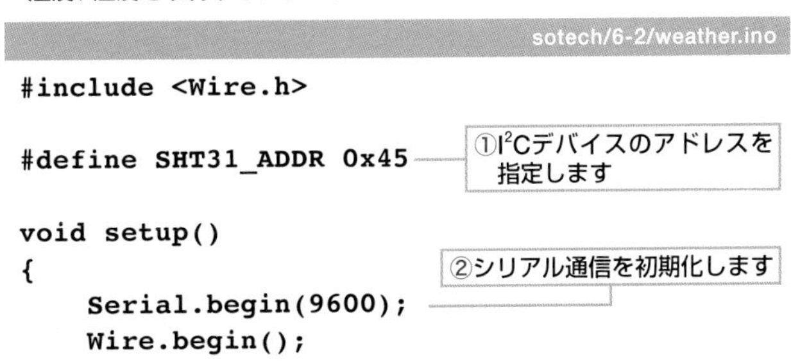

sotech/6-2/weather.ino

```
#include <Wire.h>

#define SHT31_ADDR 0x45

void setup()
{
    Serial.begin(9600);
    Wire.begin();
```


次ページへつづく

ます。データをI^{2}Cで送信する場合は、「Wire.beginTransmission()」関数でSHT31-DISとI^{2}C通信を一度確立しておきます。次に「Wire.write()」を使って送信するデータを順に指定します。最後に「Wire.end Transmission()」関数で通信を終了しておきます。

④loop()関数の始めに、利用する各変数を指定しておきます。I^{2}Cデバイスから取得した情報を一時的に保存しておく変数として配列変数を利用することにします。ここでは配列名をdac[]とし、6つの領域を確保しておくことにします。また、I^{2}Cデバイスから取得した温度、湿度の情報はそれぞれ「temp」「humi」に格納するようにします。

⑤SHT31-DISから温度と湿度を取得する際には、あらかじめ計測するコマンドを送信しておきます。送るコマンドは「0x24」「0x00」とします。③の初期化と同じ手順でデータを送信します。

⑥SHT31-DISからデータを取得します。Wire.requestFrom()関数で呼び出すアドレスと、データのバイト数を指定します。送信されるデータは6バイトとなっているため、「6」と指定します。読み込みにはWire.read()関数を利用します。また、forで読み取りを6回繰り返して6バイト分読み取ります。

⑦読み込んだデータは、1バイト目は「dac[0]」、2バイト目は「dac[1]」・・・6バイト目は「dac[5]」と指定することで内容を取り出せます。温度のデータは1バイト目と2バイト目に、湿度のデータは4バイト目と5バイト目のそれぞれ2つのデータに分かれて送られてきます。このデータをつなぎ合わせて1つのデータ（温度はt、湿度はh）にします。この値をメーカーが提供するデータシートに書かれた計算式に当てはめると温度と湿度が求まります。

⑧最後に取得した値をシリアル出力して、シリアルモニタで閲覧できるようにします。

```
    Wire.beginTransmission( SHT31_ADDR );
    Wire.write( 0x30 );
    Wire.write( 0xa2 );
    Wire.endTransmission();
    delay( 500 );

    Wire.beginTransmission( SHT31_ADDR );
    Wire.write( 0x30 );
    Wire.write( 0x41 );
    Wire.endTransmission();
    delay( 500 );
}

void loop() {
    unsigned int dac[6];
    unsigned int i, t ,h;
    float temp, humi;

    Wire.beginTransmission( SHT31_ADDR );
    Wire.write( 0x24 );
    Wire.write( 0x00 );
    Wire.endTransmission();
    delay( 300 );

    Wire.requestFrom( SHT31_ADDR, 6 );
    for ( i = 0 ; i < 6 ; i++ ){
        dac[i] = Wire.read();
    }
    Wire.endTransmission();

    t = ( dac[0] << 8 ) | dac[1];
    temp = (float)(t) * 175 / 65535.0 - 45.0;
    h = ( dac[3] << 8 ) | dac[4];
    humi = (float)(h) / 65535.0 * 100.0;

    Serial.print("Temperature : ");
    Serial.print( temp );
    Serial.println(" C");
    Serial.print("Humidity    : ");
    Serial.print( humi );
    Serial.println(" %");

    delay (1000);
}
```

③SHT31-DISをリセットします

④SHT31-DISから取得したデータを格納しておく配列や各種変数を指定しておきます

⑤SHT31-DISから計測データを読み取るコマンドを送ります

⑥データを6回読み取り、それぞれをdac配列に格納します

⑦dac配列に格納したデータを加工し、計算して湿度と温度を取得します

⑧結果をシリアル出力します

NOTE
温度、湿度の測定データの取得

測定した2バイトのデータを1つの値にまとめる方法は次ページで説明します。

作成できたらArduinoに転送します。転送したら「ツール」メニューの「シリアルモニタ」を選択してシリアル出力した内容を表示できるようにします。

センサーから各種情報を取得して計算し、気温、湿度、気圧が表示されます。息をかけたり、部屋を暖めたりすると、表示される値が変化します。

NOTE
取得した値には誤差がある

取得した気温、湿度は実際の値と多少誤差があります。例えば、SHT31-DISで取得した気温は±0.2℃、湿度は±2%の誤差が生じる可能性があります。

●計測の結果

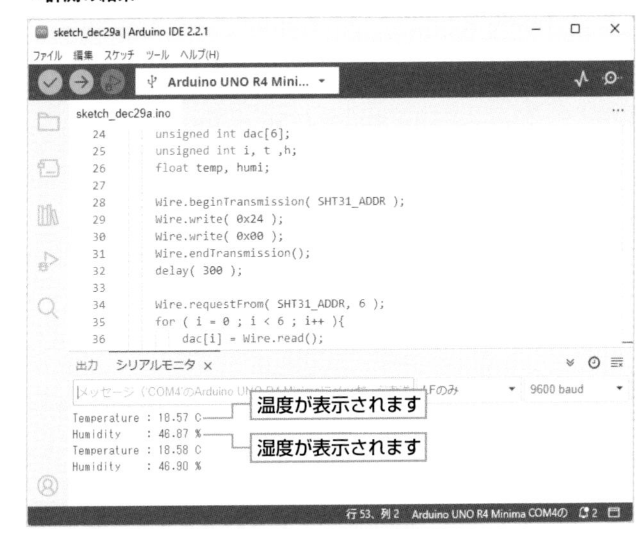

計測値をグラフで表示する

Arduino IDE 2は、Arduinoからシリアル通信でパソコンに送った値をグラフとして表示する「**シリアルプロッタ**」機能を備えています。この機能を利用することで、温湿度センサーのようなセンサーから得た計測値をグラフで描画することが可能です。

シリアルプロッタでグラフにするには、値のみをシリアル通信で送るようにします。温度と湿度のような複数の値をグラフ化したい場合には、カンマで区切って値を列挙するようにします。この際、途中に改行を挟まないようにします。

本書で紹介した温湿度センサー SHT31-DISで計測した値をグラフ化する場合には、前ページのプログラム内の表示部分を変更します。loop()関数の最後の部分にある「Serial.print("Temperature : ");」から「Serial.println(" %");」の部分を以下のように変更します。

●シリアルプロッタでグラフ描画するために表示部分を変更する

変更前

```
Serial.print("Temperature : ");
Serial.print( temp );
Serial.println(" C");
Serial.print("Humidity    : ");
Serial.print( humi );
Serial.println(" %");
```

↓

変更後

```
Serial.print( temp );
Serial.print(",");
Serial.println( humi );
```

プログラムをArduinoに転送したら右上にある アイコンをクリックします。すると、それぞれの値がグラフ化して表示されます。今回の場合は、青線が温度、オレンジの線が湿度を表しています。

●計測値がグラフで表示できる

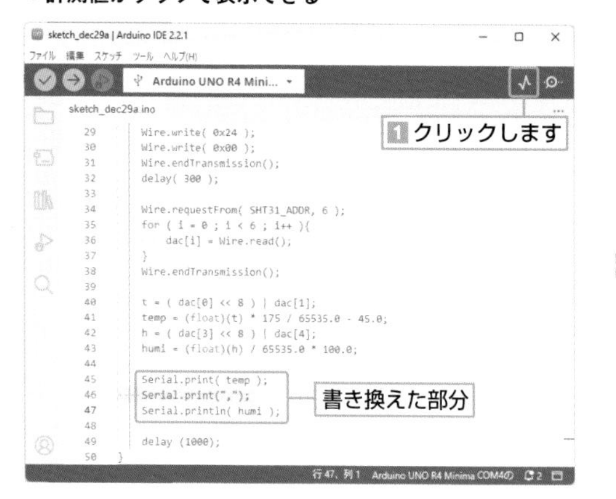

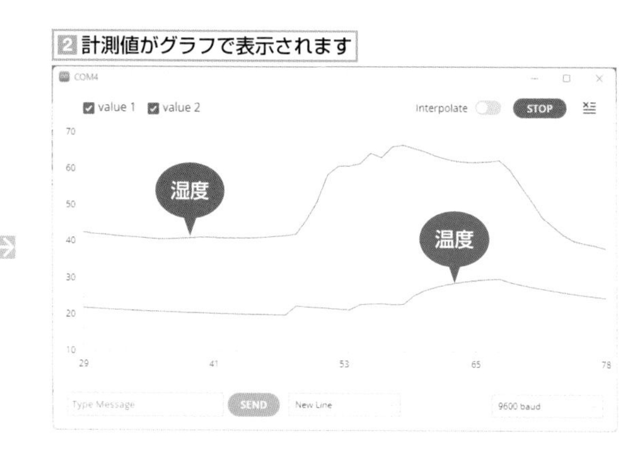

NOTE

温度と湿度の計測データを１つにまとめる方法

SHT31-DISでは、計測するデータは16ビットの値となっています。しかし、I²Cでは8ビットごとに送るため、16ビットの値は2つの8ビットの値として分けて送られてきます。測定データは1、2バイト目に温度、4、5バイト目に湿度となっています。なお、3バイト目と6バイト目はデータが破損していないかを確認するためのチェック用のデータとなっています（ここでは利用しません）。
このため、2つに分かれたデータはつないで1つにまとめるようにする必要があります。

●測定データに不要なビットが存在する

温度（上位8ビット）

0	1	1	0	0	0	1	1

1バイト目（dac[0]）

温度（下位8ビット）

0	0	1	1	1	0	1	1

2バイト目（dac[1]）

温度データのチェック用データ

1	1	0	1	0	1	1	0

3バイト目（dac[2]）

湿度（上位8ビット）

0	1	0	1	1	1	0	0

4バイト目（dac[3]）

湿度（下位8ビット）

1	1	0	1	0	0	0	1

5バイト目（dac[4]）

湿度データのチェック用データ

1	1	1	0	0	1	1	1

6バイト目（dac[5]）

SHT31-DISでは、1バイト目が値の上位、2バイト目が値の下位になっています。つまり、1バイト目の値を左側に8ビット分動かして2バイト目とつなぎ合わせれば1つの値に変換できることになります。
上位の値を左に8つ動かすために利用するのが「シフト演算」です。スケッチでは「<< 移動数」のように記載します。温度の場合はdac[0]が上位の値となるため以下のようにスケッチで記載します。

```
dac[0] << 8
```

また動かして空いた部分には「0」が入った状態となります。

次ページへつづく

● **上位の値を左に8ビット動かす**

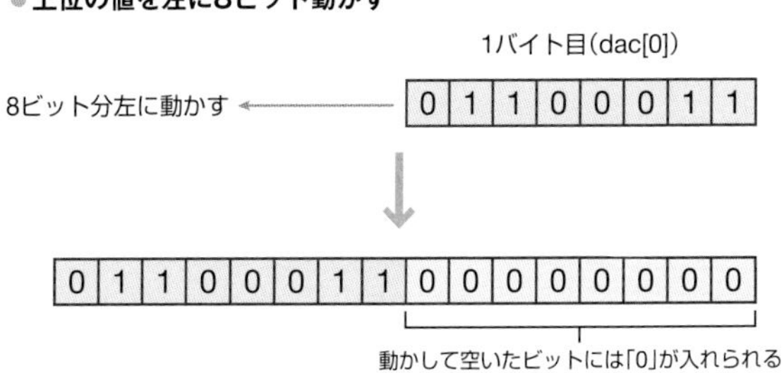

次に動かした上位の値と下位の値をつなぎ合わせます。つなぎ合わせるには「OR演算子」を使います。1バイト目を8ビット分左に動かして生まれた2バイト目のデータはすべて0になっているため、、OR演算することで2バイト目のデータがそのまま当てはまります。また、OR演算は「|」と記載します。
よって、スケッチでの計算式は次のようになります。

```
( dac[0] << 8 ) | dac[1]
```

● **上位の値を左に8ビット動かす**

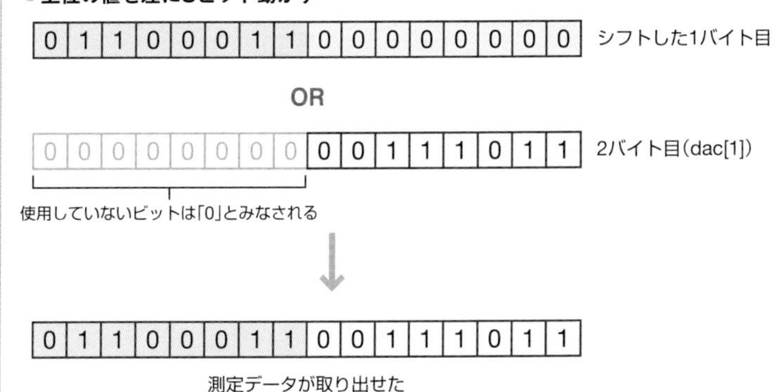

これで温度の値が取り出せました。同様に4バイト目（dac[3]）と5バイト目（dac[4]）を変換することで湿度の値が取り出せます。

NOTE

OR論理演算

ORの論理演算は、2つの値を比べ、どちらかの値が「1」であれば「1」となります。その他の場合はどちらも「0」の場合のみ「0」になります。まとめると、下表のような計算結果となります。

入力1	入力2	出力
0	0	0
0	1	1
1	0	1
1	1	1

有機ELキャラクタデバイスに表示する

有機ELキャラクタデバイスを利用すると、画面上に文字を表示できます。このデバイスを利用すれば、電圧や温度、IPアドレスなどといったArduinoで処理した情報を表示できます。ここでは、有機ELキャラクタデバイスを利用して、メッセージを表示してみましょう。

文字を出力できる有機ELキャラクタデバイス

I²Cは各種センサーなどからの情報をArduinoで取得するだけでなく、Arduinoから情報をI²Cデバイスに送って、様々に動作させることができます。その中で「**有機ELキャラクタデバイス**」（有機ELキャラクタディスプレイ）は、画面上に文字を表示できるデバイスです。表示させたい文字情報を送れば、簡単に各種情報を画面上に表示できます。

有機ELキャラクタデバイスにはいくつかの商品があります。本書では、Sunlike Display Tech社製の「**SO1602AW**」を利用して解説します。「SO1602AW」は表示する文字色が異なる製品が売られており、秋月電子通商では白文字の「SO1602AWWB」、緑文字の「SO1602AWGB」、黄文字の「SO1602AWYB」が販売されています。白文字は2,860円（税込）、緑文字と黄色文字は1,580円（税込み）で購入できます。

SO1602AWは、16桁2行、計32文字を画面上に、数字やアルファベット、記号、カタカナを表示できます。さらに16文字までユーザー独自の文字の登録が可能となっています。

●I²C対応の有機ELキャラクタデバイス「SO1602AWWB」

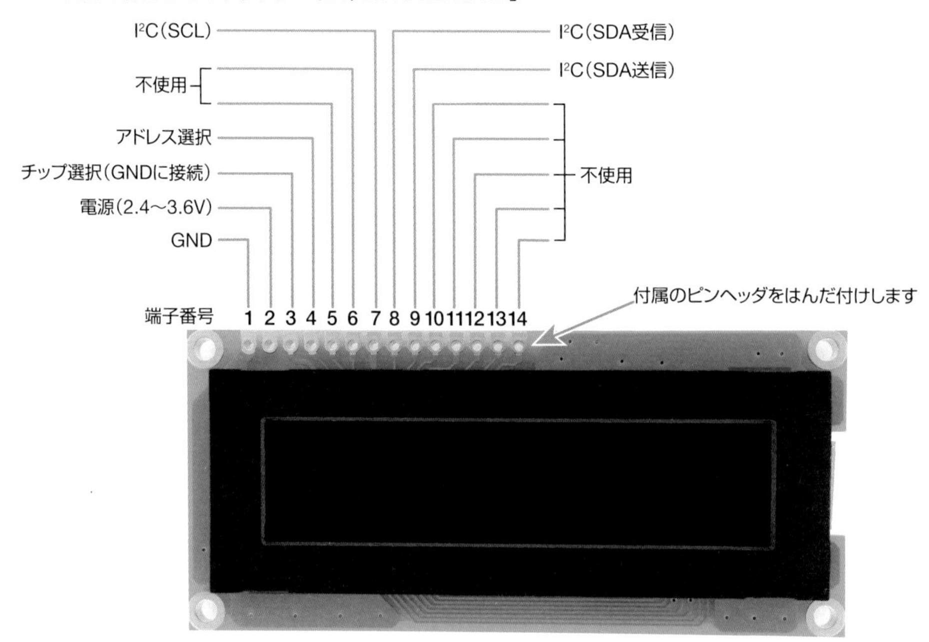

有機ELは、文字自体が発光するため、暗い場所でも文字を読めます。また、コマンドを送ることで文字の点灯する明るさの調節も可能です。

ブレッドボードを使う場合は、あらかじめ端子に付属されているピンヘッダをはんだ付けしておきましょう。

ここでは、Arduinoから送った文字を表示させてみましょう。

POINT

I²Cのアドレスは「0x3c」または「0x3d」

SO1602AWのI²Cアドレスはアドレス選択端子（4番端子）の状態によって変更できます。GNDに接続した場合は「0x3c」、電源に接続した場合は「0x3d」となります。

I²Cの信号電圧を変換するレベルコンバータ

Arduino UNOは5Vの電源で動作しています。このため、I²Cの通信信号も5Vを出力するようになっています。同じ5Vの信号でやりとりできるI²Cデバイスは問題なく利用できますが、今回利用するSO1602AWは、3.3Vの信号を扱うようになっています。このため、直接Arduinoと接続して通信するには向きません。電圧が異なるデバイス間で直接通信すると、電圧が足りなくて信号が正しく認識できないなど、動作に影響をおよぼすことがあります。

そこで、電圧が異なるデバイス間をつなぐ場合は、「**レベルコンバータ**」を介して接続します。レベルコンバータでは、3.3Vと5Vのような異なる信号の電圧を変換して通信を正しくできるようにするモジュールです。例えば秋月電子通商では、I²Cの通信信号の電圧を変換できる「**I²Cバス用双方向電圧レベル変換モジュール**」が販売されています。150円で購入することができます。

I²Cバス用双方向電圧レベル変換モジュールは、「VREF1」「SDA1」「SCL1」端子にArduinoからの電源とI²C関連の端子を接続し、「VREF2」「SDA2」「SCL2」端子に有機ELキャラクタデバイスの電源とI²C関連の端子を接続することで変換されるようになります。

● **I²Cの信号電圧を変換する「I²Cバス用双方向電圧レベル変換モジュール」**

NOTE

直接接続しても動作する

SO1602AWは、実際は直接Arduinoに接続しても動作します。しかし、推奨されている電圧範囲ではないため、直接接続することはおすすめしません。

電子回路を作成する

有機ELキャラクタデバイスに表示する電子回路を作成しましょう。作成に使用する部品は次の通りです。

- 有機ELキャラクタデバイス「SO1602AWWB-FLW-FBW」……1個
- I²Cバス用双方向電圧レベル変換モジュール……1個
- ジャンパー線……15本

Arduinoに接続するソケットは、I²Cを利用するのでSDAとSCLソケットを利用します。

●利用するArduinoのソケット

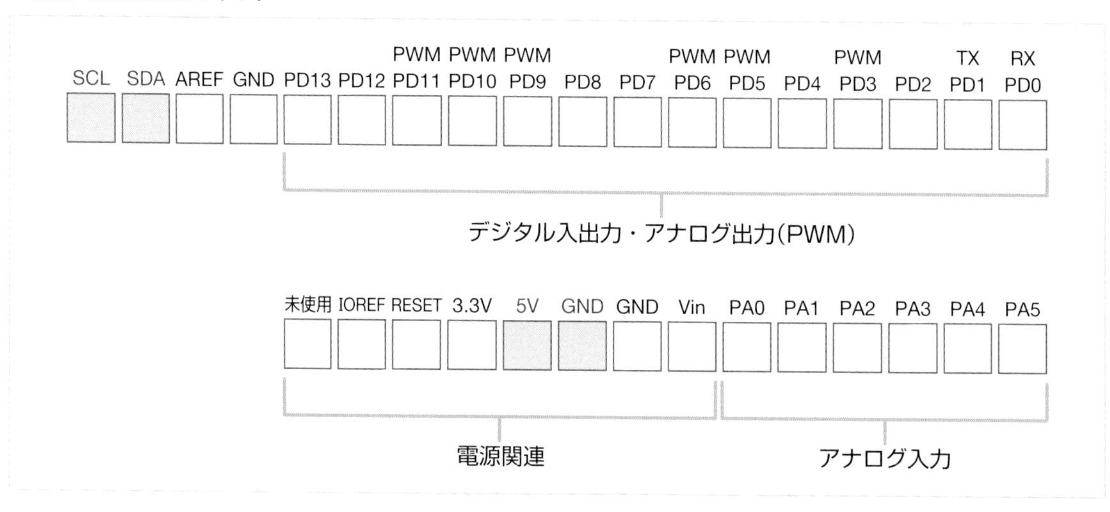

電子回路は右の図のように作成します。

ArduinoからI^2CレベルコンバータのVREF1側に接続します。VREF1端子には5Vの電源を接続します。VREF2側はSO1602AWに接続します。VREF2端子にはSO1602AWの動作電圧となる3.3V電源に接続します。

SO1602AWは、1番端子をGND、2番端子を3.3V電源に接続します。また、I^2Cアドレスを選択する4番端子はGNDに接続しておきます。7番端子にSCL、8番と9番端子をSDAに接続します。SDAは送信と受信に分かれているため枝分かれさせることで送受信が1本の線でできるようになります。

●有機ELキャラクタデバイスを制御する回路図

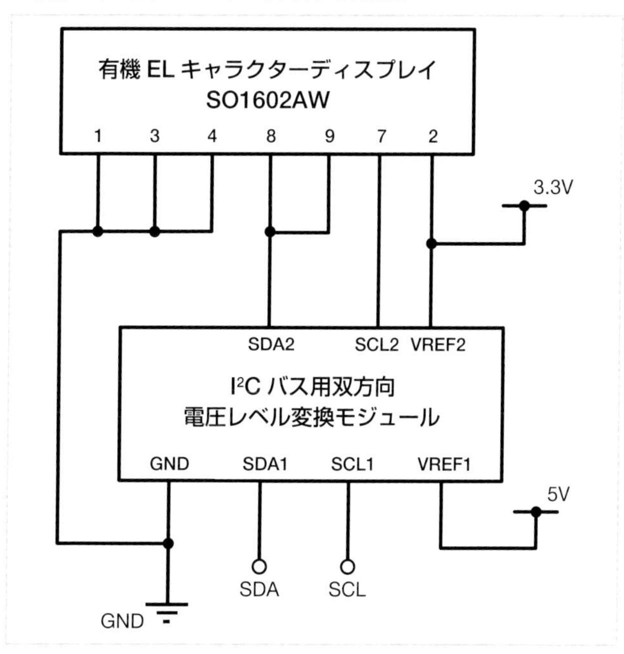

ブレッドボード上に、右の図のように電子回路を作成します。

●回路をブレッドボード上に作成

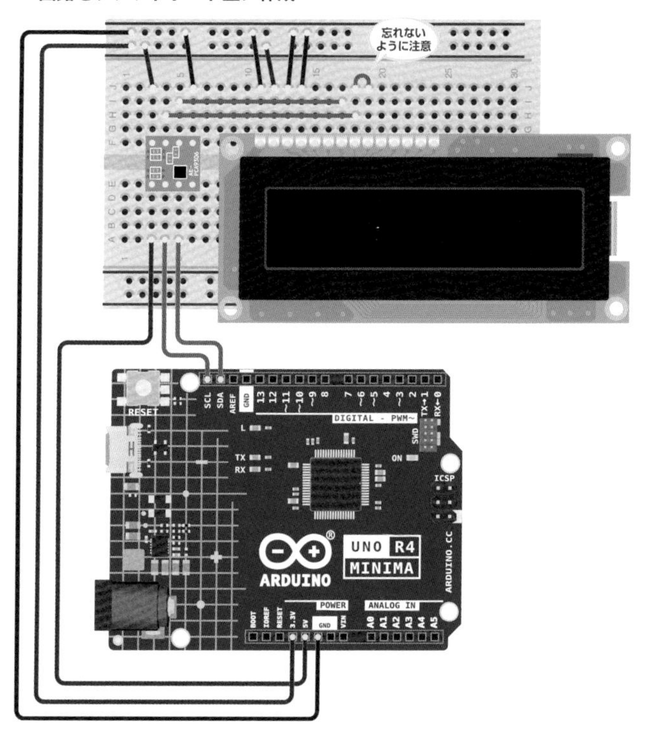

■ プログラムで有機ELキャラクタデバイスに文字を表示する

回路の作成ができたらプログラミングをし、有機ELキャラクタデバイスに文字を表示してみましょう。ここでは1行目に「Arduino」、2行目にカウントアップした数字を表示させてみます。

プログラムはArduino IDEで作成します。有機ELキャラクタデバイスに文字を表示するには、初期化や画面の消去、カーソル位置の設定、文字の配置など、目的の動作に応じた情報を送る必要があります。それらすべての機能を一からプログラムするのは手間です。そこで、本書ではSO1602AWを制御するライブラリを用意しました。本書のサポートページからダウンロードしてファイルを展開します。sotech/6-3/SO1602.zipファイルがライブラリです。

NOTE

SO1602AW制御プログラムの入手方法

SO1602AWの制御プログラムは、本書サポートページからダウンロードできます。サポートページとサンプルプログラムのダウンロードについてはp.255を参照してください。

NOTE

ライブラリの追加方法

ライブラリを追加するには、Arduino IDEの「スケッチ」メニューから「ライブラリをインクルード」➡「.ZIP形式のライブラリをインストール」を選択して、ダウンロードしたライブラリファイルを選択します。

プログラムは右のように作成します。

①includeでI²Cを動作させるライブラリ「Wire」と本書で提供しているSO1602AWを動作させるライブラリ「SO1602」を読み込みます。

②SO1602AWのI²Cアドレスを「SO1602_ADDR」として指定しておきます。SO1602AWはI²Cアドレス選択端子をGNDに接続すると「0x3c」となります。

③SO1602ライブラリのクラスを利用するために、インスタンスを作成しておきます。作成には「SO1602」を利用します。また、作成時にSO1602AWのI²Cアドレスを指定しておきます。

④Arduinoのloop()関数は、対策しなければその中の処理が繰り返し実行されてしまいます。そこで、1度しか処理しないように、判

●有機ELキャラクタデバイスに文字を表示するプログラム

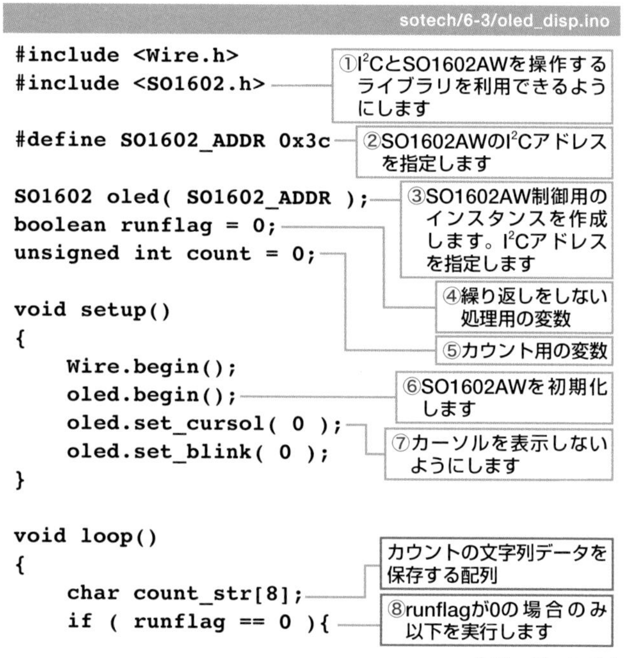

sotech/6-3/oled_disp.ino

```
#include <Wire.h>
#include <SO1602.h>

#define SO1602_ADDR 0x3c

SO1602 oled( SO1602_ADDR );
boolean runflag = 0;
unsigned int count = 0;

void setup()
{
    Wire.begin();
    oled.begin();
    oled.set_cursol( 0 );
    oled.set_blink( 0 );
}

void loop()
{
    char count_str[8];
    if ( runflag == 0 ){
```


次ページへつづく

断用の変数「runflag」を作成しておきます。1度実行したらこの変数を1に変更し、次から実行しないようにします。

⑤カウントを数えるための変数「count」を作成し、初期値として「0」を代入しておきます。

⑥setup()関数では、各種初期化します。I²Cでの通信をする「Wire.begin()」に加え、SO1602AWを初期化する「oled.begin()」を実行しておきます。

```
        runflag = 1;
        oled.charwrite("Arduino");
        oled.move( 0x00, 0x01 );
        oled.charwrite("Count:");
    }

    count++;
    sprintf(count_str,"%d",count);

    oled.move( 0x06, 0x01 );
    oled.charwrite( count_str );
    delay(1000);
}
```

⑨1行目にArduinoと表示します

⑩2行目の行頭にカーソルを移動して「Count:」と表示します

⑪カウントを1増やします

⑫カウントの数値を文字列に変換します

カウントを表示する位置にカーソルを移動します

⑬カウントを表示します

1秒間待機します

⑦カーソルのある位置には、カーソル場所を表すカーソル記号が表示されます。カーソル記号はアンダーバー（_）で表示されるカーソルと、四角が点滅する点滅カーソルがあります。初期状態ではどちらも表示されるようになっています。今回はカーソル記号を画面から消すことにします。set_cursol() 関数でカーソル記号、set_blink()で点滅カーソルの表示を切り替えられます。表示を消す場合は「0」、表示する場合は「1」を指定します。

⑧1行目の「Arduino」と2行目の「Count:」は1回表示すればその後は再度表示する必要はありません。そこで、表示を1回のみにします。runflag変数が「0」の場合は、以下の処理を行うようにします。また、実行時にrunflag変数を「1」に変えることで次から実行しないようにできます。

⑨有機ELキャラクタデバイスの1行目に「Arduino」と表示します。表示にはcharwrite()関数に表示したい文字列を指定します。

⑩move()関数でカーソルを移動します。移動したい桁、行を順に指定します。この際、左上が「0x00桁、0x00行」、右下が「0x0f桁、0x01行」となります。例えば、2行目の行頭であれば、「move(0x00,0x01)」と指定します。また、2行目の行頭に「Count:」と表示しておきます。

⑪カウントの処理をします。まず、「count++」と実行してカウントを1増やしておきます。

⑫Arduinoの言語では、データの型が決まっています。この型が合わないとエラーが発生して処理ができません。今回のカウントに利用するcount変数は整数の「int型」となっています。しかし、文字列を有機ELキャラクタデバイスに表示するには、char型でなければなりません。そこで、int型からchar型に変換し、有機ELキャラクタデバイスに表示できるようにします。変換にはsprintf()関数を利用します。この中に変換した値を入れておくcount_str変数とフォーマット、変換対象のcount変数の順にしています。フォーマットは「%d」とすることで10進数表記となります。

⑬変換したカウントを有機ELキャラクタデバイスに表示します。

完成したらArduinoにプログラムを転送します。すると、画面上に「Arduino」という文字と、カウントアップされた数値が表示されます。

●有機ELキャラクタデバイスに文字が表示できた

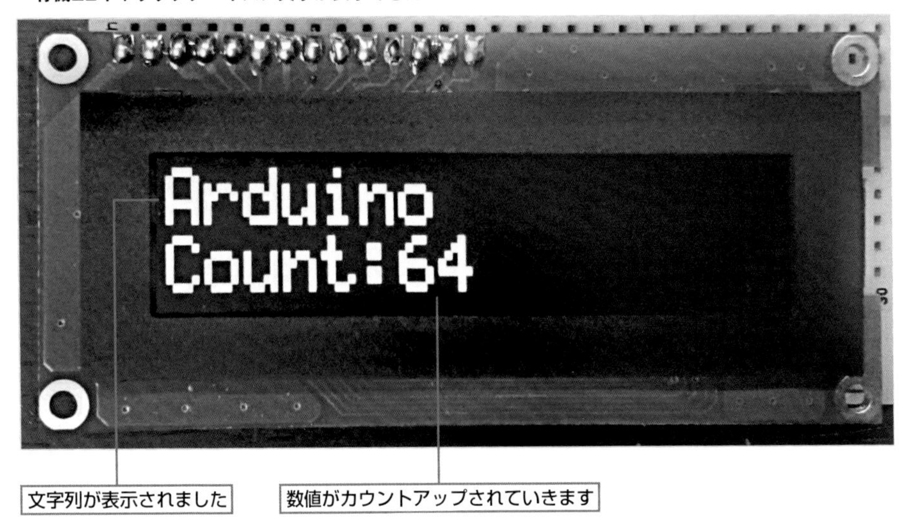

NOTE

表示可能な文字

実際に表示可能な文字については、付属するデータシートを参照してください。また、「円」などの半角で表せない文字列については、16進数で指定することで表示可能です。例えば、「円」であれば、「0xfc」を指定することで表示できます。

Part 7

電子パーツを組み合わせる

ここまで、Arduinoで電子パーツ単体を動かす方法を解説してきました。ここでは、電子パーツを組み合わせて、オリジナルの作品を作る方法・考え方について解説します。自分だけの作品作りに挑戦してみましょう。

電子部品を組み合わせて作品を作る

電子部品を組み合わせれば、自由な作品が作れます。必要な電子部品を選択し、それぞれをArduinoに接続して制御することで作品を実現できます。ここでは、作品を制作する手順の例を紹介します。

■ 複数の電子部品を組み合わせる

Part 5、6ではLEDを点灯させたり、スイッチの状態を確認したり、モーターを回転させたりと、電子部品単体での動作・制御方法について解説しました。自分が思い描いた作品を制作するには、作品に必要な電子部品を用意して、組み合わせてプログラムを作成することで実現できます。

例えばドローンを作りたいとします。ドローンを作るためには、プロペラを回転させる「モーター」、ドローンの姿勢を調べる「加速度・ジャイロセンサー」、現在位置を取得する「GNSS(衛星測位システム)モジュール」などを組み合わせる必要があります。これらの電子部品を、マイコンに接続してプログラムで制御しています。

●ドローンで使われている主な電子部品

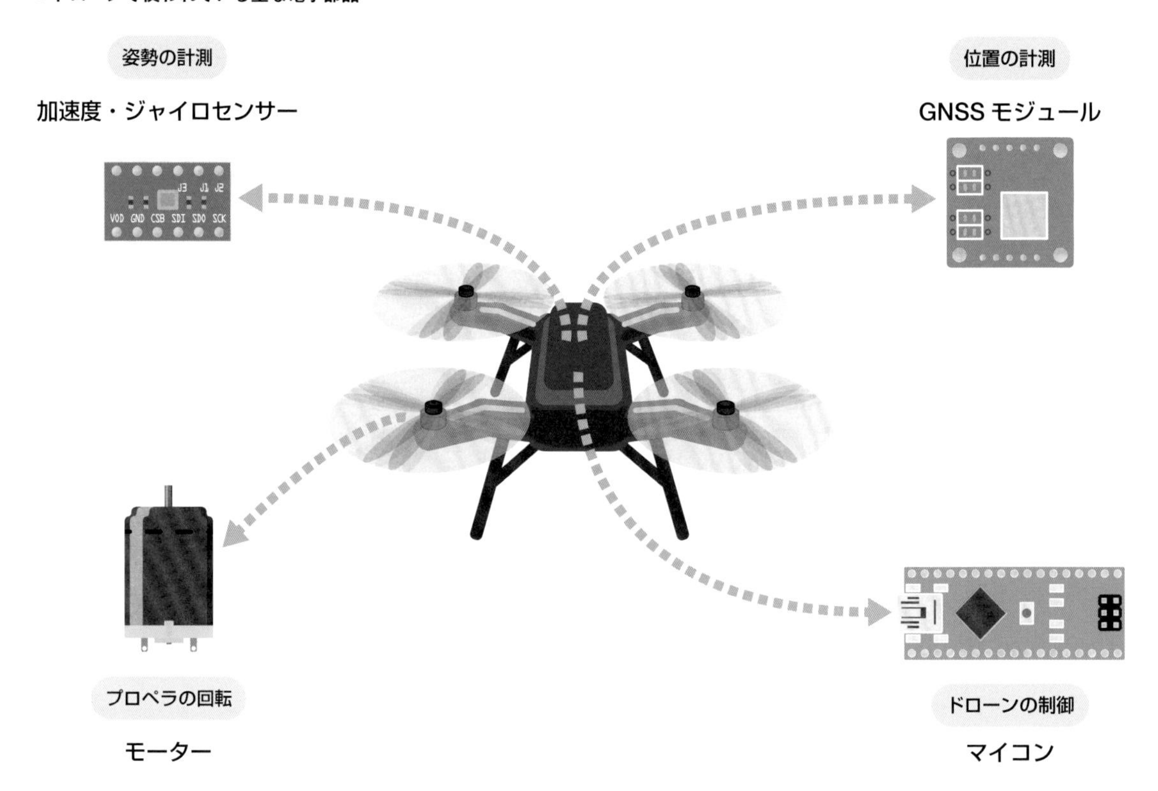

個人で作品を作る場合も同じです。作品を動作させるために必要な電子部品を選択し、Arduinoなどのマイコンに接続し、プログラムを作成することで実現できます。本書ではLED、スイッチ、モーター、温度センサー、キャラクタデバイスなど8種類の電子部品をそれぞれ動作させる方法について説明しました。この8種類の電子部品だけでも、組み合わせれば、たくさんの種類の作品を作ることが可能です。

ただし、電子部品を複数用意しても、すぐに組み合わせて制御することは困難です。ここでは、作品を制作する手順や注意点について紹介します。本書では右の図のような手順で作成する方法について説明します。

また次節以降では、Part5～6で扱った電子部品を使って、実際に3種類の作品を制作する方法を紹介します。

●本書で作品を実現する手順

1 作品をイメージする
2 動作を分類する
3 動作手順を考える
4 分類した動作を実現できる電子部品を選ぶ
5 電子部品を単体でテストする
6 複数の電子パーツを組み合わせる
7 プログラムを作成する

制作の手順は様々

本書で説明する制作手順以外にも、様々な制作手順があります。どの手順が正しいかということではありません。まずは本書で説明する手順で作成を試してみて、自分の制作手順を確立してみてください。

1 作品をイメージする

まず、どのような作品を作りたいかをイメージしてみましょう。イメージする際に「どの電子部品を使うか」「プログラムをどのように作成するか」などといった細かいことを考える必要はありません。例えば、「朝になったらカーテンを自動的に開きたい」「夜、玄関前に人が来たら自動的に照明を点灯したい」「雨が降ってきたら洗濯物を自動的に取り込みたい」「暑くなったら自動的に扇風機を動作させて涼みたい」「ポストに郵便物が届いたらメールで通知したい」などです。次ページの図のように紙に描きながら考えると良いでしょう。

たとえ実現が難しそうな作品であっても、手順を進めることで、実現できそうか難しそうかが明確に分かるので、ここでは自由に発想することが重要です。

●作品を図に書きながらイメージする

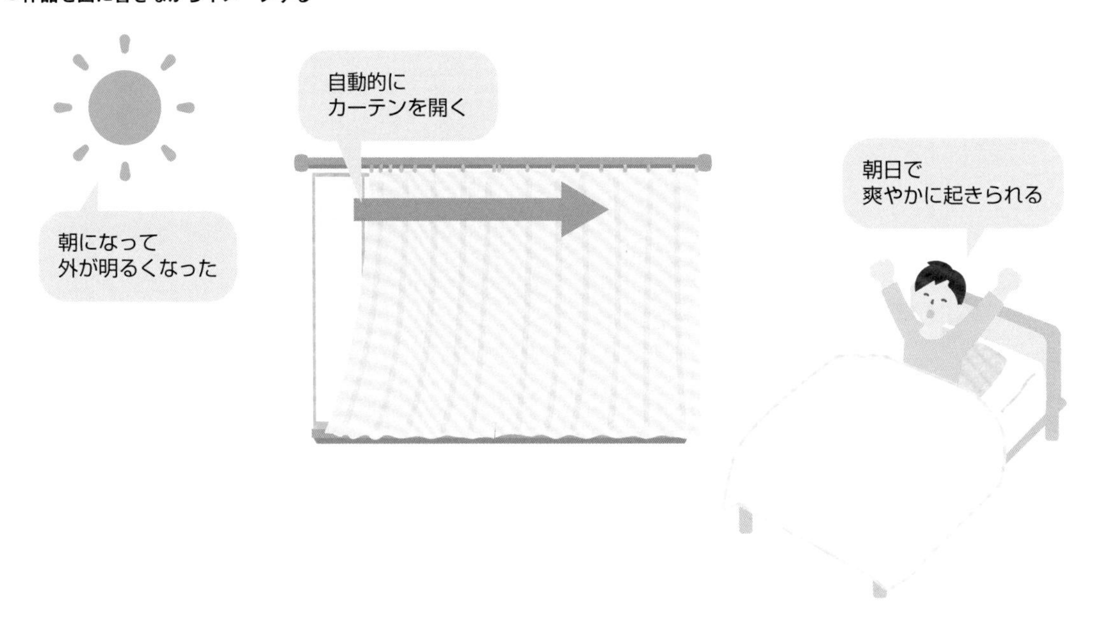

2 動作を分類する

次に、イメージした作品をどのように動作させるかを明確にします。アイデアを機能ごとに分解・分類し、それぞれの機能がどのような動作をするかを考えます。例えば「カーテンを開ける」という動作は「カーテンを引っ張る」ことで実現できます。引っ張る動作は、カーテンの端に紐を付けて紐をモーターで巻き取れば可能です。

また、各機能をArduinoでどのように制御するかについても考えます。カーテンの開閉の例であれば「モーターを動かす」「停止する」の2通りの動作ができればよいので、デジタル出力で制御できます。

カーテンが開ききった際にモーターを停止する必要があります。所定の時間だけモーターを動かす方法や、カーテンの端にスイッチを付けて押されたら停止する、などといった方法が考えられます。前者の場合はモーターだけで実現できますが、後者の場合はスイッチを準備する必要があります。スイッチを使う場合には、デジタル入力でスイッチの状態を読み取ることが可能です。

センサーも同じように考えます。朝、自動的にカーテンを開く機能を実装する場合、カーテンが開くタイミングは朝日が昇った時点です。所定の明るさ以上になったら朝であると見なして、カーテンを開けます。明るさを調べるには光センサーを利用します。光センサーの種類によって、Arduinoでの制御方法は異なります。Chapter 5-4で紹介したCdSであればアナログ入力を利用しますが、I^2Cで通信する光センサーもあります。アイデアを検討する時点ではいずれの光センサーも候補に入れておき、後にどちらを利用するかを判断します。

●作品のイメージを機能に分類する

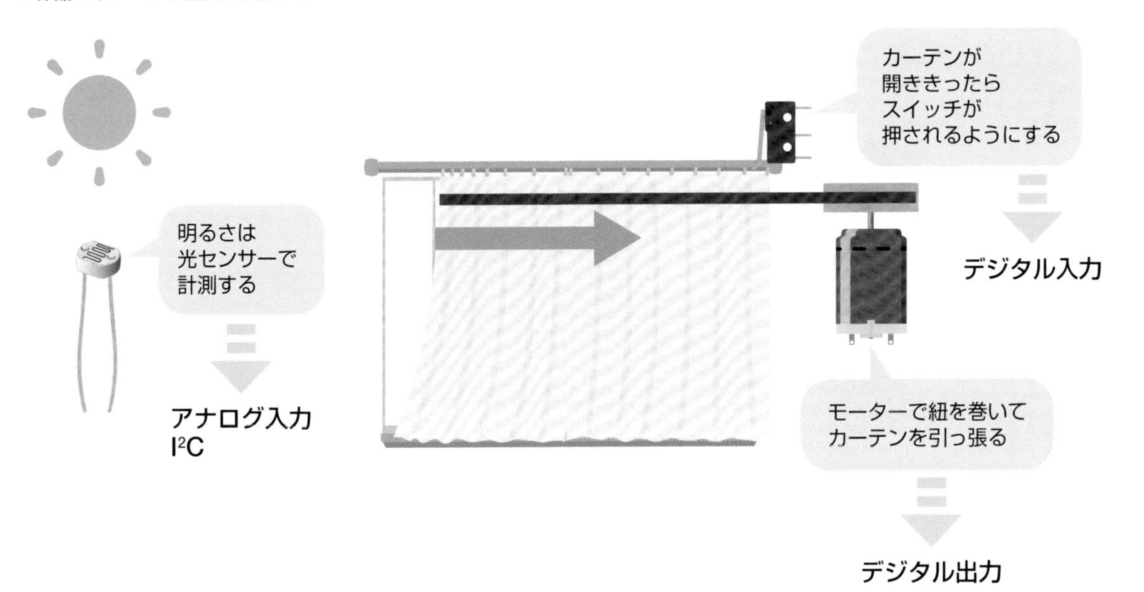

3 動作手順を考える

機能を分類したら、どのような手順で動作させるかを考えます。手順は右のようなフロー図で描いておくと、プログラムを作成する場合に役立ちます。

カーテンの例であれば、まず一定の間隔で光センサーの状態を確認します。光センサーが検知した光量が所定の値よりも暗かったらそのままの状態にします。所定の値よりも明るくなったら、モーターを動かしてカーテンを開けます。モーターの停止用にスイッチを配置した場合は、スイッチが押されるまでモーターを回転し続けます。

●フロー図で動作の手順を書き出しておく

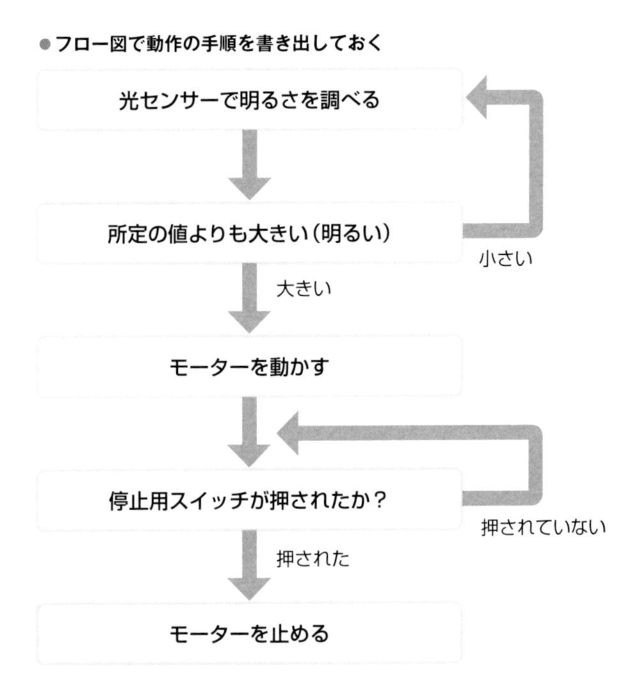

NOTE

フロー図の記号

フロー図（フローチャート）では、処理内容によってある程度決まった種類の記号を利用します。例えば、「初め」や「終わり」は角を丸くした四角、条件によって分岐する場合はひし型を利用したりします。しかし、個人的にフロー図を書く場合は、このような記号にこだわらず右図のように四角だけで描いてかまいません。

4 分類した動作を実現できる電子部品を選ぶ

手順3まででアイデアをある程度具体化できたら、実際に電子部品やArduinoなどを用意し、制作を開始します。

ここで、利用する電子部品を選定します。手順2「動作を分類する」で分類した機能として利用できる電子部品を探し出します。本書や電子工作を扱った雑誌、Webサイト、電子パーツショップなどを参考に探すと良いでしょう。

カーテンの例であればDCモーター、光センサー、スイッチを用意します。モーターにはホビー用の安価な商品もありますが、カーテンを動かすにはパワーのあるモーターを選択する必要があります。光センサーはCdSやフォトトランジスタなど複数の種類がありますが、まずは自分が利用したことのある光センサーを使ってみると良いでしょう。スイッチはカーテンが開ききったときに必ず押される構造である必要があります。タクトスイッチでは確実ではないため、マイクロスイッチのような押しやすいスイッチを選択します。

電子部品の選択の際に重要なのは「情報が多い」ことです。特にArduinoで動作させたサンプル（実績）がある電子部品であれば安心です。安価であるからと動作実績のない電子部品を選ぶと、実際に試したときに制御できないということになりかねません。

●分類した機能に合った電子部品を選択する

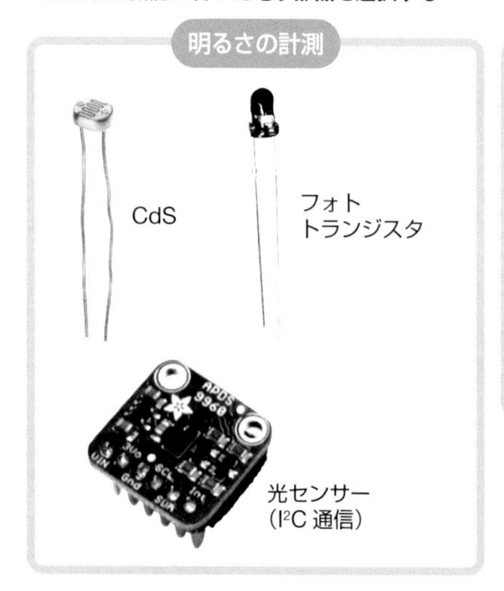

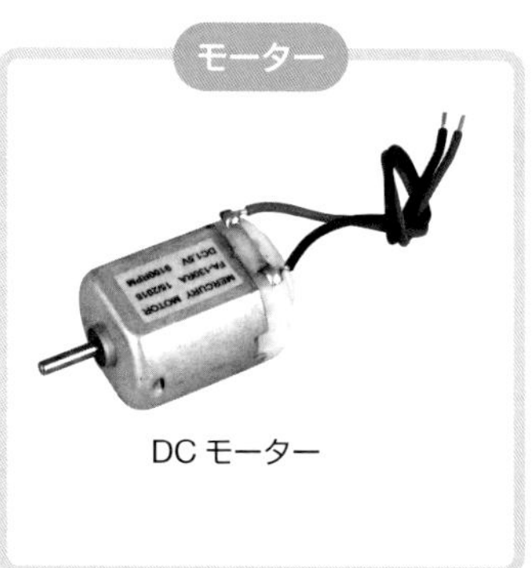

NOTE

電子部品の制御方法を紹介した書籍

拙著「電子部品ごとの制御を学べる！ Arduino 電子工作 実践講座 改訂第3版」（ソーテック社）では、LEDやスイッチ、モーター、表記機器、センサーなど多数の電子部品をArduinoで動作させる方法を紹介しています。提供しているサンプルプログラムを使えば、簡単に電子部品を動かせます。Arduino UNO R3での動作方法を解説していますが、掲載した多くの電子部品はArduino UNO R4でも同様に動かせます。

5 電子部品を単体でテストする

電子部品が準備できたら、まずそれぞれを単体で動作させてみましょう。電子部品をArduinoに接続し、プログラムを作って動くことを確認しておきます。モーターであれば、デジタル出力をHIGHにすると回転し、LOWにすると停止することを確認します。また、カーテンを動かすことを目的にしているのであれば、実際にカーテンにつないでモーターで開閉できることを確認しておきます。パワー不足で開閉ができなければ、他のモーターにしたり、ギアを入れるなど引っ張る機構に工夫を施す必要があります。

センサーを利用する場合は、目的の計測値が得られることを確認しておきます。例えば、温度センサーであれば温度をArduinoで取得できることを確認します。この際、実際の温度とどの程度ズレがあるかを確認しておきましょう。ズレが大きく目的の作品で使えない場合は、別の高精度の温度センサーに変更するなどの対処が必要です。

電子部品を単体でテストする際は、できる限りシンプルな構成とプログラムで実施することが大切です。複数の電子部品と組み合わせたり、プログラムを複雑化してしまうと、正常に動かなかった場合、電子部品が正しく動作できていないのか、別の電子部品が悪影響を及ぼしているかがわからなくなるためです。

● 1つ1つ電子部品の動作チェックをする

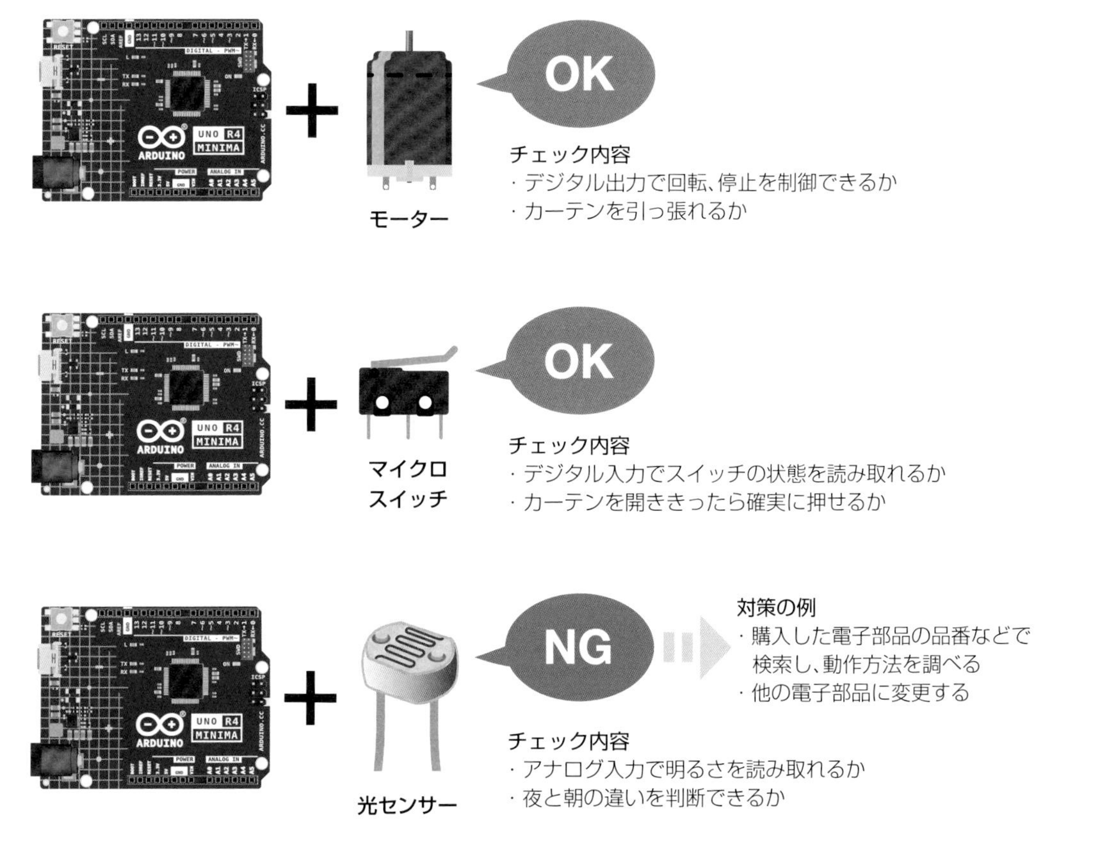

6 複数の電子パーツを組み合わせる

各電子部品の動作が確認できたら、使用する電子部品をすべてArduinoに接続してみます。この際、すべてを一度に接続するのではなく、1つずつ増やしていくように接続します。1つ増やすごとに手順5の確認で利用したプログラムで動作を確認します。

次に、接続した電子部品を同時に動かしてみましょう。単体では動作したのに、複数の電子部品を接続すると、動作しなくなることがあります。動作しない原因の1つとして、電子部品に供給する電源が十分でないことがあります。特にモーターのように大きな電流が流れる電子部品を複数接続して動作しない場合は、ACアダプターなどの電源から直接電子部品に電気を供給することで、動作するようになることがあります。

原因追求方法の1つに「テスター」を使う方法があります。例えば、デジタル出力でLEDを制御する場合は、LEDのアノードの電圧をテスターで調べてみます。LEDが正しく点灯しない場合、テスターで電圧を計測すると十分な電圧がかかっていないことがあります。この場合は、電子回路に誤りがないかを確認してみましょう。

もし、原因が分からなかった場合は、他の電子部品に変更してみるのも1つの手です。

7 プログラムを作成する

最後に手順3で書いたフロー図を参考にプログラムを作成します。プログラム作成のポイントは、少しずつ作成することです。プログラムを少し足したら実際にArduinoに書き込み、動作できることを確認します。前述のカーテンの例であれば、光センサーの読み込み部分のプログラムを作成し、次に読み込んだ光センサーの状態で判別するプログラムを作成、モーターを動かすプログラムを作成、モーターを停止するプログラムを作成、といったように1つずつ確認しながら作成します。

プログラム作成の際に役立つのがp.67で説明したSerial.print()です。条件分岐であれば、分岐した後に任意の文字列を表示するようにしておけば、正しく条件分岐がされているかを確認できます。また、センサーなどから取得した値を表示するようにすれば、正しい値が受け取れているかを確認可能です。

プログラムができあがったら、筐体などを用意して電子パーツを取り付ければ完成です。

NOTE

生成AIの力を借りてプログラムを作る

プログラムの作成がうまくいかない場合は、米OpenAI社の「ChatGPT」や米Microsoftの「Copilot」、米Googleの「Bard」などといった生成AIを活用するのも手です。これらの生成AIは、作成したいプログラムの概要を伝えることで、プログラムを作成してくれます。例えば、カーテンの例であれば次のように伝えます。

明るくなったらカーテンを開けるプログラムを作成してください。マイコンにはArduinoを利用します。
電子部品は、明るさを計測するための「CdS」、カーテンを動かす「DCモーター」、カーテンが開ききったことを検知する「スイッチ」を利用します。
動作は、CdSで明るさを計測し、所定より明るくなったら、モーターを回転させます。そして、スイッチが押されたらモーターの回転を停止します。

これでArduino用のプログラムが作成されます。
なお、生成AIで作成したプログラムは意図したとおりに動かないこともあります。現在の生成AIは万能ではないため、生成したプログラムを過度に信用するのは危険です。生成されたプログラムを自分で確認することを心がけましょう。

暗くなったら点灯するライトを作る

光センサーを使うと周囲が明るいか暗いかを判断できます。これにLEDを組み合わせれば、暗くなったら自動的に点灯するライトを作れます。

■暗くなったら自動的に点灯するライト

周囲が暗くなったら自動的に明かりが点灯すれば、スイッチを切り替える手間が省けます。逆に明るくなると消灯するようにすればなお効率的です。このような仕組みは、自動車のライトの自動点灯機能などに使われており、トンネルなど暗い場所に入ると自動的に点灯し、明るい場所に出ると消灯するようになっています。

このような明るさによって点灯するライトは、Arduinoを使って作れます。

●暗くなったら自動的に点灯するライト

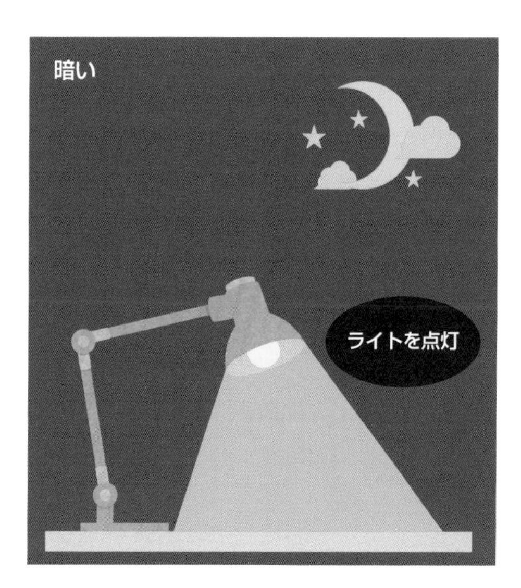

周囲が明るいか、暗いかを判別するには、Chapter 5-4で説明した**光センサー**が使えます。ここでは、光センサーの**CdS**を利用し、LEDの点灯・消灯を自動的に切り替えられるようにしています。

●自動点灯ライトの機能を実現する電子部品

動作の手順

自動点灯ライトの動作を考えます。LEDは、デジタル出力でHIGHにすることで点灯し、LOWにすることで消灯できます。

CdSをアナログ入力に接続することで、周囲が明るいか暗いかを判断することができます。アナログ入力のどれくらいの値になったら点灯させるかは、ユーザーがあらかじめ設定しておきます。p.129で説明したように、LEDを点灯させる暗さ（小ささ）のアナログ入力値を確認しておきます。設定値よりも小さく（暗く）なったらLEDを点灯することで、自動点灯ライトを実現できます。

動作の手順は下図のようにします。CdSを接続したアナログ入力ソケットの状態を確認し、判断する値よりも小さければLEDを点灯し、大きければLEDを消灯するようにします。

●自動点灯ライトのフロー

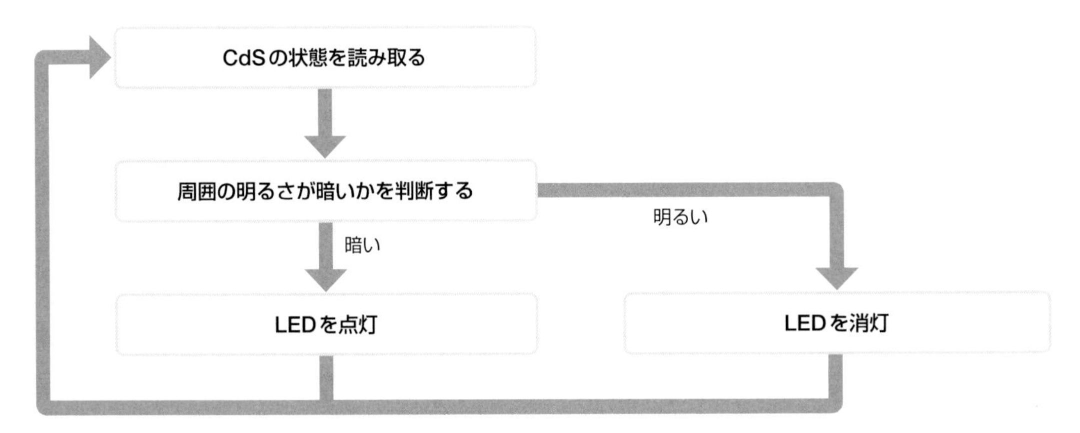

電子部品の接続

次に電子部品をArduinoに接続して制御できるようにしましょう。作成には以下のような部品を利用しました。

- 白色LED ……………………………… 1個
- CdSセル（GL5528） ………………… 1個
- 抵抗（100Ω） ………………………… 1個
- 抵抗（10kΩ） ………………………… 1個
- ジャンパー線（オス―オス） ………… 5本

LEDは、Chapter 5-1で説明したように接続します。ただし、白色LEDはChapter 5-1で利用した赤色LEDの順電圧が異なります。このため、適当な抵抗を接続する必要があります。今回利用する白色LEDの「**OSW44P5111A**」の順電圧は2.9V、順電流は30mAとなっています。p.100で説明したように計算すると抵抗は70Ωとなります。よって、それよりも大きい100Ωの抵抗を電子パーツショップで選択すると良いでしょう。LEDはPD10ソケットに接続することにします。

CdSは、Chapter 5-4で説明したように接続します。ここでは、PA0ソケットに接続することとします。

回路図は以下のようになります。

● 自動点灯ライトの回路図

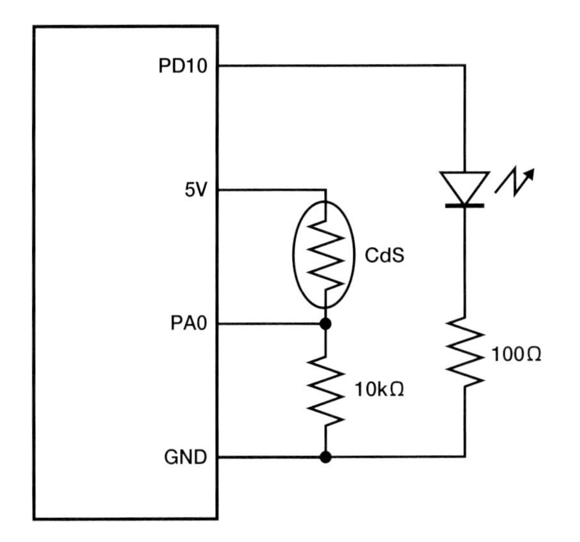

　ブレッドボード上に、右の図のように作成します。

●自動点灯ライトの接続図

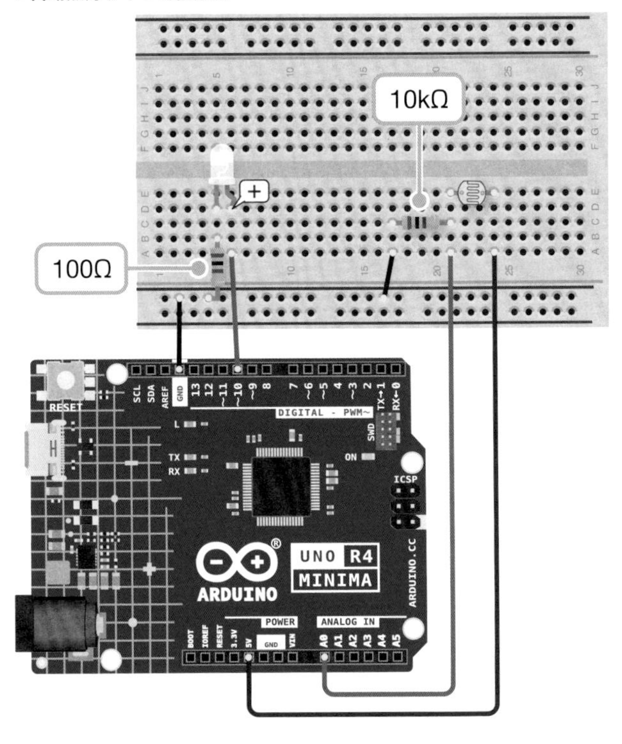

プログラムを作成する

　最後にプログラムを作成しましょう。プログラムはp.176で作成したフローを確認しながら作ります。プログラムは次ページのようになります。

●周囲の明るさによって点灯・消灯を切り替えるプログラム

sotech/7-2/auto_led.ino

```
int LED_SOCKET = 10;                         ①LED制御用のソケット番号を指定します
int CDS_SOCKET = A0;                         ②CdSを接続したソケット番号を指定します

int LED_ON = 100;                            ③LEDを点灯するしきい値

void setup() {
    pinMode(LED_SOCKET, OUTPUT);
}

void loop() {
    int value;
    value = analogRead( CDS_SOCKET );        ④アナログ入力でCdSの状態を読み取る
    if ( value < LED_ON ){                   ⑤CdSの入力と③の値を比べる
        digitalWrite( LED_SOCKET, HIGH );    ⑥暗い場合はLEDを点灯する
    } else {
        digitalWrite( LED_SOCKET, LOW );     ⑦明るい場合はLEDを消灯する
    }

    delay( 1000 );
}
```

①LEDを接続したソケットを指定します。今回はPD10に接続したため、変数名「LED_SOCKET」を「10」と指定します。

②CdSを接続したソケットを指定します。今回はPA0に接続したため、変数名「CDS_SOCKET」を「A0」と指定します。

③暗くなったと判断するCdSのアナログ入力のしきい値を指定（0～1023の範囲）します。実際には、周囲を暗くしてCdSのアナログ入力の値を確認して「LED_ON」に設定します。

④CdSの状態をアナログ入力します。値は0～1023の範囲で入力されます。Chapter 5-4ではアナログ入力した値を電圧に変換しましたが、ここではアナログ入力の値をそのまま利用することにします。

⑤CdSの入力の値と③で設定したLEDを点灯するしきい値を比べます。

⑥CdSの入力値がしきい値よりも小さい場合はLEDを点灯します。

⑦CdSの入力値がしきい値よりも大きい場合はLEDを消灯します。

作成が完了したらArduinoにプログラムを転送しましょう。その後、部屋を暗くするとLEDが点灯します。

風量を調節できる扇風機を作る

モーターを使って扇風機を作成してみましょう。ここでは、モーターに羽根を取り付けて風を送れるようにし、さらにスイッチでモーターの回転速度を変えられるようにして、扇風機の風量を調節できるようにしています。

風量を調節できる扇風機

市販されている扇風機は風量を調節できるようになっていることが一般的です。暑ければフルで回転させ強い風量で涼み、夜は寝冷えをしないよう、風量を抑えておくような使い方ができます。

ここではモーターに羽根を付けて扇風機を作成してみます。この際、スイッチで風量を強くしたり弱くしたり調節できるようにしてみましょう。

●モーターに羽根を付ければ風量を調節できる

動作の手順

扇風機の動作を考えます。モーターは、**PWM**出力することで回転速度を調節できます（PWMについてはChapter5-5を参照）。PWMのHIGHの割合が少なければゆっくり回転し、多くすれば速く回転できます。この割合を変化するようにします。

調節には、2つのタクトスイッチを使うことにします。速度を速くするスイッチと、遅くするスイッチを用意し、スイッチを押すことで変化するようにします。つまり、速くするスイッチを押したらPWM出力のHIGHの割合を増やしてモーターを高速で回転させるようにします。逆に遅くするスイッチを押すと、PWM出力のLOWの割合を増やして低速で回転させます。

●扇風機の機能を実現する電子部品

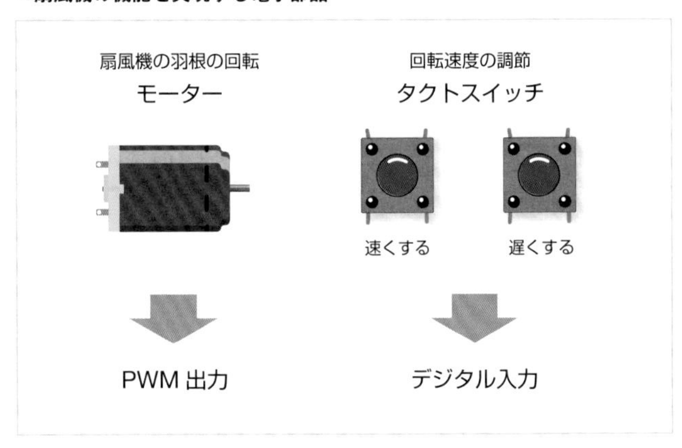

動作の手順は下図のようにします。PWM出力する値を変数に格納しておきます。速くするスイッチを押すとPWMの出力を5増やし、遅くするスイッチを押すと5減らすようにしています。この値をPWMで出力してモーターの速度を調節します。

●扇風機のフロー

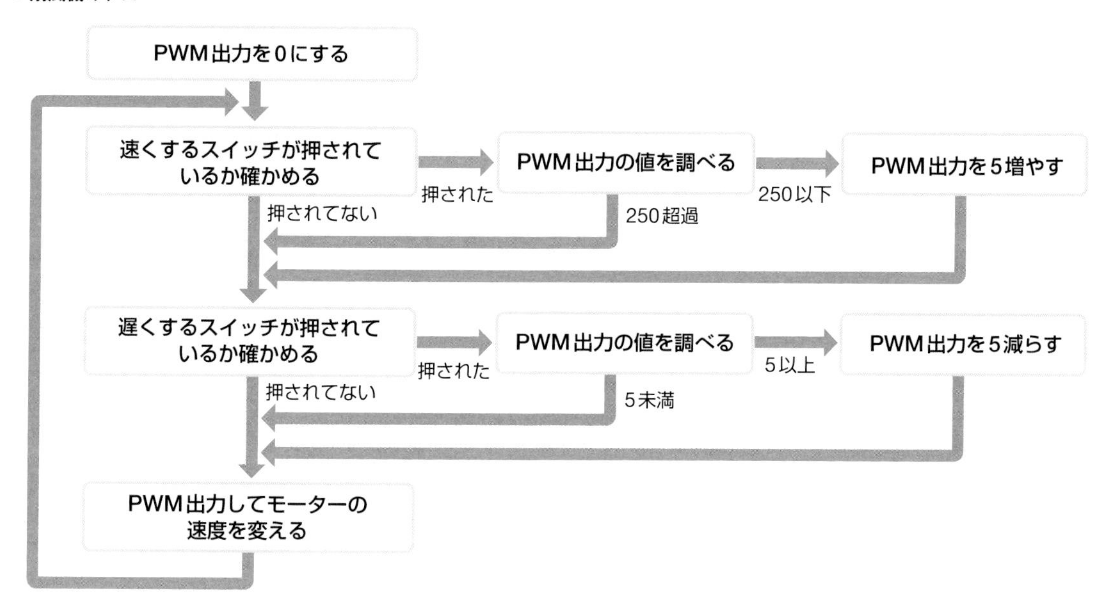

電子部品の接続

次に電子部品をArduinoに接続して制御できるようにしましょう。作成には次のような部品を利用しました。

- DCモーター「FA-130RA」……1個
- モーター制御用ICモジュール
  「DRV8835使用ステッピング&DCモータドライバモジュール」……1個
- タクトスイッチ……2個
- 抵抗(1kΩ)……2個
- コンデンサー(1μF)……1個
- 単3×2電池ボックス……1個
- 単3電池……2個
- ジャンパー線(オス—オス)……12本
- 3枚プロペラ(中)……1個

タクトスイッチはChapter 5-2、モーターはChapter 5-5で説明したように接続します。この際、注意が必要なのが、モーターは回転速度を変化できるよう、PWM出力に対応したソケットに接続することです。ここでは、PD5に接続することにします。

　また、速度を速くするタクトスイッチはPD2、遅くするタクトスイッチはPD3に接続します。

　回路図は次のようになります。

●扇風機を制御する回路図

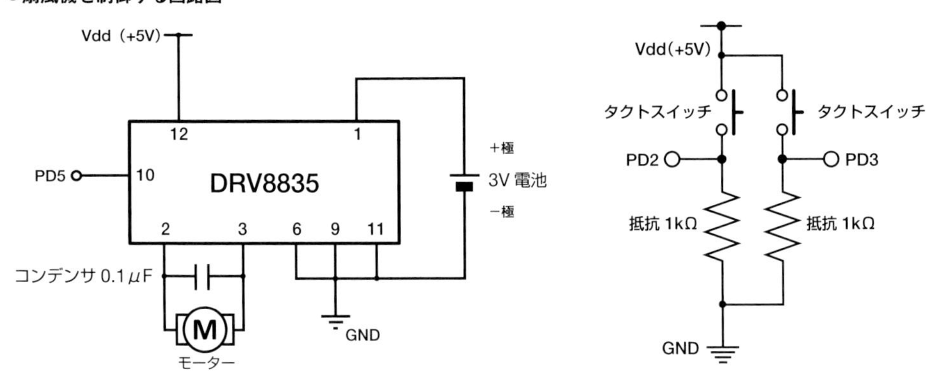

　ブレッドボード上に、下図のように扇風機の制御回路を作成します。扇風機が逆回転してしまう場合は、DCモーターの配線を逆に接続し直しましょう。

●扇風機の制御回路をブレッドボード上に作成

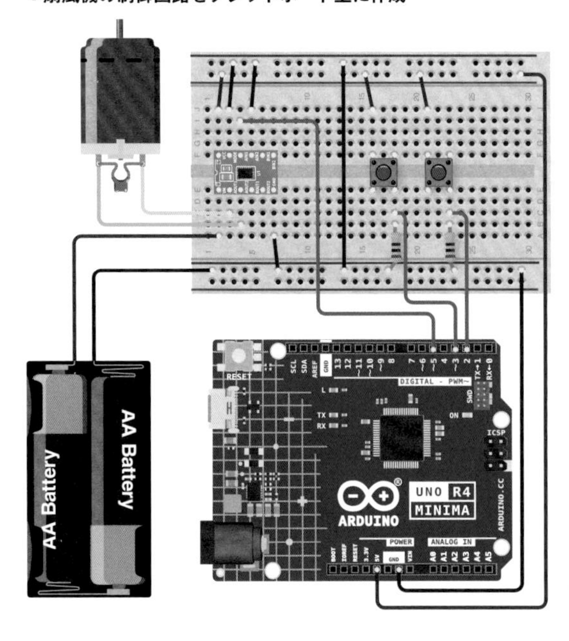

■ プログラムを作成する

最後にプログラムを作成しましょう。プログラムはp.181で作成したフローを確認しながら作るようにします。プログラムは、次のようになります。

●ボタンで段階的に扇風機の風量を制御する

sotech/7-3/fan_control.ino

```
int FAN_SOCKET = 5;
int BUTTON1_SOCKET = 2;
int BUTTON2_SOCKET = 3;
int fan_out = 0;

void setup() {
    pinMode(FAN_SOCKET, OUTPUT);
    pinMode(BUTTON1_SOCKET, INPUT);
    pinMode(BUTTON2_SOCKET, INPUT);
}

void loop() {
    if ( digitalRead(BUTTON1_SOCKET) == HIGH ){
        if ( fan_out <= 250 ) {
            fan_out = fan_out + 5;
        }
        while ( digitalRead(BUTTON1_SOCKET) == HIGH ){
            delay ( 100 );
        }
    } else if ( digitalRead(BUTTON2_SOCKET) == HIGH ){
        if ( fan_out >= 5){
            fan_out = fan_out - 5;
        }
        while ( digitalRead(BUTTON2_SOCKET) == HIGH ){
            delay ( 100 );
        }
    }
    analogWrite( FAN_SOCKET, fan_out );
    delay (100);
}
```

①扇風機制御用のソケット番号を指定します
②制御用タクトスイッチのソケット番号を指定します
③扇風機制御用の出力を格納する変数
④扇風機制御用ソケットを出力に設定します
⑤タクトスイッチのソケットを入力に設定します
⑥PD2に接続されたタクトスイッチが押されているか確認します
⑦fan_outが250以下の場合は値を5増やします
⑧タクトスイッチが離されるまで待機します
⑨PD3に接続されたタクトスイッチが押されているか確認します
⑩fan_outが5以上の場合は値を5減らします
⑪タクトスイッチが離されるまで待機します
⑫扇風機の制御用ソケットにPWMで値を出力します

最初に変数を使って各ソケットの番号を設定しておきます。

①モーターを制御するPWM出力するソケットはPD5に接続したため、変数名「FAN_SOCKET」を「5」と指定します。

②今回は制御のためタクトスイッチの状態をデジタル入力するため、「BUTTON1_SOCKET」と「BUTTON2_SOCKET」変数を準備し、それぞれPD2ソケットの「2」、PD3ソケットの「3」を指定します。

PWMでの出力は0から255までの256段階で出力します。これは0Vの場合が「0」、5Vの場合が「255」となり、その間を256段階に分けています。例えば、約3V出力したい場合は「153」を出力します。

③このPWMで出力する値を格納しておく変数「fan_out」を作成しておき、初期値として0Vの「0」を指定しておきます。

setup()関数では、各ソケットのモードを設定しておきます。

④モーターの制御に利用するPD5は出力をするため「OUTPUT」に設定します。

⑤タクトスイッチは入力のため、PD2、PD3のいずれも「INPUT」と設定しておきます。

loop()関数内に制御プログラムの中心を作成します。まず、各タクトスイッチの状態を確認するプログラムを作成します。

⑥PD2の接続されたタクトスイッチの状態は、「digitalRead(BUTTON1_SOCKET)」で確認でき、ボタンが押されているか（HIGH）を判別します。また、PWMの出力は最大255までとなっています。そのため出力が255を超えないように考慮が必要となります。

⑦そこで、「fan_out」の現在の値を確認し、「250」以下の場合に「5」増やすようにします。

⑧1回タクトスイッチを押すと1段階のみ上がるように制限するため、タクトスイッチが離されるまでそのまま待機するようにします。

同様にPD3のタクトスイッチが押された場合に回転数を落とすようにします。

⑨PD3のタクトスイッチが押されているかを確認します。

⑩もし、押されている場合は現在の出力の値が「5」以上であることを判断し、大きい場合は5減らすようにします。

⑪また、タクトスイッチが離されるまで待機するようにしておきます。タクトスイッチの状態を確認したら、PWMで出力します。

⑫出力には「analogWrite()」関数を利用します。この中に対象となるソケットの番号、出力の値の順にカンマで区切って指定します。今回は、出力するソケットが「FAN_SOCKET」、出力する値が「fan_out」となります。

作成が完了したらArduinoにプログラムを転送しましょう。その後、PD2のタクトスイッチを何度か押すとモーターが回り始めます。さらに押すと次第に回転速度が上がります。逆にPD3のタクトスイッチを押していくと、回転速度が遅くなります。

もし、モーターの回転方向が逆になってしまった場合は、モーターの端子を逆に接続することで正しい方向に回転できます。

快適度を調べる

部屋の快適さは、温度と湿度から求めることができます。現在の室内が快適かどうかを判定し、キャラクタデバイスに表示してみます。

■ 室内の快適度を調べる

室内が過ごしやすいかは、温度と湿度を調べることで分かります。もし不快だと分かれば、エアコンや加湿器、除湿器などを使って快適になるよう調節するのに役立ちます。

ここでは、快適であるか不快であるかを判別するようにしてみます。また、この方法を応用して、エアコンや加湿器、除湿器などと連携して動かすようにすれば、自動的に室内を快適な状態に保てます。

●快適か不快かを調べて表示する

快適な場合

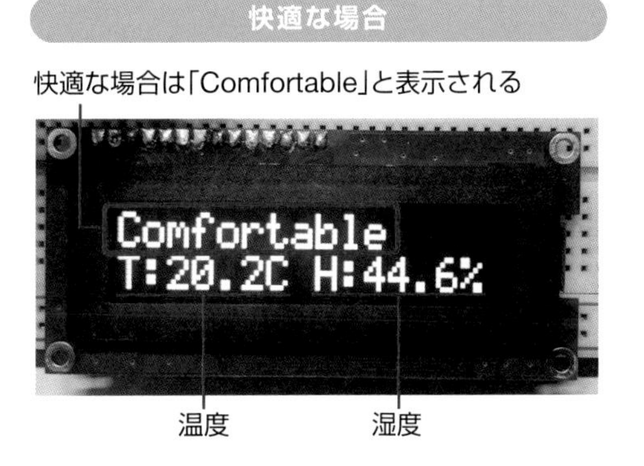

不快な場合

快適さを判断する方法

快適さを調べるには、**不快指数**を求めることで判断できます。不快指数は計測した温度と湿度から以下の式に当てはめることで求めることが可能です。

●不快指数を求める計算式

$$\text{不快指数} = 0.81 \times \text{温度} + \frac{0.99 \times \text{温度} - 14.3}{100} \times \text{湿度} + 46.3$$

求めた不快指数は、人間の感覚と以下のような関係があります。例えば、不快指数が52である場合は寒い、68の場合は快適、80の場合は暑く不快と判断できます。

つまり、計測した温度と湿度から求めた不快指数が、60～70の範囲内であれば、室内は快適であると判断できます。

●不快指数と体感の関係

不快指数	体感
～55	寒い
55～60	肌寒い
60～65	何も感じない
65～70	快適
70～75	暑くはない
75～80	やや暑い
80～85	暑くて汗が出る
85～	暑くてたまらない

動作の手順

不快であるか判断するには、温湿度センサーで室内の温度を計測します。そして、前述した計算式を利用して不快指数を求めて、60～70の範囲内であれば快適、それ以外であれば不快と判断します。結果は有機キャラクタデバイスに表示するようにします。

この処理を1秒間隔で更新するようにすれば、リアルタイムで部屋の快適度を確認できます。

この手順をまとめると次の図のようになります。

●快適であるかを判断するフロー

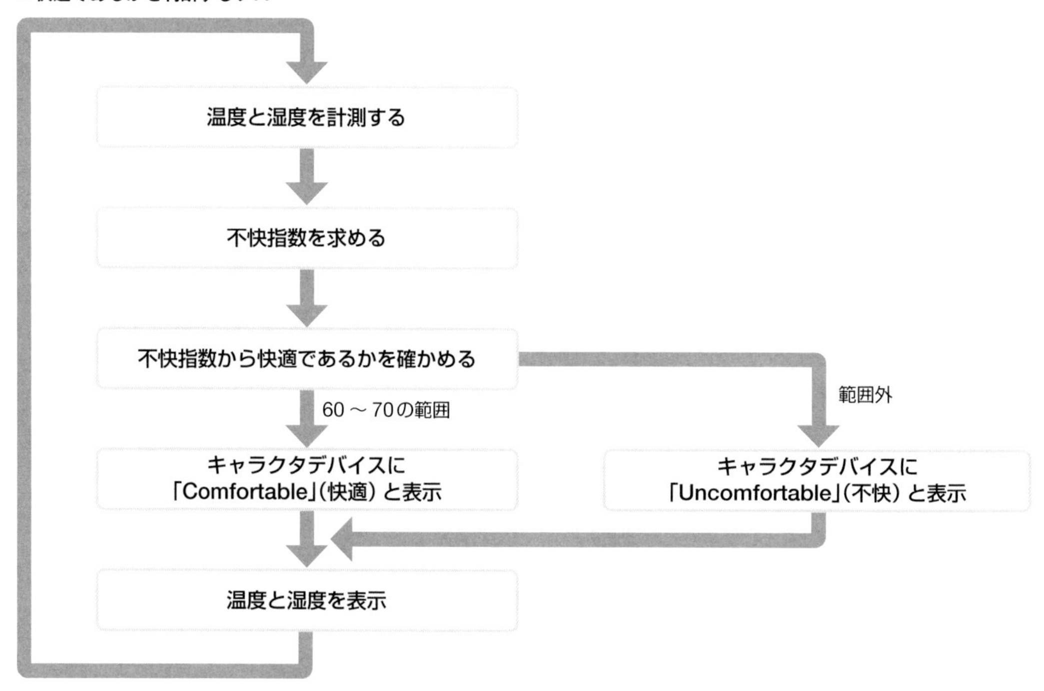

電子部品の接続

次に電子部品をArduinoに接続して制御できるようにしましょう。作成には次のような部品を利用しました。

- 温湿度センサー「SHT31-DIS」………………………………………………… ×1
- 有機ELキャラクタデバイス「SO1602AWWB-FLW-FBW」……… ×1
- I²Cバス用双方向電圧レベル変換モジュール……………………………… 1個
- ジャンパー線…………………………………………………………………………… 15本

温湿度センサーはChapter 6-2、有機ELキャラクタデバイスはChapter 6-3で説明したように接続します。この際、温湿度センサー、有機ELキャラクタデバイスのいずれもI²Cで制御します。そこで、ArduinoからのSDA、SCLの通信線は、枝分かれしてそれぞれのデバイスに接続するようにします。

回路図は次のようになります。

Part 7

●快適度を判断する回路図

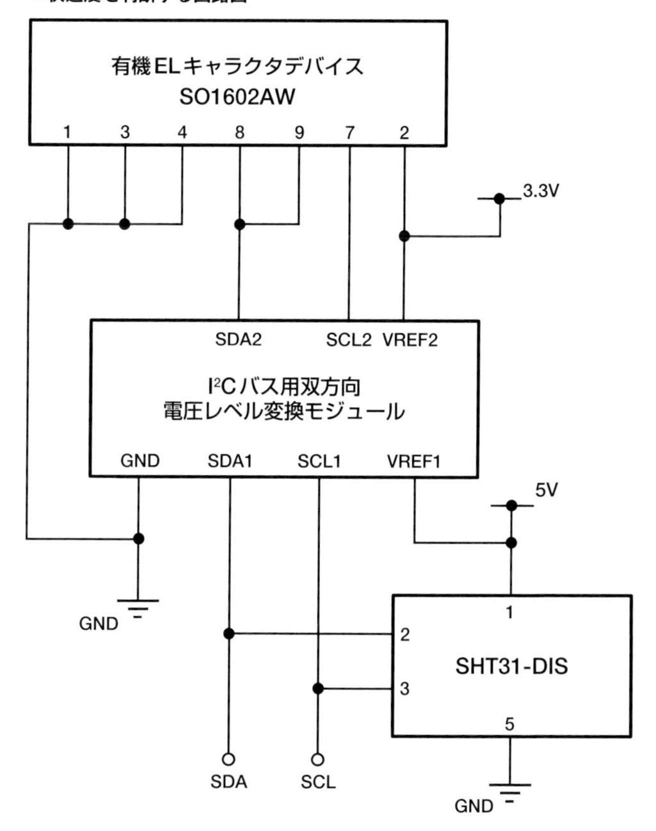

ブレッドボード上に、次の図のように作成します。

●センサーやキャラクタデバイスをブレッドボード上に作成

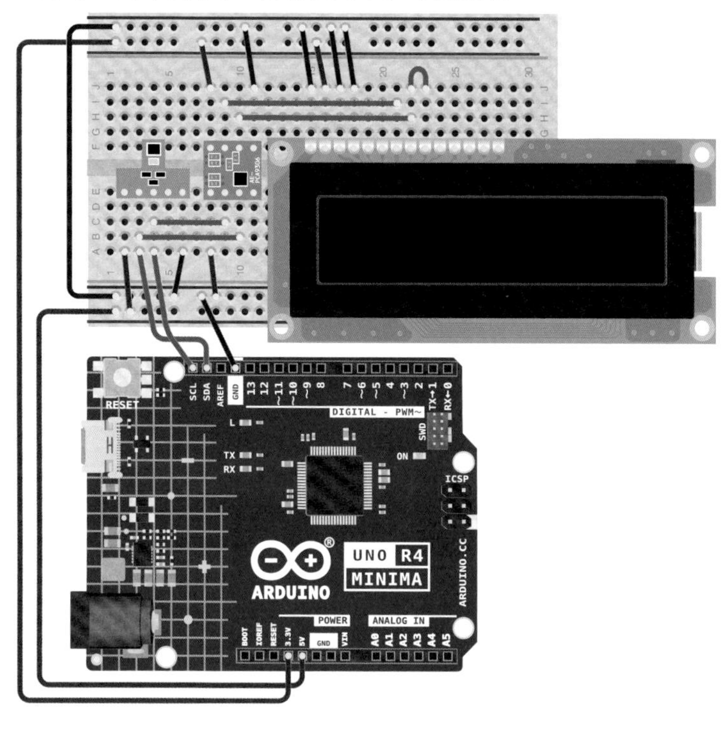

■プログラムを作成する

次にプログラムを作成しましょう。プログラムはp.186で作成したフローを確認しながら作るようにします。プログラムは、次のようになります。

●快適度を判断するプログラム

sotech/7-4/confort.ino

```
#include <Wire.h>
#include <SO1602.h>

#define SO1602_ADDR 0x3c
#define SHT31_ADDR 0x45

SO1602 oled( SO1602_ADDR );
```

①温湿度センサーと有機ELキャラクタデバイスのI^2Cアドレスを指定します

次ページへつづく

```
void setup()
{
    Wire.begin();
    oled.begin();
    oled.set_cursol( 0 );
    oled.set_blink( 0 );

    Wire.beginTransmission( SHT31_ADDR );
    Wire.write( 0x30 );
    Wire.write( 0xa2 );
    Wire.endTransmission();
    delay( 500 );

    Wire.beginTransmission( SHT31_ADDR );
    Wire.write( 0x30 );
    Wire.write( 0x41 );
    Wire.endTransmission();
    delay( 500 );
}

void temp_humi( float *temp, float *humi )
{
    unsigned int dac[6];
    unsigned int i, t ,h;

    Wire.beginTransmission( SHT31_ADDR );
    Wire.write( 0x24 );
    Wire.write( 0x00 );
    Wire.endTransmission();
    delay( 300 );

    Wire.requestFrom( SHT31_ADDR, 6 );
    for ( i = 0 ; i < 6 ; i++ ){
        dac[i] = Wire.read();
    }
    Wire.endTransmission();

    t = ( dac[0] << 8 ) | dac[1];
    *temp = (float)(t) * 175 / 65535.0 - 45.0;
    h = ( dac[3] << 8 ) | dac[4];
    *humi = (float)(h) / 65535.0 * 100.0;
}

void loop()
{
    float temp, humi, index;
    char temp_str[16];

    while( 1 ){
        temp_humi( &temp, &humi );
```

②有機ELキャラクタデバイスを初期化します

③温湿度センサーを初期化します

④温湿度を取得する関数

⑤温湿度を取得します

次ページへつづく

```
        index = 0.81 * temp + 0.01 * humi * ( 0.99 * temp - 14.3 ) + 46.3;
                                                                ⑥不快指数を求めます
        if( index >= 60 and index <= 70 ){
            oled.move( 0x00,0x00 );
            oled.charwrite( "Comfortable  " );
        }else{                                          ⑦快適であるかを判断し、キャラク
            oled.move( 0x00,0x00 );                      タデバイスに結果を表示します
            oled.charwrite( "Uncomfortable" );
        }

        sprintf( temp_str,"T:%.1fC H:%.1f%%  ", temp, humi );
        oled.move( 0x00, 0x01 );                        ⑧温度と湿度をキャラクタ
        oled.charwrite( temp_str );                      デバイスに表示します

        delay(1000);
    }
}
```

①今回利用する温湿度センサーと有機ELキャラクタデバイスのI^2Cアドレスを指定しておきます。

②有機ELキャラクタデバイスの初期化をしておきます。この際、カーソルを非表示にしておきます。

③温湿度センサーを初期化します。

④温室センサーの計測値をセンサーから取得して、温度と湿度を取得できるよう関数を用意しておきます。関数では、引数に指定した変数に温度と湿度が格納されるようにしています。

⑤温度と湿度を取得します。引数に計測した温度と湿度を格納する変数を指定しておきます。

⑥取得した温度と湿度から、p.185の計算式に当てはめて不快指数を求めます。

⑦不快指数が60から70の範囲内であるかを確認し、範囲内の場合はキャラクタデバイスの1行目に「Comfortable」と表示します。範囲外の場合は「Uncomfortable」と表示します。

⑧温度と湿度をキャラクタデバイスの2行目に表示します。この際、温度と湿度は小数点1桁まで表示するようにします。

プログラムを作成したらArduinoに転送します。すると、温湿度を計測し結果がキャラクタデバイスに表示されます。温湿度センサーを温めたり、息を吹きかけたりして温度や湿度を変化させ、快適、不快の表示が切り替わることを確認しましょう。

Part 8

Arduino UNO R4の応用

Arduino UNO R4 WiFiは最初から無線LAN機能が利用できます。無線LANアクセスポイントに接続することで、パソコンや他のマイコン、インターネットを介してサーバーなどとの通信も可能です。また、Arduino UNO R4に標準搭載されているリアルタイムクロックを利用すると、日時をハードウェアで管理することができます。さらに、Arduino UNO R4 WiFiであれば、日時情報を提供するNTPサーバーから現在日時を取得して、正確な時間をArduinoに設定できます。

Arduino UNO R4 WiFiで無線LAN通信をする

Arduino UNO R4 WiFiでは、無線モジュールを標準で搭載しており、無線LANアクセスポイントに接続できます。インターネットへ接続してArduinoの各センサーの状態を外出先から確認したり、外出先からArduinoを遠隔操作したりできます。

■ 無線機能を搭載したArduino UNO R4 WiFi

パソコンやスマートフォンは言うに及ばず、最近はデジカメやゲーム機、さらにテレビやエアコンなどの家電製品もネット接続できることが一般的になりました。インターネットに接続してWebサイトの情報を取得したり、逆に自宅の家電をインターネット経由で操作したりといったことが可能です。Arduino UNO R4 WiFiは無線モジュールを標準で搭載した製品です。無線LANやBluetoothでの通信ができます。

ネットワークに接続できれば、Arduinoに接続している各種センサーで取得した情報を外出先から確認することも可能です。Arduinoの遠隔操作も可能になり、例えば外出先からArduinoを介してエアコンの電源を入れるなどといった応用ができます。

無線LANを用いればケーブル不要で通信が可能なので、利用方法にも幅が出ます。Arduinoをバッテリー駆動の回路にすれば、ラジコンのような制御も可能です。

●Arduino UNO R4 WiFiに搭載する無線LANモジュール

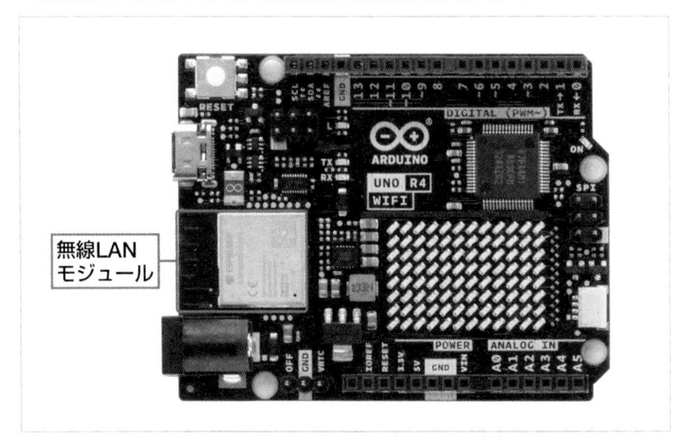

NOTE

無線モジュールを搭載しない Arduino で通信をする

本書で紹介するArduino UNO R4 WiFiや、ほかにArduino UNO WiFi Rev2、Arduino Nano 33 IoTなどは無線モジュールを搭載しているため、そのままで通信ができます。無線モジュールを搭載していないArduinoのモデルの場合、そのままでは無線通信はできませんが、無線モジュールを別途接続することで通信が可能です。例えばArduino社の「Arduino Ethernet Shield 2」やAdafruit社の「AirLift Shield」などの無線モジュールのシールド（機能拡張用のアドオンボード）をArduino UNOなどに装備すれば、Arduino UNO R4 WiFiと同じように通信が可能です。なお、シールド以外にもESP-WROOM-02といった無線LANに対応したマイコンや無線モジュールを配線で接続する事でも通信ができるようになります。
通信方法は無線LANモジュールによって異なります。本書で説明するArduino UNO R4 WiFiのプログラムを利用しても通信できないため、注意してください。

●Arduino社の「Arduino Ethernet Shield 2」

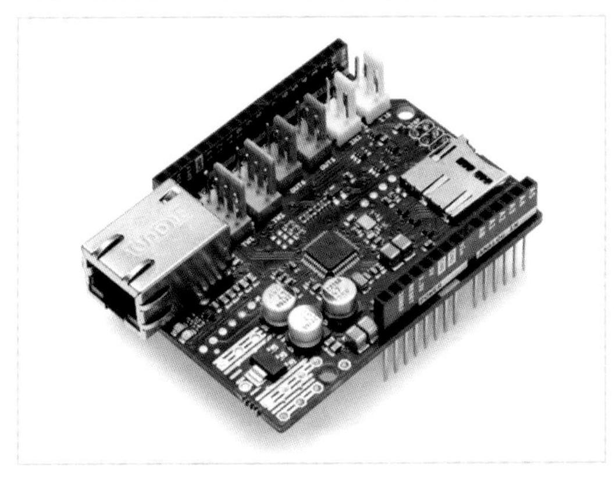

●Adafruit社の「AirLift Shield」

■ アクセスポイントの探索

まず、Arduinoで利用可能なアクセスポイントを探索してみましょう。

Arduinoでアクセスポイントを探すためのプログラムは、ArduinoがGitHUBに用意しています。パソコンのWebブラウザでサンプルファイルのページ（https://github.com/arduino/ArduinoCore-renesas/blob/main/libraries/WiFiS3/examples/ScanNetworks/ScanNetworks.ino）を表示し、プログラムの右上にあるダウンロードボタンをクリックして保存しておきます。

●アクセスポイントを表示するサンプルプログラム「ScanNetworks.ino」をダウンロードする

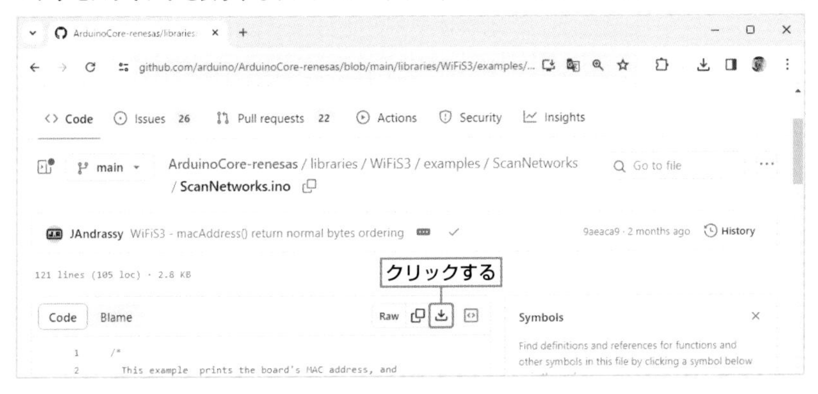

ダウンロードしたファイルをArduino IDEで開き、プログラムをArduinoに転送します。

次に、シリアルモニターを表示すると、Arduino UNO R4 WiFiで利用可能なアクセスポイントが表示されます。

●プログラムを転送するとアクセスポイントが表示される

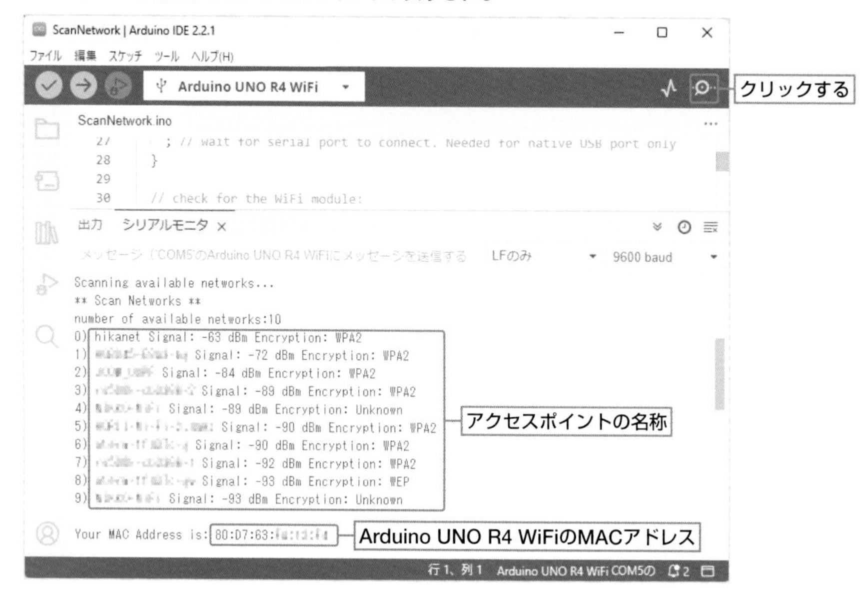

▪ アクセスポイントに接続する

無線LANで通信するには、アクセスポイントに接続する必要があります。

アクセスポイントへの接続設定はプログラムで指定します。無線LANの接続には次の設定情報が必要です。あらかじめ自分の環境の情報を調べておきましょう。

設定項目	例
アクセスポイントの名称（SSID）	hikanet
暗号化鍵	password

ここでは暗号方式にWPAを利用する方法を説明します。次のようにプログラムを作成します。

● 無線LANアクセスポイントに接続

sotech/8-1/wifi_connect.ino

```
#include "WiFiS3.h"                    ①WiFiモジュールに利用するライブラリを読み込みます

char ssid[] = "<SSID>";                ②接続する無線LANアクセスポイントへの接続情報を指定します。<SSID>に
char pass[] = "<暗号化鍵>";              はアクセスポイントのSSIDを、<暗号化鍵>には暗号化鍵を指定します

int status = WL_IDLE_STATUS;

void setup() {
    Serial.begin(9600);

    if ( WiFi.status() == WL_NO_MODULE ) {
        Serial.println("Failed to WiFi communication.");    ③無線LANモジュールが利用でき
        while (true);                                          るかを確認します
    }

    while (status != WL_CONNECTED) {
        Serial.print("Try Conectting to ");
        Serial.println(ssid);
        status = WiFi.begin(ssid, pass);            ④無線LANアクセスポイントへの接続を試みます

        delay(10000);
    }

    Serial.print( "Connected to ");
    Serial.println( WiFi.SSID() );

    IPAddress ip = WiFi.localIP();                ⑤接続が完了したらIPアドレスを表示します
    Serial.print("IP Address: ");
    Serial.println(ip);
}

void loop() {
}
```

①Arduino UNO R4 WiFiに搭載する無線LANモジュールを利用するためのライブラリ「WiFiS3」を利用できるようにします。無線通信をする場合は必ず最初に読み取るようにしておきます。

②接続する無線LANアクセスポイントへの接続情報を指定します。「<SSID>」にはアクセスポイントのSSIDを、「<暗号化鍵>」には暗号化鍵を指定します。

③無線LANモジュールを正常に認識できるかを確認します。Arduino UNO R4 Minimaのように無線LANモジュールを搭載しないモデルであれば「Failed to WiFi communication.」と表示され、その後の処理は行われません。

④接続を試みます。WiFi.begin()で接続処理をします。この際、アクセスポイントのSSIDと暗号化鍵を指定します。statusが接続できたことを表す「WL_CONNECTED」になるまで繰り返します。

⑤接続が完了したらWiFi.localIP()で割り当てられたIPアドレスを取得し、表示します。

プログラムが作成できたらArduinoへ転送します。シリアルモニターを表示すると、「Try Connect to SSID名」と表示され、指定したアクセスポイントに接続が試みられます。成功すれば「Connected to SSID名」と表示され、その後に割り当てられたIPアドレスが表示されます。

●無線LANアクセスポイントへの接続

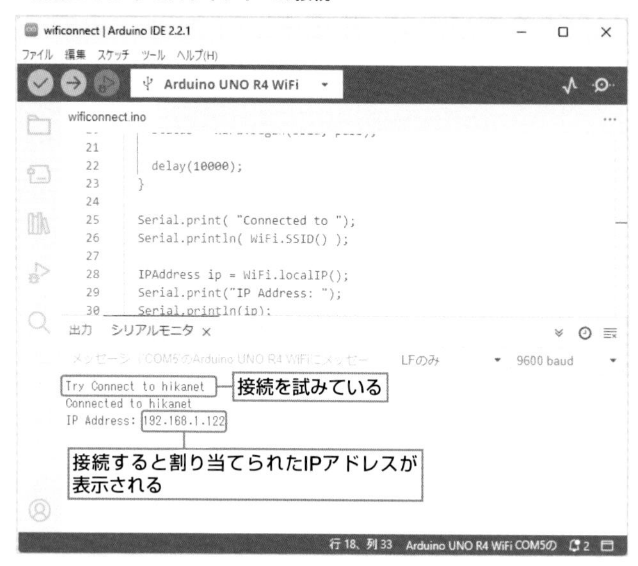

■ Webページを取得する

無線LANアクセスポイントに接続できるようになったら、実際に通信をしてみましょう。指定したWebページにアクセスし、情報を取得してみます。ここでは、本書で用意したWebページにアクセスし、ページの内容を表示してみましょう。

次のようにプログラムを作成します。

●Webページを取得する

sotech/8-1/wifi_website.ino

```
#include "WiFiS3.h"

char ssid[] = "<SSID>";
char passwd[] = "<暗号化鍵>";

int status = WL_IDLE_STATUS;

char server[] = "www.sotechsha.co.jp";
char pagepath[] = "/sp/1330/arduino_test.html";

WiFiClient client;

void setup() {
    Serial.begin(9600);

    if (WiFi.status() == WL_NO_MODULE) {
        Serial.println("Failed to WiFi communication.");
        while (true);
    }

    while (status != WL_CONNECTED) {
        Serial.print("Try Connect to ");
        Serial.println(ssid);
        status = WiFi.begin(ssid, pass);

        delay(10000);
    }

    Serial.print( "Connected to ");
    Serial.println( WiFi.SSID() );

    IPAddress ip = WiFi.localIP();
    Serial.print("IP Address: ");
    Serial.println(ip);
}

void loop(){
    char buf;

    if ( client.connect(server, 80) ) {
        client.print("GET ");
        client.print(pagepath);
        client.println(" HTTP/1.1");
        client.print("Host: ");
        client.println(server);
        client.println("Connection: close");
        client.println();
    } else {
```

①無線LANアクセスポイントの接続情報を設定します

②アクセス先のホスト名を指定します

③アクセスするWebページを指定します

④クライアントとしてネットワークを利用するためWiFiClientクラスでインスタンスを作成します

⑤無線LANアクセスポイントへ接続を試みます

⑥Webサーバーへ接続します

⑦WebサーバーにWebページをリクエストします

次ページへつづく

Part 8

```
            Serial.println("connection failed"); ―⑧接続に失敗した場合にエラーメッセージを表示します
        }

        while ( client.connected() ) { ―⑨Webサーバーにアクセスしている間処理します
            if ( client.available() ) { ―⑩Webサーバーから取得したデータを確認し、データがある場合に処理します
                buf = client.read(); ―┐
                Serial.print(buf);  ―┴⑪取得したデータを1文字ずつシリアルモニタに表示します
            }
        }

        client.stop(); ―⑫Webサーバーとの接続を切ります

        delay(600000);
}
```

①前述のプログラム同様に接続先のアクセスポイントの情報を指定します。

②アクセス先のWebサイトのホスト名を「server」変数に指定します。指定する場合は、プロトコルを表す「http://」やホスト名の後に続くフォルダやファイル名は省きます。例えば、アクセス先URLが「http://www.sotechsha.co.jp/sp/1330/arduino_test.html」であれば、「www.sotechsha.co.jp」のみ指定します。

③アクセスするWebページのフォルダおよびファイル名を指定します。上記したURLであれば、ホスト名の後の「/sp/1330/arduino_test.html」を指定します。この際、初めの「/」は必ず入れるようにします。

④Arduinoをクライアントとしてサーバーにアクセスする場合は、「WiFiClient」クラスを利用します。WiFiClientクラスでインスタンス「client」を作成しておきます。

⑤無線LANアクセスポイントへ接続を試みます。接続が完了するまで何度も接続をトライします。

⑥Webサーバーへ接続します。接続には「インスタンス名.connect()」関数を利用します。関数には、接続先のホスト名、ポート番号を指定します。Webサーバーにアクセスする場合は、ポート番号に「80」を指定します。

⑦正常に接続した場合は、WebサーバーにWebページをリクエストします。ホスト名やWebページなどを、Webサーバーに所定の方法でリクエストする必要があります。

⑧正常にアクセスできなかった場合は、シリアルモニタに接続が失敗したメッセージを表示します。

⑨接続が完了したら、Webサーバーから取得した内容を表示します。まず、Webサーバーに接続している間はwhile()文で繰り返し処理するようにします。また、Webサーバーに接続しているかは「インスタンス名.connected()」関数を用います。接続中は「true」、切断されている場合は「false」を返します。

⑩Webサーバーでリクエストを受理すると、その返事がArduinoに返ってきます。返ってきたデータはメモリー上に保持されるようになっています。まず、メモリー内にデータがある場合は表示処理をします。データがあるかは「インスタンス名.available()」関数を用います。するとデータのバイト数が返ります。

⑪データは「インスタンス名.read()」で1文字ずつ取得できます。取得文字をシリアルモニタに表示します。

⑫データを表示し終わったら、「インスタンス名.stop()」関数で接続を終了します。

作成できたらArduinoにプログラムを転送します。転送が完了したらシリアルモニタを表示します。

Webサイトにアクセスし、取得したページの内容を表示します。Webページの内容のほかに、「ヘッダ」と呼ばれるWebサイトやページについての情報が付加されています。Webページの本体の内容は、ヘッダの後に付加されています。

●Webページの内容を取得できた

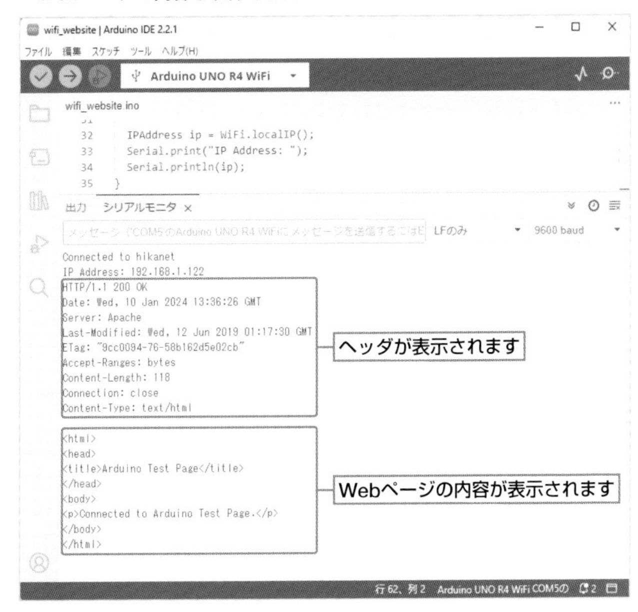

▪ 室内に人や動物がいるかをリモートで確認する

Arduino UNO R4 WiFiがネット接続できるようになったら、Arduinoをサーバーとして稼働させ外部からのアクセスに対してコンテンツを提供することも可能です。サーバーとして動作させておけば、Arduinoに接続しているセンサーの状態を他のパソコンやスマホなどから確認するなどといった利用もできます。

ここでは、赤外線人体検知センサーを利用して、室内に人やペット（熱源）がいるかを検知して、Webサーバーで確認できるようにしてみます。

人やペットを感知するセンサー

赤外線人体検知センサー「**焦電型赤外線センサー**」を利用すれば、周囲に人やペットなどの熱源が存在するかをArduinoで感知できます。

焦電型赤外線センサーは赤外線（熱）を検知します。動きのある熱源のみを検知して出力するので、人や動物を検知するのに適しています。熱源を検知した場合は入力している電源電圧を、何も検知していない場合は0Vを出力します。検出範囲は最大7mです。

●赤外線人体検知センサー「焦電型赤外線センサー」

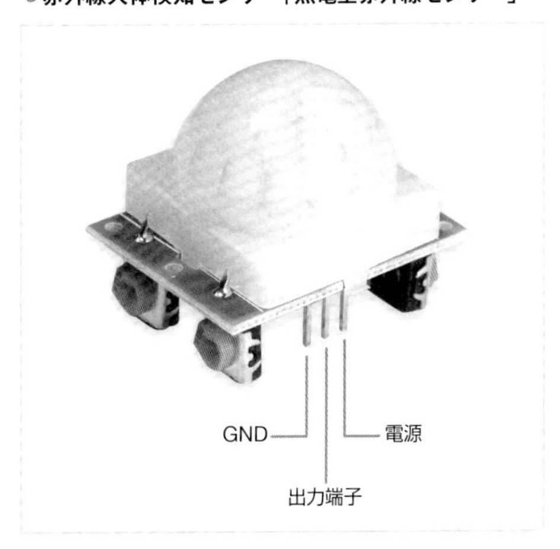

■ 電子回路を作成する

赤外線人体検知センサーをArduinoに接続して熱源を検知できるようにしましょう。今回利用する「焦電型赤外線センサー」は、熱源を検知していない場合には「0V」、検知した場合は「3.3V」を出力するようになっているので、プルアップやプルダウンの処理が必要ありません。そのため、ブレッドボードを利用せずに焦電型赤外線センサーを直接Arduinoに接続してもかまいません。

回路作成に利用する部品は次の通りです。

- 焦電型赤外線センサー……1個
- ジャンパー線（オス—メス）……3本

今回は焦電型赤外線センサーの状態をArduino UNO R4 WiFiの2番から取得するようにします。焦電型赤外線センサーの出力端子を2番に接続します。電源とGNDもそれぞれ接続しておきます。

● Arduinoと焦電型赤外線センサーの接続

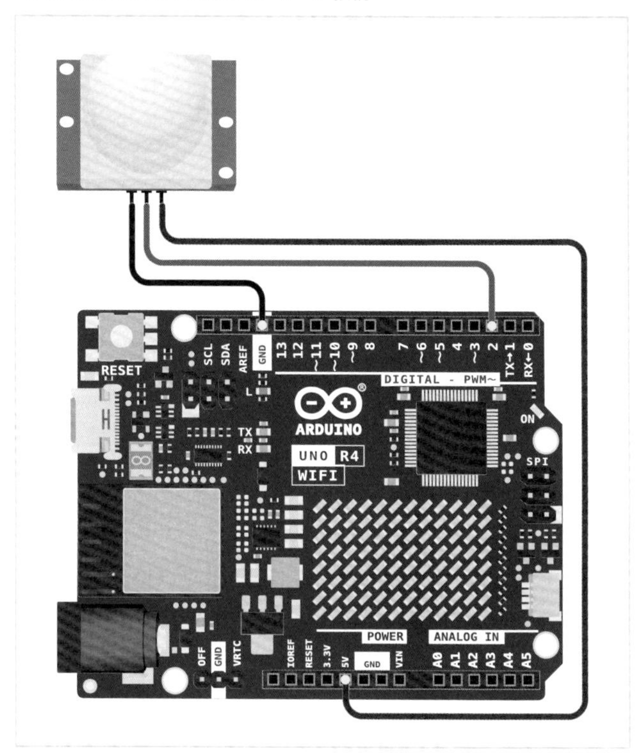

■ プログラムを作成する

回路が作成できたら、Arduinoにサーバープログラムを作成します。Arduino IDEで次のようにプログラムを入力します。

● 人がいるかをWebサイトで閲覧できるようにする

sotech/8-1/wifi_pir_server.ino

```
#include "WiFiS3.h"

const int PIR_SOCKET = 2;

char ssid[] = "<SSID>";
char passwd[] = "<暗号化鍵>";

int status = WL_IDLE_STATUS;

WiFiServer server( 80 );

void setup() {
    Serial.begin( 9600 );

    pinMode( PIR_SOCKET, INPUT );

    if (WiFi.status() == WL_NO_MODULE) {
        Serial.println("Failed to WiFi communication.");
        while (true);
    }

    while (status != WL_CONNECTED) {
        Serial.print("Try Connect to ");
        Serial.println(ssid);
        status = WiFi.begin(ssid, pass);

        delay(10000);
    }

    Serial.print( "Connected to ");
    Serial.println( WiFi.SSID() );

    IPAddress ip = WiFi.localIP();
    Serial.print("IP Address: ");
    Serial.println(ip);

    server.begin();
}

void loop(){
    char buf;
    boolean LineBlank;
    WiFiClient client = server.available();

    if ( client ){
        LineBlank = true;
        while ( client.connected() ){
            if ( client.available() ) {
```

①焦電型赤外線センサーを接続した端子を指定します

②接続する無線LANアクセスポイントの情報を指定します

③Webサーバーのインスタンスを作成します

④焦電赤外線センサーを接続した端子を入力モードにします

⑤無線LANアクセスポイントへ接続を試みます

⑥シリアルモニタに割り当てられたIPアドレスを表示します

⑦Webサーバーを初期化します

⑧サーバーに接続したクライアントをWiFiClientクラスでインスタンスとして扱います

⑨サーバーへ接続がある場合に処理を行います

⑩クライアントと接続を確立している場合に処理を繰り返します

⑪クライアントからのリクエストがある場合に処理します

次ページへつづく

```
                buf = client.read();

                if ( buf == '\n' && LineBlank ) {

                    client.println("HTTP/1.1 200 OK");
                    client.println("Content-Type: text/html");
                    client.println("Connection: close");
                    client.println("Refresh: 10");
                    client.println();
                    client.println("<!DOCTYPE HTML>");
                    client.println("<html><body>");

                    if ( digitalRead( PIR_SOCKET ) == 1 ){
                        client.print("<p>Someone is staying in the room.</p>");
                    } else {
                        client.print("<p>Nobody away from room.</p>");
                    }

                    client.println("</body></html>");
                    break;
                }
                if ( buf == '\n' ) {
                    LineBlank = true;
                } else if ( buf != '\r' ) {
                    LineBlank = false;
                }
            }
        }
        delay(1);
        client.stop();
    }
}
```

⑫クライアントからのリクエストを1文字取得します

⑬リクエストに空行がある場合にクライアントへデータを返送します

⑭クライアントへデータを送ります

⑮焦電赤外線センサーの状態に応じてメッセージを変えます

⑯繰り返し処理を終了します

⑰空行を見つけるため、改行コードを確認します

⑱クライアントとの接続を切断します

①焦電型赤外線センサーを接続した端子の番号を指定します。今回はPD2に接続したので「2」と指定します。

②無線LANアクセスポイントへ接続するための情報を指定します。

③ArduinoでWebサーバーを動作させるには、サーバー用のクラス「WiFiServer」クラスを利用し、インスタンスを作成しておきます。この際、リクエストを受け付けるポート番号を指定しておきます。Webサーバーの場合は「80」を指定します。

④焦電赤外線センサーを接続したソケットを入力モードに切り替えます

⑤無線LANアクセスポイントへ接続を試みます。

⑥割り当てられたIPアドレスを表示します。Webブラウザからアクセスする場合はこのIPアドレスを指定します。

⑦「インスタンス名.begin()」関数を利用して、サーバーを初期化します。次に、クライアントからのリクエストを受け付けた際の処理をします。

⑧Webサーバーにリクエストしたクライアント処理をするため、WiFiClientクラスでインスタンスを作成します。

⑨作成したインスタンスを確認し、実際にクライアントと接続されている場合に処理します。クライアントからサーバーに接続すると、リクエストされます。このリクエストが完了するまでデータ送信の待機が必要となります。リクエスト内に空行が現れたところでリクエストが完了したことになります。

⑩クライアントとの接続が確立している場合に処理を繰り返すようにします。

⑪リクエスト内容が存在する場合は処理を続けます。

⑫リクエストの内容を1文字取得します。

⑬空行が現れたかを確認します。空行が現れたら返送処理します。

⑭返送は「インスタンス名.println()」関数と「インスタンス名.print()」関数を使ってデータを返送します。

⑮この際、焦電型赤外線センサーの状態を確認し、送信するメッセージを変えます。人を検知した場合は「Someone is staying in the room.」、誰もいない場合は「Nobody away from room.」と送信するようにします。

⑯データを返送したら、繰り返し処理を終了します。

⑰また、クライアントへの返送をしない場合は、空行があるかを確認します。「\r \n \r \n」と文字列が現れた場合に空行があることを示します。この確認には「LineBlank」変数を使います。まず「\r」と「\n」以外の文字の場合はLineBlankを「false」とします。次に「\r」が現れた場合はLineBlankの状態をそのままの状態にします。\rと\n以外の文字列の後に「\r」が現れたら、LineBlankは「false」のままです。その次に「\n」が現れるとLineBlankが「true」に変わります。次に「\r」が現れると、LineBlankはそのまま、つまり「true」のままとなります。最後に⑩の条件分岐で「\n」とLineBlankが「true」の状態だと、空行であると判断します。

⑱データの返送が終わったら、「client.stop()」関数で切断します。

作成できたらArduinoにプログラムを転送します。転送が完了したらシリアルモニタを表示します。

接続後に表示されるArduinoに割り当てられたIPアドレスを確認します。

●Webサーバーの IPアドレスを確認

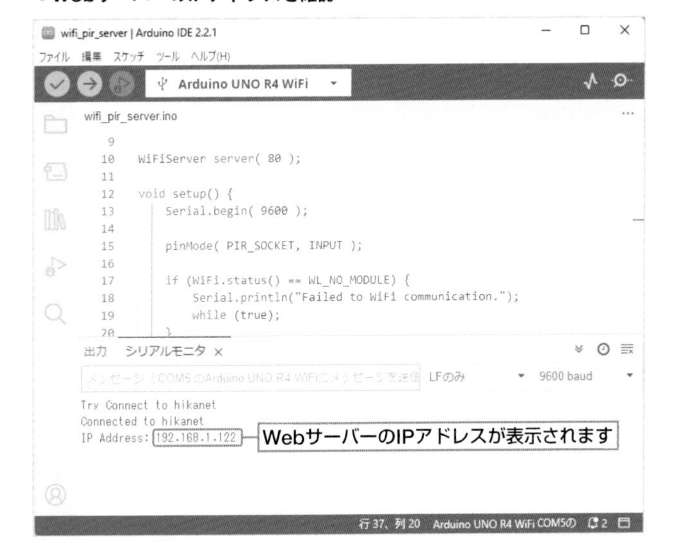

LAN内（同一ネットワーク内）のパソコンやスマートフォンなどでWebブラウザを起動して、表示されたIPアドレスにアクセスしてみます。焦電型赤外線センサーの状態によってメッセージが表示されます。

●焦電型赤外線センサーの状態によってメッセージが変化

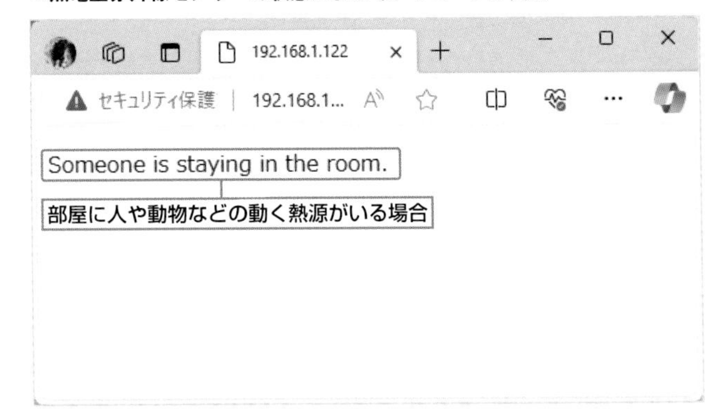

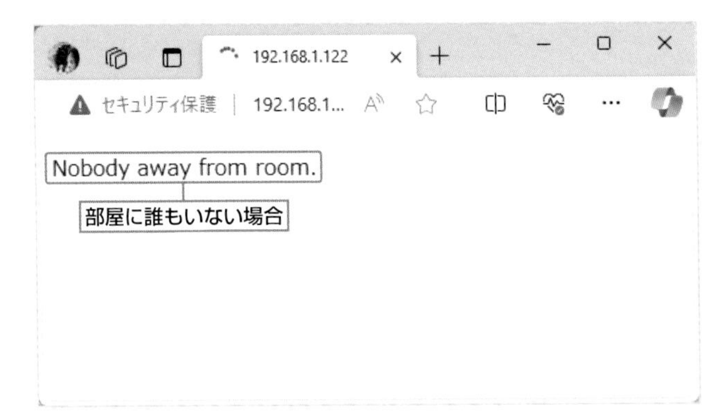

NOTE

外出先から確認できるようにするには

LAN内で稼働中のサーバーへは、そのままではインターネットからはアクセスできません。通常はルーター（ブロードバンドルーターなど）でネットワークを分断しているためです。この場合、ブロードバンドルーターにポートフォワーディング設定を施すことで、外部からルーターに届いたリクエストをLAN内のサーバーへ転送できることがあります。これによって、LAN内に設置したサーバーを外部に公開できます。ブロードバンドルーターの設定画面で、「ポートフォワーディング」や「アドレス変換」などの項目を探し、Arduinoに割り当てられたIPアドレスを指定して、ポート80のリクエストを転送する設定を施します。これで、インターネットからブロードバンドルーターに割り当てられたグローバルIPアドレスにブラウザでアクセスすることで、外出先から焦電型赤外線センサーの状態を確認できるようになります。実際のブロードバンドルーターの設定は取扱説明書を参照してください。
ただし、これはインターネットアクセスの際にルーターのインターネット側にグローバルIPアドレスが割り当てられるサービスであることが前提です。また、固定IPアドレスにしていない場合、割り当てられたグローバルIPアドレスが変わる可能性があります。その場合はダイナミックDNSサービス（IPアドレスが変わっても同じアドレスでアクセスできるようにするサービス）を利用する方法などがあります。
さらに、インターネットにサーバーを公開する場合は、不正アクセスのリスクが発生します。セキュリティに十分注意する必要があります。

リアルタイムクロックを利用する

Arduino UNO R4はリアルタイムクロック（RTC）を搭載しており、いつでも日時情報を取得できます。Arduino UNO R4 WiFiはバックアップ用の電池を付けることで、電源を切った後でも時間を保持できます。さらに、ネットワーク接続すれば、NTPサーバーから現在時刻を取得して設定することもできます。

▪ 時間を管理するリアルタイムクロック

Arduino UNO R4が搭載するRA4M1には**リアルタイムクロック**（**RTC**）が標準で装備されました。リアルタイムクロックは内蔵時計機能を実装した集積回路です。Arduino上で動作するプログラムを実行するためのプロセッサーとは独立して動作し、比較的正確な時間を保てるようになっています。うるう年にも対応しています。

リアルタイムクロックは、バックアップ用電源を接続しておくことで、Arduinoの電源が切れた状態でも時間を保持できます。バックアップ電源で動作中は0.5μAの電流しか流れないため、乾電池やコイン型電池でも長期間日時の保持が可能です。

NOTE

リアルタイムクロックは誤差が生じる

リアルタイムクロックには誤差があり、長期間利用していくと少しずつ時刻がずれてゆきます。正しい時間を刻むのには定期的な調節が必要です。時刻調節には、インターネット上NTP（Network Time Protocol）サーバーからの時刻取得や、GNSSモジュールを利用した時刻取得方法などがあります。なお、本書ではNTPサーバーから正確な時刻を取得してリアルタイムクロックに設定する方法についても説明しています。

▪ バックアップ用電池を接続する

Arduino UNO R4 WiFiは、リアルタイムクロック用のバックアップ電源を接続する端子を、電源コネクタの隣に備えています。VRTC端子に電源の＋側、GNDに－側を接続します。バックアップ用電源は1.6～3.6Vの電圧で動作します。乾電池2本や、CR2032のような3Vのコイン型電池を電源として利用可能です。

● コイン型電池を接続した例

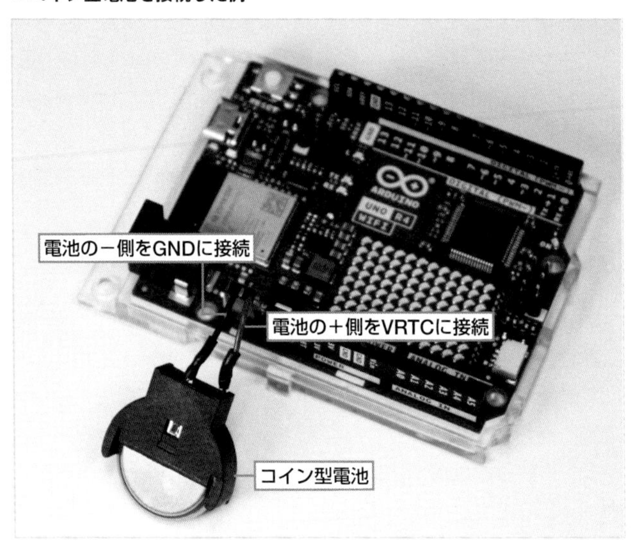

なお、Arduino UNO R4 Minimaはバックアップ用の端子がありません。3.3Vの電源端子に直接つながっているため、電源を切るとリアルタイムクロックに電力が供給されなくなり、時間を保持できないので注意が必要です。

NOTE

3.3V 端子からバックアップ電源を接続する

Arduino UNO R4 Minimaでは、リアルタイムクロックのバックアップ電源として3.3Vの電源端子に接続されています。このため、3.3V端子に電池などを接続することでArduinoの電源を切っている際もリアルタイムクロックへの電源供給ができます。ただし、接続した電池やArduinoの3.3Vに変換する電源に電流が逆流しないようダイオードを接続するなどといった対策が必要です。さらに、3.3V電源に他の電子パーツが接続されていると、バックアップ用電池からそれらの電子パーツに電源供給されて消費電力が増えてしまいます。また、接続した電池の電圧が3.3Vよりも低い場合は、接続した電子パーツの動作が不安定になる恐れもあります。
このように、十分な対策ができない場合は3.3V端子からのバックアップ電源の供給は控えた方が良いでしょう。

■ 日時の設定と取得

リアルタイムクロックを利用するには、まず正確な日時を設定する必要があります。プログラムに指定した日時をリアルタイムクロックに設定した後、日時情報を取得してみましょう。

リアルタイムクロックはArduino UNO R4 MinimaとArduino UNO R4 WiFiのいずれでも利用できますが、バックアップ用の電源が接続できないArduino UNO R4 MinimaではArduinoの電源を切ってしまうと日時情報も消えてしまいます。

プログラムは次のように作成します。

● リアルタイムクロックに日時を設定した後、日時を取得する

sotech/8-2/rtc.ino

```
#include "RTC.h"

const int year = 2024;
const Month month = Month::JANUARY;
const int day = 10;
const int hour = 13;
const int minute = 43;
const int second = 21;
const DayOfWeek week = DayOfWeek::WEDNESDAY;


void setup() {
    Serial.begin(9600);

    RTC.begin();

    RTCTime sTime(day, month, year, hour, minuts, second, week, SaveLight::SAVING_
TIME_ACTIVE);

    RTC.setTime(sTime);
}

void loop() {
    RTCTime cTime;

    RTC.getTime(cTime);

    Serial.print(cTime.getYear());
    Serial.print("/");
    Serial.print(Month2int(cTime.getMonth()));
    Serial.print("/");
    Serial.print(cTime.getDayOfMonth());
    Serial.print(" ");

    Serial.print(cTime.getHour());
    Serial.print(":");
    Serial.print(cTime.getMinutes());
    Serial.print(":");
    Serial.println(cTime.getSeconds());

    delay(1000);
}
```

①リアルタイムクロックを利用するためのライブラリを呼び出します
②設定日時を指定します
③リアルタイムクロックを利用できるようにします
④設定する日時情報をRTCTimeクラスでインスタンスを作成します
⑤指定した日時に設定します
⑥現在日時を取得するためのインスタンスとして扱います
⑦現在の日時を取得します
⑧現在の日時を表示します

①リアルタイムクリックを利用するためにライブラリ「RTC」を呼び出しておきます。

②最初に設定する日時を指定します。年、日、時、分、秒は、それぞれ「year」、「day」、「hour」、「minute」、「second」に数値で指定します。月については「Month::＜大文字の英語表記＞」のように指定する必要があります。例えば、1月ならば「Month::JANUARY」、2月ならば「Month::FEBRUARY」とします。「week」には、

曜日を「DayOfWeek::<大文字の英語表記>」のように指定します。例えば、月曜日ならば「DayOfWeek::MONDAY」、火曜日ならば「DayOfWeek::TUESDAY」とします。

③「RTC.begin()」関数では、リアルタイムクロックを利用できるよう初期化します。この関数の指定が無いとリアルタイムクロックは利用できないので注意しましょう。

④リアルタイムクロック用のクラスRTCTimeのインスタンスを用意します。このインスタンスsTimeに指定した日時を設定しておきます。

⑤RTC.setTime()関数で、先ほど指定した日時をリアルタイムクロックに設定します。これで、指定した日時から時が刻まれるようになります。

⑥現在の日時を取得するためのインスタンス「cTime」を準備します。

⑦「RTC.getTime()」でリアルタイムクロックから現在日時を取得します。

⑧取得した日時を「年/月/日 時:分:秒」の形式で表示します。年は「cTime.getYear()」、日は「cTime.getDayOfMonth()」、時は「cTime.getHour()」、分は「cTime.getMinutes()」、秒は「cTime.getSeconds()」を利用すると数値で取得できます。月は「cTime.getMonth()」で取得できますが、Monthというデータ形式で取得されるためそのままでは表示できません。そこで、Month2int()を利用して数値に変更します。

プログラムをArduinoに転送すると時刻がリアルタイムクロックで設定され、そこから時が刻まれます。1秒間隔でリアルタイムクロックから日時情報を取得して表示します。

●リアルタイムクロックを利用して日時が表示された

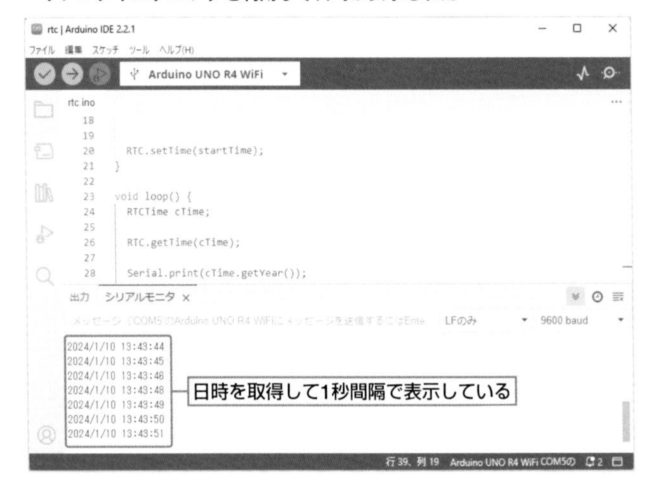

■ キャラクタデバイスに日時を表示する

リアルタイムクロックで取得した日時は、Chapter 6-3で利用したキャラクタデバイスに表示すれば、簡易時計として使えます。あらかじめp.163の接続図のようにキャラクタデバイスをArduinoに接続しておきます。

プログラムは次のように作成します。

●日時をキャラクタデバイスに表示する

sotech/8-2/rtc_oled.ino

```
#include "RTC.h"
#include <Wire.h>
#include <SO1602.h>

#define SO1602_ADDR 0x3c

const int year = 2024;
const Month month = Month::JANUARY;
const int day = 10;
const int hour = 13;
const int minute = 43;
const int second = 21;
const DayOfWeek week = DayOfWeek::WEDNESDAY;

SO1602 oled( SO1602_ADDR );
boolean runflag = 0;
unsigned int count = 0;

void setup() {
    Serial.begin(9600);

    Wire.begin();
    oled.begin();
    oled.set_cursol( 0 );
    oled.set_blink( 0 );

    RTC.begin();
    RTCTime startTime(day, month, year, hour, minuts, second, week,
SaveLight::SAVING_TIME_ACTIVE);
    RTC.setTime(startTime);
}

void loop() {
    RTCTime cTime;
    char disp_str[16];

    RTC.getTime(cTime);

    sprintf( disp_str,"%d/%d/%d     ", cTime.getYear(), Month2int(cTime.
getMonth()), cTime.getDayOfMonth());
    oled.move( 0x00, 0x00 );
    oled.charwrite( disp_str );

    sprintf( disp_str,"%d:%d:%d     ", cTime.getHour(), cTime.getMinutes(), cTime.
getSeconds());
    oled.move( 0x00, 0x01 );
    oled.charwrite( disp_str );

    delay(1000);
}
```

リアルタイムクロックに設定する日時を指定します

キャラクタデバイスを利用できるようにします。カーソルは非表示に設定します

①キャラクタデバイスに表示するための文字列を格納しておく変数を用意します

②リアルタイムクロックから日時を取得します

③取得した日付をキャラクタデバイスで表示できるよう文字列にします

④キャラクタデバイスの1行目に日付を表示します

⑤取得した時間をキャラクタデバイスで表示できるよう文字列にします

⑥キャラクタデバイスの2行目に時間を表示します

①キャラクタデバイスで表示する文字は、文字列である必要があります。このため、表示する文字列を格納しておく変数を用意しておきます。

②リアルタイムクロックから日時情報を取得します。

③取得した日付をキャラクタデバイスに表示するため、文字列を作成します。この際、月や日付が2桁から1桁に変わる場合、前の文字が残ってしまいます。そこで、文字列の最後にスペースを入れておき、無駄な文字を消すようにしておきます。

④1行目行頭にカーソルを移動してから日付を表示します。

⑤日付同様に時間をキャラクタデバイスに表示する文字列を作成します。

⑥2行目行頭にカーソルを移動してから時間を表示します。

Arduinoにプログラムを転送するとキャラクタデバイスに日時が表示されます。

●キャラクタデバイスに日時が表示された

■ NTPから現在時刻を取得する

RTCに日時の設定をする方法は解説しましたが、前述のようにRTCは徐々に時刻がずれていく恐れがあります。定期的に手動で時刻を調整すれば正確な時刻を取得できますが、手動で設定するのは面倒です。

インターネット上には日時情報を提供する「**NTPサーバー**（Network Time Protocol Server）」が公開されています。ネットワーク接続ができれば、NTPサーバーから現在時刻を取得して、RTCに設定できます。

Arduino UNO R4 Minimaは標準ではネットワーク接続できないため、NTPサーバーからの時刻取得はできません（別途ネットワークモジュールなどを利用すれば可能です）。

■ ライブラリを準備する

NTPサーバーにアクセスするには、別途ライブラリを導入する必要があります。

Arduino IDEの画面左のライブラリアイコンをクリックします。表示されたサイドバーのライブラリマネージャーの入力エリアに「ntpclient」と入力します。一覧にある「NTPClient」の「インストール」ボタンをクリックすると追加できます。

●ライブラリのインストール

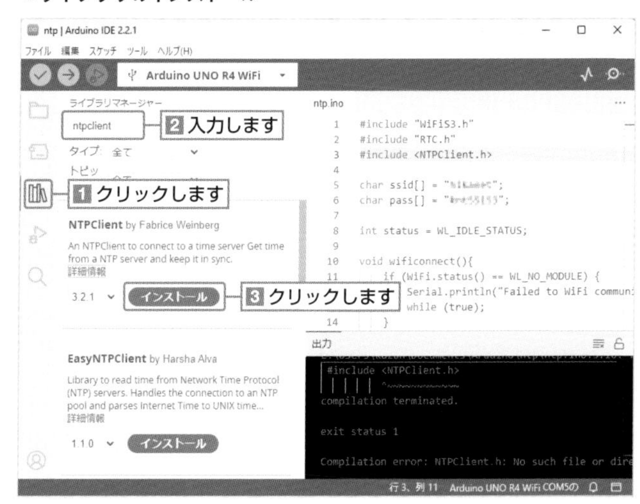

■ プログラムを実行する

NTPサーバーから時刻を取得してリアルタイムクロックに設定しましょう。動作させるには、接続に利用する無線LANアクセスポイントの情報をプログラムに設定しておきます。

プログラムは次のように作成します。なお、このプログラムではネットワークに接続できない場合、既にリアルタイムクロックに記録されている日時情報を利用するようになっています。

●NTPサーバーから取得した日時をリアルタイムクロックに設定する

sotech/8-2/ntponline.ino

```
#include "WiFiS3.h"
#include "RTC.h"
#include <NTPClient.h>

const int timezone = 9;
const int timeout = 5;

const char ssid[] = "<SSID>";
const char pass[] = "<パスワード>";
```

①NTPサーバーから日時を取得するためのライブラリを呼び出します

②タイムゾーンを設定します

③無線LANアクセスポイントへ接続を試行する回数を指定します

④無線LANアクセスポイントに接続するための SSIDとパスワードを設定します

次ページへつづく

```
int status = WL_IDLE_STATUS;

boolean onwifi = true;

WiFiUDP ntpUDP;
NTPClient timeClient(ntpUDP, "pool.ntp.org", timezone * 3600, 60000 );

RTCTime crTime;

void wificonnect(){
    int trywifi = 0;

    if (WiFi.status() == WL_NO_MODULE) {
        Serial.println("Failed to WiFi communication.");
        while (true);
    }

    while (status != WL_CONNECTED) {
        if ( trywifi > timeout ){
            Serial.println("Could not connect to Wifi.");
            onwifi = false;
            break;
        }else{
            Serial.print("Try Connect to ");
            Serial.println(ssid);
            status = WiFi.begin(ssid, pass);
        }
        trywifi++;
        delay(10000);
    }

    if( onwifi == true ){
        Serial.print( "Connected to ");
        Serial.println( WiFi.SSID() );
        IPAddress ip = WiFi.localIP();
        Serial.print("IP Address: ");
        Serial.println(ip);
    }
}

void getntptime() {
    unsigned long epochtime;
    timeClient.update();
    epochtime = timeClient.getEpochTime();
    RTCTime ntptime( epochtime );
    RTC.setTime( ntptime );
    Serial.print( "NTP Time is " );
    Serial.println( ntptime );
}
```

⑤無線LANアクセスポイントへ接続します

⑥正常に接続できた場合は、ネットワーク情報を表示します

⑦NTPサーバーから日時情報を取得しリアルタイムクロックに設定します

⑧NTPサーバーから日時情報を取得します

⑨日時をエポック秒で取り出します

⑩リアルタイムクロックにNTPから取得した日時を設定します

次ページへつづく

```
void setup() {
    Serial.begin( 9600 );
    wificonnect();
    RTC.begin();

    if( onwifi == true ){
        timeClient.begin();
        getntptime();
    }
}

void loop() {
    RTC.getTime( crTime );

    Serial.print( crTime.getYear() );
    Serial.print( "/" );
    Serial.print( Month2int( crTime.getMonth() ) );
    Serial.print( "/" );
    Serial.print( crTime.getDayOfMonth() );
    Serial.print( " " );
    Serial.print( crTime.getHour() );
    Serial.print( ":" );
    Serial.print( crTime.getMinutes() );
    Serial.print( ":" );
    Serial.println( crTime.getSeconds() );

  delay(1000);
}
```

⑪無線LANアクセスポイントへの接続を試みます

⑫リアルタイムクロックを有効にします

⑬無線LANアクセスポイントに接続されている場合は、NTPサーバーから日時情報を取得します

⑭リアルタイムクロックで管理している日時を表示します

①NTPサーバーから日時を取得できるよう、ライブラリを呼び出します。

②タイムゾーンを設定します。タイムゾーンは協定世界時（UTC）からどの程度ずれているかを時間単位で指定します。日本は9時間早いため、「9」と指定しておきます。

③無線LANアクセスポイントへの接続を試みる回数を指定します。この回数試行しても接続できない場合は、NTPサーバーからの日時の取得をしないようになります。

④接続先の無線LANアクセスポイントのSSIDとパスワードを設定します。

⑤無線LANアクセスポイントへの接続を試みます。timeoutで指定した回数、アクセスポイントへの接続が失敗したら、onwifiをfalseにします。

⑥接続に成功したら、IPアドレスなどのネットワーク接続情報を表示します。

⑦wificonnect()関数を作成し、無線LANアクセスポイントに接続するためのプログラムを記述しておきます。この関数を呼び出すことで、無線LANアクセスポイントへの接続を試行します。

⑧NTPサーバーから日時情報を取得します。

⑨取得した日をエポック秒にして取り出します。エポック秒とは協定世界時で1970年1月1日午前0時0分0秒から何秒経ったかを表しています。例えば、2024年2月10日13時21分16秒ならば、エポック秒は「1707571276」となります。

⑩NTPサーバーから取得したエポック秒を利用してリアルタイムクロックに設定します。

⑪wificonnect()関数を呼び出し、無線LANアクセスポイントへの接続を試みます。

⑫リアルタイムクロックを利用できるようにします。

⑬もし、無線LANアクセスポイントへ接続できている（onwifiがtrue）場合は、getntptime()関数を呼び出してNTPサーバーから現在時刻を取得し、リアルタイムクロックに設定します。

⑭設定が完了したら、1秒間隔でリアルタイムクロックで管理している日時を表示します。無線LANに接続されている場合はNTPから取得した日時が表示され、接続できていない場合はリアルタイムクロックで保持していた日時が表示されます。なお、バックアップ用電池を接続していない状態で電源が切れたなど、正しい日時情報がリアルタイムクロックに記録されていない場合は、1990年1月1日0時0分0秒に起動後の時間を加えた日時が表示されます。

プログラムを転送すると、NTPサーバーから現在の時刻を取得し、リアルタイムクロックに設定します。さらにシリアルモニターに日時を表示します。

なお、Chapter 6-3で説明したようにキャラクタデバイスを接続すれば、デバイスに正確な時間を表示できるようになります。p.163と同様にキャラクタデバイスを接続した後、本書サポートページでダウンロードできるサンプルプログラムに含まれる「ntponline_disp.ino」（sotech/8-2/ntponline_disp.ino）をArduinoに転送することで確認できます。

Appendix

付録

ここでは、Arduino UNO R4のインタフェースや、Arduino IDEの主要な関数を解説します。また、本書で使用した部品・製品や、電子パーツの取扱店についてもまとめました。

Arduino UNO R4の インタフェース

Arduino UNO R4のインタフェースを紹介します。デジタル入出力やアナログ入出力、デジタル通信を利用する際に、どの端子に接続したらいいかが確認できます。本書では利用していないSPIやUARTなどのインタフェースについても紹介しています。

Arduino UNO R4 Minima

ソケットの番号は、プログラムで制御対象にする際に指定する番号です。デジタルのソケットを指定する場合は数値のみを指定します。例えば、「PD1」ならば「1」と指定します。アナログのソケットは、「P」を除いて指定します。例えば、「PA1」ならば「A1」と指定します。

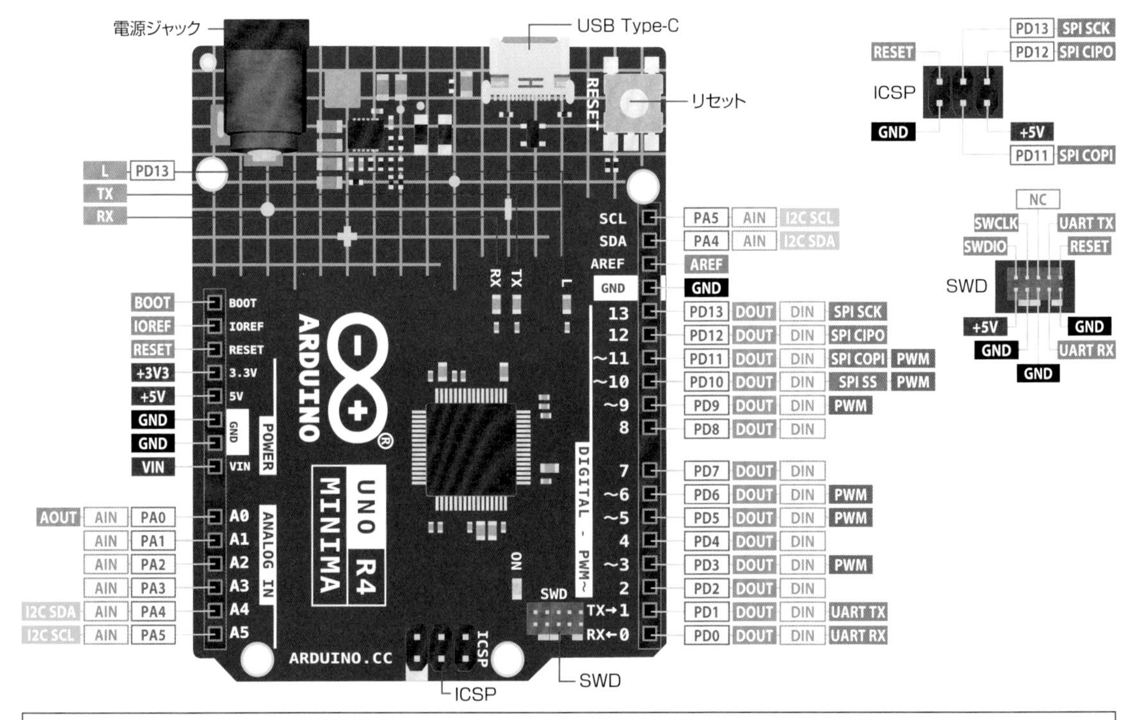

電源関連
- +5V 5V電源
- +3V3 3.3V電源
- GND GND
- VIN 電源入力
- RESET リセット

ソケットの番号
- PD0 ～ PD13 デジタル
- PA0 ～ PA5 アナログ

LED
- L 制御可能LED
- TX データ転送の状態表示
- RX データ受信の状態表示

デジタル、アナログ入出力関連
- DOUT デジタル出力
- DIN デジタル入力
- PWM PWM出力
- AOUT アナログ出力
- AIN アナログ入力
- AREF アナログ入力の範囲指定

デジタル通信関連
- I2C SDA I²C通信 データ転送
- I2C SCL I²C通信 同期信号
- SPI COPI SPI通信 データ送信(MOSI)
- SPI CIPO SPI通信 データ受信(MISO)
- SPI SCK SPI通信 同期信号
- SPI SS SPI通信 デバイス選択
- UART TX UART通信 データ送信
- UART RX UART通信 データ受信

その他
- IOREF I/Oの電圧レベル(5V)
- BOOT 動作モードの設定
- SWDIO デバッグ用端子(データ転送)
- SWCLK デバッグ用端子(同期信号)
- NC 未使用

■ Arduino UNO R4 WiFi

ソケットの番号は、プログラムで制御対象にする際に指定する番号です。デジタルのソケットを指定する場合は数値のみを指定します。例えば、「PD1」ならば「1」と指定します。アナログのソケットは、「P」を除いて指定します。例えば、「PA1」ならば「A1」と指定します。

「ESP32-S3」は、プロセッサー ESP32-S3へのプログラム書き込みに利用します。

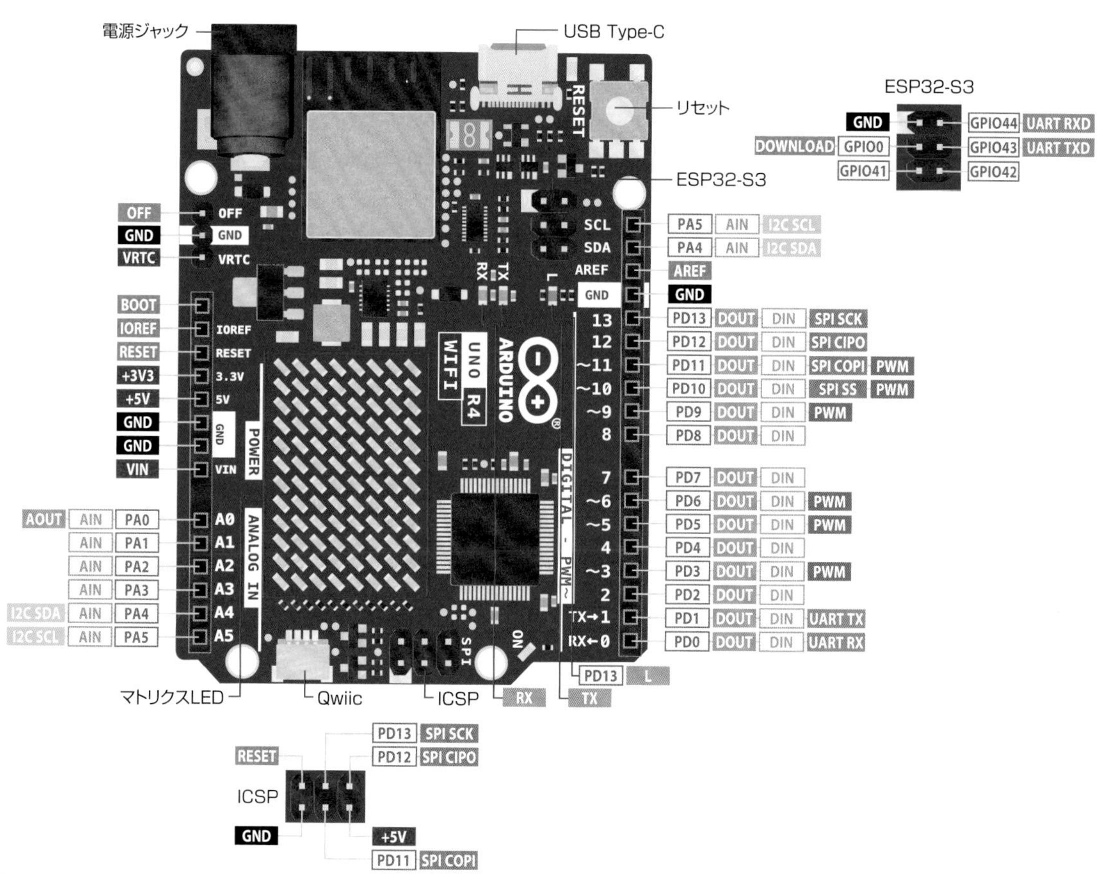

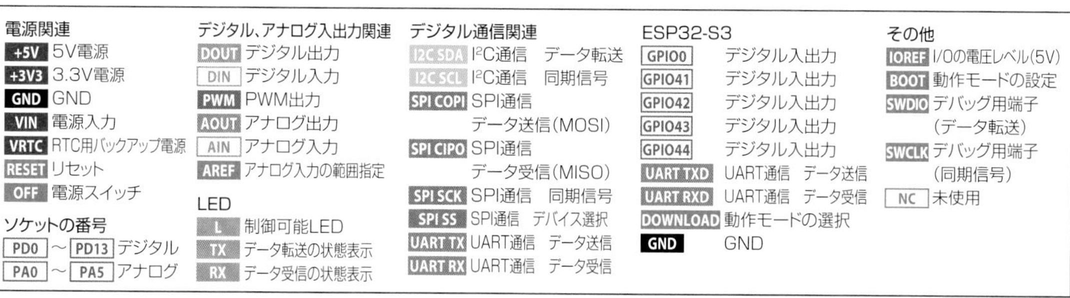

マトリクスLED

Arduino UNO R4 WiFiに搭載されているマトリクスLEDは、次のように接続されています。それぞれのLEDはペアで互い違いに接続されており、極性を切り替えることで点灯するLEDを選択できます。例えば、P012をHIGH、P205をLOWにすると1番のLEDが点灯します。逆にP205をHIGH、P012をLOWにすると2番のLEDが点灯します。順に点灯するLEDを切り替えながら指定することで、記号や図を表現できます。

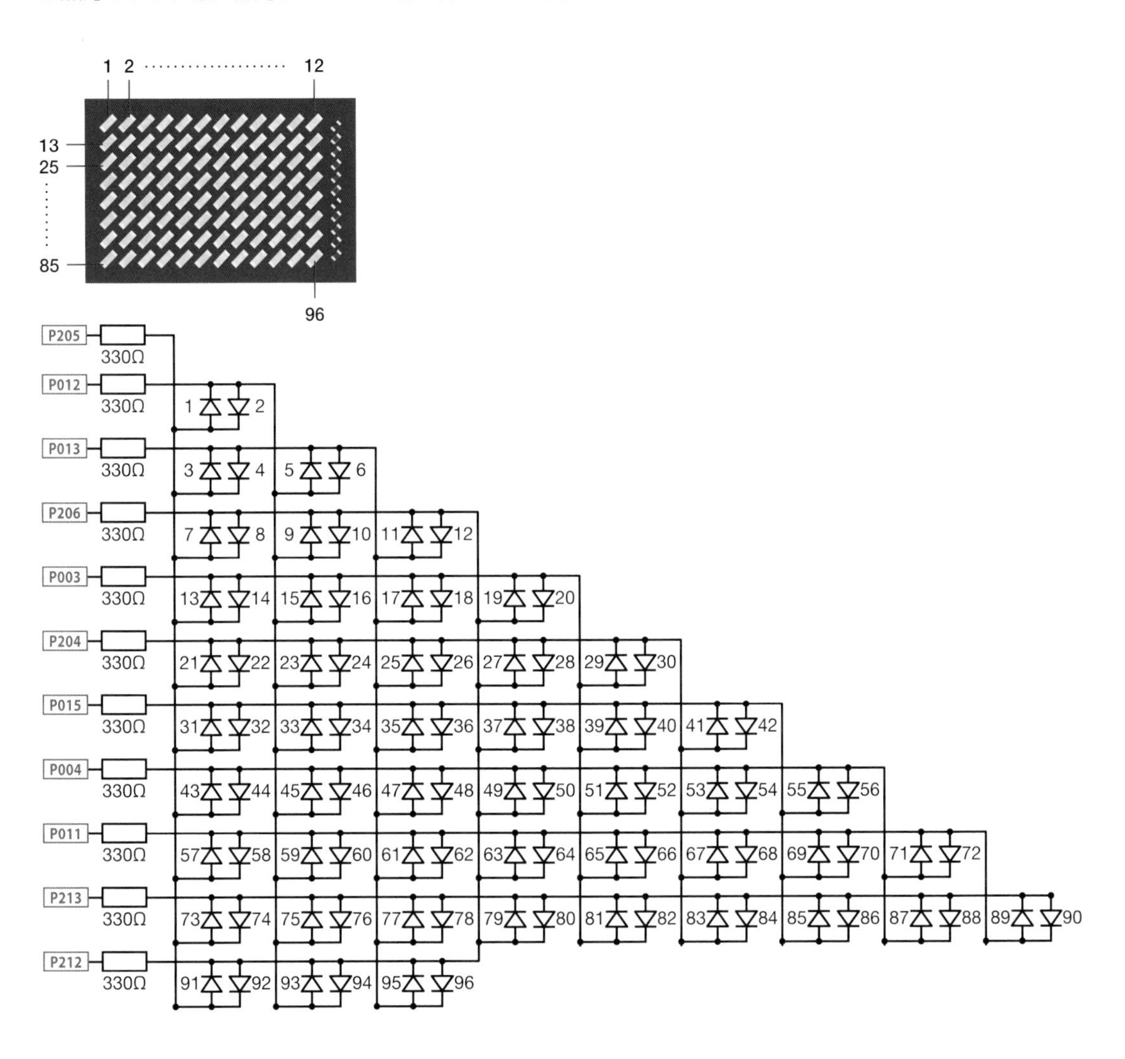

Arduino IDEの関数リファレンス

Arduino IDEでは、各種制御に関数を利用します。ここでは、Arduino IDEに標準搭載または別途導入したライブラリの関数やクラスを紹介します。

■ データ型

変数や関数の戻り値にはデータの型が決まっています。次のようなデータ型を指定可能です。データ型の前に「unsigned」を指定すると正の整数のみ（倍の正の値まで）扱えるようになります。

また、関数で戻り値がない場合は「void」を指定します。

データ型	説明	利用できる範囲
boolean	0または1のいずれかの値を代入できます。 ON、OFFの判断などに利用します。 プログラムでは、0を「false」、1を「true」と表記できます	0,1
char	1バイトの値を代入できます。文字の代入に利用されます	-128 ～ 127
int	2バイトの整数を代入できます。 整数を扱う変数は通常int型を利用します	-32,768 ～ 32,767
long	4バイトの整数を代入できます。 大きな整数を扱う場合に利用します	-2,147,483,648 ～ 2,147,483,647
float	4バイトの小数を代入できます。割り算した答えなど、整数でない値を扱う場合に利用します	3.4028235×10^{38} ～ $-3.4028235 \times 10^{38}$

配列

変数には複数のデータを集めた「配列」が利用できます。配列を使うには、変数名の後に大括弧（[]）を指定します。例えば、char型で配列名を「buf」とする場合は、「char buf[];」のように指定します。

また、大括弧の中に数値を指定することで、配列の大きさを指定できます。例えば、10個のデータを扱えるようにするには、「char buf[10];」とします。

配列のデータを扱うには、大括弧の中に扱うデータの番号を指定します。番号は0から数え始めます。4番目の配列に20を代入する場合は、「buf[3] = 20;」とします。

■ 演算子

計算を行うには「+」「-」「*」「/」演算子で数値をつなぎます。「%」では割った値の余りを求められます。

また、計算結果などを変数に代入するには、「=」を利用します。例えば、変数「a」と変数「b」の足した結果を変数「ans」に代入する場合は、「ans = a + b;」と指定します。

「++」と「--」を使うと、変数の値に1を足すまたは引くことが可能です。

比較演算子

比較演算子では、2つの値を比較して成立しているかどうかを確認します。成立した場合には「1」(true)を、不成立の場合は「0」(false)を返します。

右表のような比較演算子が利用可能です。例えば、変数「a」が10より大きいかを比較する場合には「a > 10」と指定します。

比較演算子	説明
==	2つの値が同じである場合に成立したと見なします
!=	2つの値が異なる場合に成立したと見なします
<	前の値より後ろの値が大きい場合に成立したと見なします
>	前の値より後ろの値が小さい場合に成立したと見なします
<=	前の値より後ろの値が大きいまたは同じである場合に成立したと見なします
>=	前の値より後ろの値が小さいまたは同じである場合に成立したと見なします

論理演算子

複数の条件式を合わせて判断する場合には、論理演算子を利用します。右表のような論理演算子が利用できます。

論理演算子	意味
A && B	A、Bの条件式がどちらも成立している場合のみ成立します
A || B	A、Bのどちらかの条件式が成立した場合に成立します
! A	Aの条件式の判断が逆になります。つまり、条件式が不成立な場合に成立したことになります

■ 制御文

制御文を利用することで、条件により処理を分岐したり、繰り返しての処理が可能です。次のような制御文が利用可能です。

条件分岐「if」

指定した条件式が成立した場合に続く処理を行います。条件分岐は右のように記述します。

```
if ( 条件式 ) {
        成立した場合に実行する
}
```

また、「else」を用いることで、条件が成立しない場合に処理を行うようにできます。

```
if ( 条件式 ) {
      成立した場合に実行する
} else {
      不成立の場合に実行する
}
```

さらに、「else if」を使うことで他の条件式を指定できます。「else if」を複数用いることで、さらに多くの条件分岐が行えます。

```
if ( 条件式A ) {
      条件式Aが成立した場合に実行する
} else if ( 条件式B ) {
      条件式Bが成立した場合に実行する
} else {
      どららの条件式とも不成立の場合に実行する
}
```

条件分岐「switch case」

指定した変数の値によって条件を分岐します。各条件は「case」の後に条件とする値を指定します。また、かならずcaseの最後に「:」を付加します。すべての条件で成立しない場合は、「default:」の処理を行います。

```
switch ( 対象の変数 ) {
      case 条件1:
        値が条件1の場合に実行する
      case 条件2:
        値が条件2の場合に実行する
      :
      default:
        すべての条件が成立しない場合に実行する
}
```

繰り返し「while」

指定した条件が成立している間は、繰り返し処理を行います。また、条件式の判断は初めに行い、その後繰り返し処理を行います。

```
while ( 条件式 ) {
    条件式が成立する間、繰り返し実行する
}
```

繰り返し「do while」

while同様に、指定した条件式が成立する間、繰り返し処理を行います。また、条件の判断は繰り返しの内容を実行した後に行います。whileの条件式の後にセミコロン（;）を忘れないようにしましょう。

```
do {
    条件式が成立する間、繰り返し実行する
} while ( 条件式 );
```

Appendix
付録

繰り返し「for」

変数の初期化、条件式、変数の変化を一括して指定できる繰り返し文です。初期化は初めの1度のみ実行され、条件式で判断して繰り返し処理を行います。また、繰り返し処理を行った後に値の更新を行い、条件判断を行います。

```
for ( 初期化; 条件式; 値の更新 ) {
    条件式が成立する間、繰り返し実行する
}
```

繰り返しの中止「break」

繰り返し処理や条件分岐で、「break」を指定することで繰り返しや条件分岐後の処理を終了し、次の処理に移ります。

繰り返しを続ける「continue」

繰り返し処理で、「continue」を指定することで現在の繰り返し処理を中止し、条件式の判断を行います。

関数を終了する「return」

関数を終了して、読み出し元の関数に戻ります。この際、returnの後に指定した値を元の関数に引き渡します。

▪ 基本ライブラリ

Arduino IDEでは、デジタル入出力の制御などの関数やクラスが用意されています。これらの関数はライブラリから呼び出さずにそのまま使えます。

デジタル・アナログ入出力関連

Arduinoのデジタル入出力やアナログ入力を利用するには各関数を利用します。利用の際には、対象となるソケット番号を指定します。

項目名 デジタル入出力のモードを切り替える

関数名 `void pinMode(uint8_t pin, uint8_t mode)`

引 数

uint8_t pin	対象のデジタル入出力のソケット番号
uint8_t mode	切り替えるモードを指定する

戻り値 なし

説 明 指定したデジタル入出力ソケットのモードを、入力または出力に切り替えます。設定を行うデジタル入出力のソケット番号と切り替えるモードを指定します。モードは、出力にする場合は「OUTPUT」、入力にする場合は「INPUT」、プルアップした入力にする場合は「INPUT_PULLUP」と指定します。

項目名 デジタル入出力の出力を行う

関数名 `void digitalWrite(uint8_t pin, uint8_t value)`

引　数

uint8_t pin	対象のデジタル入出力のソケット番号
uint8_t value	出力する状態（5VはHIGH、0VはLOW）

戻り値 なし

説　明 指定したデジタル入出力ソケットに出力します。5Vを出力したい場合は「HIGH」、0Vを出力したい場合は「LOW」を指定します。

項目名 デジタル入出力の入力を行う

関数名 `int digitalRead(uint8_t pin)`

引　数

uint8_t pin	対象のデジタル入出力のソケット番号

戻り値 ソケットの入力の状態をHIGHまたはLOWで返す

説　明 指定したデジタル入出力のソケットの状態を確認します。5Vの場合は「HIGH」、0Vの場合は「LOW」を返します。

項目名 アナログ入力の基準電圧を設定する

関数名 `void analogReference(uint8_t mode)`

引　数

uint8_t mode	基準電圧の選択方法を指定する

戻り値 なし

説　明 アナログ入力は、ソケットにかかる電圧によって値が入力されます。通常であれば0Vの場合に0、5Vの場合に1023の値となります。Arduinoでは1023となる電圧である「基準電圧」を変更できます。変更にはanalogReference()関数を利用します。基準電圧は、「DEFAULT」と指定すると5V、「INTERNAL」と指定すると1.1Vと設定されます。また、「EXTERNAL」と指定すると、「AREF」ソケットにかけている電圧を基準電圧とします。ただし、AREFソケットには5V以上の電圧をかけてはいけません。

項目名 アナログ入力の入力を行う

関数名 `int analogRead(uint8_t pin)`

引　数

uint8_t pin	対象となるアナログ入力のソケット番号

戻り値 対象ソケットの状態を0から1023で返す

説　明 指定したアナログ入力のソケットの状態を確認します。状態は0から5Vの範囲で、0から1023の間の値を返します。例えば、2Vであればおおよそ「409」を返します。

項目名 デジタル入出力でアナログ（PWM）出力を行う

関数名 `void analogWrite(uint8_t pin, int value)`

引　数

uint8_t pin	対象となるデジタル入出力のソケット番号
int value	出力する値を0から255の範囲で指定する

戻り値 なし

説　明 Arduino Unoのデジタル入出力では、擬似的なアナログ値である「PWM」での出力に対応しています。0Vと5Vの状態を時間の割合で調整することで擬似的なアナログ電圧となります。例えば、100を出力すると、擬似的に2V程度の電圧となります。

Arduino UnoのPWMに対応したソケットは、PD3、PD5、PD6、PD9、PD10、PD11となります。

項目名 デジタル入出力に矩形波を出力する

関数名 `void tone(uint8_t pin, unsigned int frequency, unsigned long duration)`

引　数

uint8_t pin	対象となるデジタル入出力のソケット番号
unsigned int frequency	出力する周波数
unsigned long duration	出力を行う時間（ミリ秒）

戻り値 なし

説 明 デジタル入出力から矩形波（0Vと5Vの状態を繰り返す波形）を出力します。出力には周波数をHz単位で指定します。また、durationに時間を指定することで、特定の時間の間出力を行えます。

項目名 矩形波の出力を停止する

関数名 `void noTone(uint8_t pin)`

引 数

uint8_t pin	対象となるデジタル入出力のソケット番号

戻り値 なし

説 明 tone()関数で出力を開始した矩形波を停止します。

項目名 パルスの検出を行う

関数名 `unsigned long pulseIn(uint8_t pin, uint8_t state, unsigned long timeout)`

引 数

uint8_t pin	対象となるデジタル入出力のソケット番号
uint8_t state	計測する状態（HIGHまたはLOW）
unsigned long timeout	タイムアウトまでの時間（マイクロ秒）

戻り値 パルスの長さ（マイクロ秒）を返す

説 明 瞬時的にHIGHとLOWの状態が切り替わるようなパルスを検出します。検出するパルスはstateによってHIGH、LOWを選択します。HIGHを指定した場合は、0Vから5Vに変化した際に計測を行います。またパルス検出が開始されてから元の状態に戻るまでの時間をマイクロ秒単位で返します。timeoutでは、検出を行う時間をマイクロ秒単位で指定でき、この時間を超えると「0」を返します。

項目名 1バイトのデータを1つのソケットに出力する

関数名 `void shiftOut(uint8_t dataPin, uint8_t clockPin, uint8_t bitOrder, uint8_t val)`

引 数

uint8_t dataPin	データを出力するデジタル入出力のソケット番号
uint8_t clockPin	クロックを出力するデジタル入出力のソケット番号
uint8_t bitOrder	出力するデータの順序をMSBFIRSTまたはLSBFIRSTで指定する
uint8_t val	出力する1バイトのデータ

戻り値 なし

説 明 1バイトのデータを、所定のクロックタイミングで順に1ビットずつ出力します。例えば、「e3」を出力する場合は、「11100011」の順に出力します。clockPinで指定したソケットには、タイミングを計るクロックが出力され、このクロックに合わせて1ビットずつ出力を行います。
出力するデータはbitOrderで順序を指定できます。「MSBFIRST」を指定した場合は上位ビットから、「LSBFIRST」を指定した場合は下位ビットから出力されます。

項目名 1ビットずつ入力し、1バイトのデータを取得する

関数名 `uint8_t shiftIn(uint8_t dataPin, uint8_t clockPin, uint8_t bitOrder)`

引 数

uint8_t dataPin	データを入力するデジタル入出力のソケット番号
uint8_t clockPin	クロックを出力するデジタル入出力のソケット番号
uint8_t bitOrder	入力するデータの順序をMSBFIRSTまたはLSBFIRSTで指定する

戻り値 入力したデータを1バイトで返します

説 明 1つのデジタル入出力ソケットから1ビットずつ入力を行い、1バイトのデータを取得します。各ビットの出力のタイミングは、clockPinに入力するクロックで決めます。また、データの順序は、「MSBFIRST」で上位ビットから、「LSBFIRST」で下位ビットから入力します。

時間関連

項目名 プログラム実行からの経過時間を取得する

関数名 **unsigned long millis(void)**
unsigned long micros(void)

引 数 なし

戻り値 プログラム実行からの経過時間(ミリ秒またはマイクロ秒)を返す

説 明 プログラムの実行を開始してから、millis()またはmicros()関数が実行されるまでの経過時間を取得します。millis()関数はミリ秒単位で、micros()関数はマイクロ秒単位で経過時間を返します。

項目名 プログラムの実行を所定時間待機する

関数名 **void delay(unsigned long mtime)**
void delayMicroseconds(unsigned int utime)

引 数

unsigned long mtime	待機時間(ミリ秒)
unsigned int utime	待機時間(マイクロ秒)

戻り値 なし

説 明 指定した時間だけ待機します。delay()関数ではミリ秒単位、delayMicroseconds()関数ではマイクロ秒単位で指定します。

数学関連

項目名 2つの値を比べる

関数名 **min(a,b)**
max(a,b)

引 数

a	1つ目の数値
b	2つ目の数値

戻り値 min()は小さい方の数値を返す。max()は大きい方の値を返す

説 明 指定した2つの値を比べて、min()は小さい値を、max()は大きい値を返します。指定する値はどのデータ型でも対応します。

項目名 絶対値を取得する

関数名 **abs(x)**

引 数

x	数値

戻り値 絶対値を返す

説 明 負の数を正の数にする絶対値を取得します。指定する値はどのデータ型でも対応します。

項目名 値を所定の範囲内に収める

関数名 **constrain(atm,low,high)**

引 数

atm	対象の値
low	範囲の最小値
high	範囲の最大値

戻り値 範囲を超えない値を返す

説 明 atmがlowとhighの範囲内の場合はそのままatmを返します。また、atmがlowより小さい場合はlowを、highより大きい場合はhighを返します。指定する値はどのデータ型でも対応します。

項目名 異なる範囲の値に変換する

関数名 **long map(long value, long fromLow, long fromHigh, long toLow, long toHigh)**

引 数

long value	対象の値
long fromLow	元の範囲の最小値
long fromHigh	元の範囲の最大値

	long toLow	変換対象の範囲の最小値
	long toHigh	変換対象の範囲の最大値

戻り値 変換した値を返す

説明 与えた値を、元の範囲から変換対象の範囲に割合で変換します。例えば、元の範囲を1から10までとし、変換対象の範囲を1から100とした場合は、10倍された値を返します。また、値が元の範囲外である場合は、最小値または最大値となって返されます。

項目名 べき乗計算を行う

関数名 `double pow(float base, float exponent)`

引数

float base	基数を指定する
float exponent	乗数を指定する

戻り値 baseをexponent分べき乗した値を返す

説明 べき乗した計算を行います。baseには底となる数値を、exponentにはべき乗の値を指定します。例えば、pow(2,4)とすると「2の4乗」、つまり「16」が返ります。

項目名 平方根を計算する

関数名 `double sqrt(x)`

引数

x	数値

戻り値 数値の平方根を計算した値を返す

説明 平方根を計算します。例えば、sqrt(3)とすると、「1.73205081・・・」が返ります。指定する値はどのデータ型でも対応します。

項目名 三角関数の計算をする

関数名

```
double sin(float rad)
double cos(float rad)
double tan(float rad)
```

引数

float rad	計算する数値

戻り値 計算結果の値

説明 正弦（sin）、余弦（cos）、接弦（tan）の計算を行います。計算する値はラジアン単位で指定します。また、「PI」と記述すれば円周率（3.1415926535897932384626433832795）が代入されます。

項目名 乱数の種を指定する

関数名 `void randomSeed(unsigned int seed)`

引数

unsigned int seed	乱数の種

戻り値 なし

説明 乱数を初期化し、乱数に利用する種の値を指定します。種の値によって乱数列が作成されます。この乱数列は種が同じであれば同じ乱数列となります。そのため、プログラムを実行するごとに同じタイミングで乱数を取得すると、同様な値を取得する可能性があります。もし、完全に異なる乱数列を取得したい場合は、アナログ入力を指定し、環境ノイズからの値を利用するとよいでしょう。

項目名 乱数を取得する

関数名 `long random(long min, long max)`

引数

long min	範囲の最小値
long max	範囲の最大値

戻り値 取得した乱数

説明 指定した範囲内の乱数を取得します。また、minの値を省略した場合は、0からmaxの範囲の乱数を取得します。

ビット・バイト関連

項目名 与えた値の下位または上位バイトを取得する

関数名 `uint8_t lowByte(w)`
`uint8_t highByte(w)`

引 数

w	対象の値

戻り値 上位または下位のバイトを返す

説 明 与えた値を16進数にした際の、上位または下位の1バイトを返します。例えば16進数で「a74b」であれば、lowByte()の場合は「4b」、highByte()の場合は「a7」を返します。指定する値はどのデータ型でも対応します。

項目名 指定したビットを取得する

関数名 `bitRead(value, bit)`

引 数

value	対象の値
bit	取り出すビットの桁

戻り値 取得したビットを返す

説 明 指定した値を2進数にした際に、下位から数えた桁にあるビットを返します。例えば、145であれば、2進数に直すと「10010001」となり、5桁目を取得すると「1」を返します。指定する値はどのデータ型でも対応します。

項目名 特定の桁を変更した値を返す

関数名 `bitWrite(value, bit, bitvalue)`
`bitSet(value, bit)`
`bitClear(value, bit)`

引 数

value	対象の値
bit	取り出すビットの桁
bitvalue	変更する値

戻り値 変更した値を返す

説 明 指定した値を2進数にした際に、下位から数えた桁にあるビットをbitvalueに指定した値に変更します。例えば、bitWrite(234,2,0)とした場合を考えると、234の2進数は「11101010」となり、下位から数えた2桁目を「0」に変えると「11101000」つまり「232」を返します。
また、bitSet()は指定の桁を「1」に、bitClear()は指定の桁を「0」に変更します。

項目名 指定した桁のビットを1にした際の値を求める

関数名 `bit(n)`

引 数

n	調べるビットの桁

戻り値 指定したビットを1にした値を返す

説 明 2進数で下位からの指定した桁を「1」にした場合の値を返します。例えば、bit(6)とした場合は、「00100000」となり、「32」が返ります。

割り込み関連

Arduinoでは、処理を割り込む機能を搭載しています。例えば、重要な処理が発生した際に優先して実行を開始するなどしています。

また、特定のソケットの状態変化によって、所定の関数を実行できる割り込み機能が搭載されています。例えば、ソケットがLOWからHIGHに変化したらディスプレイに表示するといった処理が行えます。

割り込みに利用できるソケットはあらかじめ決まっています。また、それぞれのソケットには割り込みチャンネル番号が割り当てられています。Arduino Unoであれば、PD2を0チャンネル、PD3を1チャンネルとして使用できます。

項目名 割り込みを有効にする

関数名 `interrupts()`

引 数 なし

戻り値 なし

説 明 割り込み処理を有効にします。割り込みはプログラムの実行タイミングをずらす場合があります。

項目名 割り込みを無効にする

関数名 `noInterrupts()`

引 数 なし

戻り値 なし

説 明 割り込み処理を無効にします。タイミングが重要なプログラムを実行する際には一時的に割り込みを無効にしておくとよいでしょう。また、割り込みを無効にすると、シリアル通信の受信が無効になるなど、一部の機能が利用できなくなります。

項目名 ソケットの状態によって割り込みを行う

関数名 `void attachInterrupt(uint8_t ch, void (*)(void), int mode)`

引 数

uint8_t ch	割り込みチャンネル
void (*)(void)	割り込み時に実行する関数
int mode	割り込みを行うタイミング

戻り値 なし

説 明 PD2、PD3の状態によって割り込みを実行します。割り込みのタイミングはmodeに指定します（下表）。割り込みを認識すると、(*)(void)で指定した関数を実行します。

LOW	LOWの状態
CHANGE	ソケットの状態に変化があった場合
RISING	LOWからHIGHに変化した場合
FALLING	HIGHからLOWに変化した場合

項目名 特定のチャンネルの割り込みを無効にする

関数名 `void detachInterrupt(uint8_t ch)`

引 数

uint8_t ch	対象の割り込みチャンネル

戻り値 なし

説 明 対象の割り込みチャンネルについて、割り込みを無効にします。

シリアル通信関連

ArduinoのUSBはシリアル通信を行えるようになっています。シリアル通信を行うことでArduino IDEのシリアルモニタでArduinoの状態確認などが可能です。また、PD0、PD1はシリアル通信のソケットとなっています。

シリアル通信には、「HardwareSerial」クラスを利用します。また、あらかじめ作成された「Serial」インスタンスを使って通信を行います。

項目名	シリアル通信を初期化する
関数名	`void begin(unsigned long speed)`
引 数	unsigned long speed　通信速度
戻り値	なし
説 明	シリアル通信を初期化します。また、通信する速度を指定します。速度は、300、1200、2400、4800、9600、14400、19200、28800、38400、57600、115200から選択します。

項目名	シリアル通信を終了する
関数名	`void end()`
引 数	なし
戻り値	なし
説 明	シリアル通信を終了します。終了することで、PD0とPD1をデジタル入出力として利用できます。

項目名	読み込み可能なバイト数を調べる
関数名	`int available(void)`
引 数	なし
戻り値	残りのバイト数
説 明	受信したデータの現在位置から最後までの容量を調べます。残り容量はバイト単位で返します。

項目名	1バイト読み込む
関数名	`int read(void)`
引 数	なし
戻り値	読み込んだ1バイトを返す
説 明	操作位置にある1バイトを読み込み、その値を返します。また、読み出した後は、1バイト分次に進みます。

項目名	1バイト読み込み、読み取り位置を動かさない
関数名	`int peek(void)`
引 数	なし
戻り値	読み出した1バイト。正常に読み込めない場合は「-1」を返す
説 明	受信したデータの操作位置にある1バイトを読み出た値を返します。また、読み出した後は、操作位置をそのままにしておきます。このため、次に読み込みを行う際に同じ1バイトが読み込まれます。

項目名	バッファからデータを削除する
関数名	`void flush(void)`
引 数	なし
戻り値	なし
説 明	バッファに保存されている受信データを破棄します。

項目名	データを送信する
関数名	`size_t write(data)` `size_t write(const uint8_t *buf, size_t size)`
引 数	uint8_t data　送信するデータ const uint8_t *buf　送信する配列データ size_t size　データの長さ
戻り値	送信したデータのバイト数
説 明	Arduinoからデータを送信します。送信データは、数値や文字、配列などを指定できます。配列を指定する場合はデータ

の長さを指定します。

項目名 文字列を送信する（改行なし）

関数名 `size_t print(data, BASE)`

引 数

data	書き込むデータ
BASE	書き込みデータの基数

戻り値 送信したデータのバイト数

説 明 指定した文字列やデータを送信します。データは文字列や数値、変数などを指定可能です。また、続けて数値が10進数であるか、16進数であるかなどの基数を指定できます。

項目名 文字列を送信する（改行あり）

関数名 `size_t println(data, BASE)`

引 数

data	書き込むデータ
BASE	書き込みデータの基数

戻り値 送信したデータのバイト数

説 明 指定した文字列やデータを送信します。データは文字列や数値、変数などを指定可能です。また、続けて数値が10進数であるか、16進数であるかなどの基数を指定できます。送信したデータの後に改行を付加します。

サーボモーター関連

サーボモーター制御用ライブラリ「Servo」を使うと、サーボモーターを制御できます。ライブラリを使うには、プログラムの先頭に「#import <Servo.h>」と記述してライブラリを読み込んでおきます。

サーボモーターの制御用端子を、ArduinoのPWMが出力できるデジタル入出力ソケットに接続します。プログラムでは、それぞれのサーボモーターごとにServoクラスの「インスタンス」を作成して制御します。

項目名 サーボモーターのインスタンスに接続されたデジタル入出力端子の番号の指定

関数名 `unit8_t attach(int pin, int min, int max)`

引 数

int pin	サーボモーターを接続した入出力端子のソケット番号
int min	角度が0度の時のパルス幅（マイクロ秒単位）。初期値は544
int max	角度が180度の時のパルス幅（マイクロ秒単位）。初期値は2400

戻り値 インデックス値

説 明 作成したインスタンスに、制御対象のデジタル入出力端子を指定します。minとmaxで、0度および180度の際のパルス幅を指定できます。minとmaxは省略可能。

項目名 設定されているデジタル入出力端子が割り当てられているかの確認

関数名 `bool attached( void )`

引 数 なし

戻り値 割り当てられている場合はTrue、割り当てられていない場合はFalseを返します

説 明 指定したインスタンスにattach()関数でデジタル入出力端子が割り当てられているかを確認します。

項目名 インスタンスに割り当てられている端子の解放

関数名 `void detach( void )`

引 数 なし

戻り値 なし

説 明 attach()関数で割り当てられているデジタル入出力端子を解放し、未割り当ての状態にします。

項目名 所定の角度にサーボモーターを動かす

関数名 `void write(int value)`

引 数 int value　目的の角度

戻り値 なし

説 明 指定した角度（度数）までサーボモーターを動かします。

項目名 パルス幅を指定してサーボモーターを動かす

関数名 `void writeMicroseconds(int value)`

引 数 int value　パルス幅をマイクロ秒単位で指定

戻り値 なし

説 明 サーボモーターの制御用PWM信号のパルス幅を指定してサーボモーターを動かします。

項目名 現在のサーボモーターの角度を調べる

関数名 `int read( void )`

引 数 なし

戻り値 角度

説 明 現在のサーボモーターの角度を調べます。実際には、直前に動かした際に指定した角度を返します。

■ Wireライブラリ

I^2Cデバイスを制御するには、「Wire」ライブラリを利用します。ライブラリはArduino IDEに標準搭載されているためインストールの必要はありません。また、ライブラリを利用する際には「#include <Wire.h>」と呼び出しておきます。

Wireライブラリでは、I^2C制御用の「TwoWire」クラスが用意されています。実際にI^2Cデバイスを制御する場合はライブラリ上で作成されている「Wire」インスタンスを用います。

項目名 I^2Cを初期化する

関数名 `void begin(int address)`

引 数 int address　Arduinoをターゲットとして利用する場合のアドレス

戻り値 なし

説 明 I^2Cの初期化を行います。引数に何も指定しない場合は、ArduinoからI^2Cデバイスの制御を行うコントローラーとして動作します。また、Arduinoをターゲットとして利用する場合は、ターゲット制御に用いる任意のアドレスを指定します。

項目名 ほかのI^2Cデバイスにデータを要求する

関数名 `uint8_t requestFrom(int address, int quantity, int stop)`

引 数
int address　対象のI^2Cターゲットアドレス
int quantity　データのバイト数
int stop　「1」を指定するとデータの転送後に停止メッセージ送信し、接続を終了する。「0」を指定するとデータ転送後でも接続を保持する

戻り値 受信したデータのバイト数

説 明 ほかのI^2Cデバイスにデータの要求を行います。取得したデータはavailable()またはreceive()関数で取り出せます。

項目名	I^2Cターゲットにデータ送信を開始する
関数名	`void beginTransmission(int address)`
引数	int address　　対象のI^2Cターゲットアドレス
戻り値	なし
説明	指定したアドレスのI^2Cデバイスに対してデータ転送を開始します。データ本体はwrite()関数を利用して転送を行います。

項目名	I^2Cターゲットデバイスとのデータ転送を終了する
関数名	`uint8_t endTransmission(int stop)`
引数	int stop　　「1」を指定するとデータの転送後に停止メッセージ送信し、接続を終了する。「0」を指定するとデータ転送後でも接続を保持する
戻り値	転送完了を成功したかを返します
説明	I^2Cターゲットデバイスとの通信が完了したら、endTransmission()関数で終了します。正しく終了できたら戻り値として「0」を返します。1から4が返ってきた場合は、通信が失敗したなどのエラーが発生していることを表します。

項目名	I^2Cターゲットデバイスにデータを転送する
関数名	`size_t write(data)` `size_t write(arraydata, length)`
引数	data　　I^2Cターゲットデバイスにデータを転送する arraydata　　配列型のデータ length　　転送するデータのバイト数
戻り値	転送したデータのバイト数を返す
説明	beginTransmission()関数で接続したI^2Cターゲットデバイスに対してデータを転送します。数値や文字列、配列を指定して転送できます。配列を指定する場合は、送信するバイト数も指定します。

項目名	読み込み可能なデータ数を調べる
関数名	`int available(void)`
引数	なし
戻り値	読み込み可能なバイト数
説明	受信済みのデータで、read()関数で読み込んでいない残りのバイト数を確認します。

項目名	I^2Cデバイスからデータを読み込む
関数名	`int read(void)`
引数	なし
戻り値	受信したバイト数を返す
説明	requestForm()関数で指定したI^2Cターゲットデバイスに対してデータを読み込みます。

▪ WiFiS3ライブラリ

Arduino UNO R4 WiFiで無線LAN通信をするには「WiFiS3」ライブラリを利用します。また、ライブラリを利用するには「#include "WiFiS3.h"」と呼び出しておきます。

WiFiS3ライブラリでは、「CWiFi」（WiFi）クラス、「IPAddress」クラス、「WiFiServer」クラス、「WiFiClient」クラス、「WiFiSSLClient」クラス、「WiFiUdp」クラスが用意されています（WiFiSSLClientとWiFiUdpクラスは説明しません）。WiFIクラスではライブラリ上で作成される「WiFi」インスタンスを利用します。そのほかは、必要に応じてユーザー自身がインスタンスを作成して利用します。

WiFiS3を利用するには、通信先のIPアドレスの指定など多くの場面でIPアドレスの指定を行います。このIPアドレスの指定にはIPAddressクラスでインスタンスを作成します。インスタンスの作成には「IPAddress ip(アドレス)」のように記述します。アドレスは、IPアドレスの4つのブロックをカンマで区切りながら指定します。

CWiFi (WiFi) クラス

項目名 WiFiに接続する

関数名

```
int begin(const char* ssid)
int begin(const char* ssid, const char *passphrase)
```

引　数

const char* ssid	接続するアクセスポイントのSSID
const char *passphrase	WPAの暗号化鍵

戻り値

WL_CONNECTED	接続成功
WL_CONNECT_FAILED	接続失敗

説　明 WiFiの指定したアクセスポイントへ接続を試みます。接続対象となるアクセスポイントのSSIDを指定します。またWEPやWPAで通信が暗号化されている場合は、暗号化鍵などを指定します。正常に接続されると「WL_CONNECTED」が返されます。

項目名 アクセスポイントモードで準備する

関数名

```
uint8_t beginAP(const char *ssid)
uint8_t beginAP(const char *ssid, uint8_t channel)
uint8_t beginAP(const char *ssid, const char* passphrase)
uint8_t beginAP(const char *ssid, const char* passphrase, uint8_t channel)
```

引　数

const char* ssid	アクセスポイントのSSID
uint8_t channel	チャンネル
const char *passphrase	暗号化鍵

戻り値

WL_AP_LISTENING	準備完了
WL_AP_FAILED	準備失敗

説　明 アクセスポイントモードで動作させます。割り当てるSSIDやチャンネル、暗号化鍵を指定します。

項目名 接続を終了する

関数名

```
void end(void)
```

引　数 なし

戻り値 なし

説　明 WiFiのアクセスポイントへ接続していたり、アクセスポイントモードで動作している場合に、接続などを終了します。

項目名 ネットワーク情報を設定する

関数名

```
void config(IPAddress local_ip)
void config(IPAddress local_ip, IPAddress dns_server)
void config(IPAddress local_ip, IPAddress dns_server, IPAddress gateway)
void config(IPAddress local_ip, IPAddress dns_server, IPAddress gateway,
IPAddress subnet)
```

引　数

IPAddress local_ip	設定するIPアドレス
IPAddress dns_server	名前解決に利用するDNSサーバーのIPアドレス
IPAddress gateway	デフォルトゲートウェイのIPアドレス
IPAddress subnet	ネットワークのサブネットアドレス

Appendix 付録

戻り値 なし

説　明 IPアドレスやゲートウェイのアドレスなど、ネットワーク情報を設定します。

項目名 DNSのアドレスを設定する

関数名
```
void setDNS(IPAddress dns_server1)
void setDNS(IPAddress dns_server1, IPAddress dns_server2)
```

引　数

IPAddress dns_server1	プライマリのDNSサーバーのアドレス
IPAddress dns_server2	セカンダリのDNSサーバーのアドレス

戻り値 なし

説　明 名前解決する際のDNSサーバーのアドレスを指定します。プライマリとセカンダリの二つ設定可能です。

項目名 ホスト名を設定する

関数名
```
void setHostname(const char* name)
```

引　数

const char* name	ホスト名

戻り値 なし

説　明 Arduinoに割り当てるネットワークのホスト名を指定します。

項目名 設定されているWiFiやネットワーク情報を取得する

関数名
```
const char* SSID()
int32_t RSSI()
uint8_t encryptionType()
IPAddress localIP()
IPAddress subnetMask()
IPAddress gatewayIP()
IPAddress dnsServerIP()
```

引　数 なし

戻り値 SSIDなどのネットワーク情報

説　明 設定されたネットワーク情報を取得します。SSID()ではSSID、RSSI()は電波の強さ、encryptionType()は通信の暗号化の方式、localIP()関数ではIPアドレスを、subnetMask()関数ではサブネットマスクを、gatewayIP()関数ではデフォルトゲートウェイのIPアドレスを、dnsServerIP()関数ではDNSサーバーのIPアドレスを取得できます。

項目名 接続可能なアクセスポイントの数を取得する

関数名
```
int8_t scanNetworks()
```

引　数 なし

戻り値 アクセスポイントの数

説　明 利用可能なアクセスポイントを探し出し、その数を返します。

項目名 現在のステータスを取得します

関数名
```
uint8_t status()
```

引　数 なし

戻り値

WL_CONNECTED	アクセスポイントへ接続できないでいる状態
WL_AP_CONNECTED	アクセスポイントモードで動作させた場合に他の無線LANアダプタと接続している状態
WL_AP_LISTENING	アクセスポイントモードで動作しており、接続を待っている状態
WL_AP_FAILED	アクセスポイントモードで準備ができない状態
WL_NO_SHIELD	WiFiシールドが接続されていない状態
WL_NO_MODULE	WiFiモジュールとのやりとりができない状態

WL_IDLE_STATUS アイドル状態
WL_NO_SSID_AVAIL 接続できるアクセスポイントが無い状態
WL_SCAN_COMPLETED アクセスポイントのスキャンが完了した状態
WL_CONNECT_FAILED 接続が失敗した状態
WL_CONNECTION_LOST 接続が失われた状態
WL_DISCONNECTED アクセスポイントから切断した状態

説 明 現在のネットワークアダプターの状態を返します。戻り値は数値となりますが、WL_CONNECTなどの上述した定数を利用することも可能です。

WiFiClientクラス

ほかのサーバーへアクセスを行う場合には、WiFiClientクラスを用いてインスタンスを作成します。また、Arduinoをサーバーとして動作させた際に、接続先のクライアントと通信を行う場合にもWiFiClientクラスを用います。インスタンスの作成は「WiFiClient client;」のように記述します。また、SSLによる暗号化通信をする場合には「WiFiSSLClient」クラスを利用します。インスタンスの作成は「WiFiSSLClient client;」のように記述します。

項目名 **接続の状態を確認する**

関数名 `uint8_t connected()`

引 数 なし

戻り値 接続中の場合は「1」、切断している場合は「0」を返す

説 明 クライアントが他のホストと接続状態であるかを確かめます。接続している場合は「1」を返します。

項目名 **ホストに接続を要求する**

関数名 `int connect(IPAddress ip, uint16_t port)`
`int connect(const char *host, uint16_t port)`

引 数

IPAddress ip	接続対象のサーバーのIPアドレス
const char *host	接続対象のサーバーのホスト名
uint16_t port	接続先のポート番号

戻り値 なし

説 明 指定したホストに接続を要求します。ホストにはIPアドレスまたはホスト名を指定できます。また、接続先のポート番号も同時に指定しておきます。

項目名 **接続中のホストにデータを送信する**

関数名 `size_t write(uint8_t data)`
`size_t write(const uint8_t *buf, size_t size)`

引 数

uint8_t data	送信するデータ
const uint8_t *buf	送信する配列データ
size_t size	データの長さ

戻り値 送信を行ったバイト数

説 明 接続中のホストに対して指定したデータを送信します。送信データは、数値は文字、配列などを指定できます。配列を指定する場合はデータの長さを指定します。

Appendix 付録

項目名 接続先のホストから取得したデータのバイト数を取得する

関数名 `int available()`

引数 なし

戻り値 取得済みのデータのバイト数

説明 接続先のホストからのデータを受信すると一時的にバッファに保存されます。このバッファに保存されているデータのバイト数を取得します。

項目名 受信データを取得する

関数名 `int read()`

`int read(uint8_t *buf, size_t size)`

引数

uint8_t *buf	読み込み対象のバッファを指定する
size_t size	バッファの最大値を指定する

戻り値 データの1バイトを返す。データが存在しない場合は「-1」を返す

説明 ホストから受信したデータを保存しているバッファから1バイト読み取ります。再度read()関数を実行すると、次の1バイトを読み取ります。

項目名 バッファからデータを削除する

関数名 `void flush()`

引数 なし

戻り値 なし

説明 バッファに保存されている受信データを破棄します。

項目名 ホストから切断する

関数名 `void stop()`

引数 なし

戻り値 なし

説明 接続中のホストから切断します。

WiFiServerクラス

Arduinoをサーバーとして動作させるには、WiFiServerクラスを用いてインスタンスを作成します。この際、インスタンスの作成時にサーバーの待機ポート番号を指定します。例えばWebサーバーを動作させるには「WiFi Server server(80);」のように記述します。

項目名 サーバーを有効にし、待機状態にする

関数名 `void begin()`

引数 なし

戻り値 なし

説明 サーバーを有効にし、インスタンスで指定したポート番号で待機状態にします。

項目名 通信データの取得可能なクライアントを取得する

関数名 `WiFiClient available()`

引数 なし

戻り値 接続対象のWiFiClientオブジェクト

説　明 クライアントからサーバーに対して要求が行われ、受信したデータがある場合は、available()関数を用いて対象のクライアントのオブジェクトを取得できます。このオブジェクトをWiFiClientクラスのインスタンスに割り当てることで、相互通信を行えます。

項目名 接続中のすべてのクライアントにデータを送信する

関数名 `size_t write(uint8_t)`
`size_t write(const uint8_t *buf, size_t size)`

引　数

uint8_t data	送信するデータ
const uint8_t *buf	送信する配列データ
size_t size	データの長さ

戻り値 送信を行ったバイト数

説　明 リクエストがあり、接続が行われているすべてのクライアントに対してデータを送信します。送信データは、数値や文字、配列などを指定できます。配列を指定する場合はデータの長さを指定します。

項目名 サーバーを停止する

関数名 `void end()`

引　数 なし

戻り値 なし

説　明 有効なサーバーを停止します。

Appendix 付録

■ RTCライブラリ

Arduino UNO R4のプロセッサRA4M1に搭載するリアルタイムクロックを制御するためには「RTC」ライブラリを利用します。ライブラリはArduino IDE 2に導入されているためインストールする必要はありません。

RTCライブラリは、インスタンスを以下のような形式で生成して利用します。

```
RTCTime インスタンス名()
RTCTime インスタンス名( エポック秒 )
RTCTime インスタンス名( tm構造体 )
RTCTime インスタンス名( 日, 月, 年, 時, 分, 秒, 曜日, 夏時間 )
```

2番目の指定方法のエポック秒は、協定世界時（UTC）の1970年1月1日0時0分0秒から何秒経過したかを指定します。

3番目の指定方法のtm構造体は、time関数で日時を記録しておくtm構造体を利用して、記録しておいた値を指定できます。

4番目の日時を指定する方法では、日、年、分、秒は整数で指定します。時は24時間形式で指定します。月は以下のような「Month」列挙体で指定します。

指定する値(enum値)	意味
Month::JANUARY	1月
Month::FEBRUARY	2月
Month::MARCH	3月
Month::APRIL	4月
Month::MAY	5月
Month::JUNE	6月
Month::JULY	7月
Month::AUGUST	8月
Month::SEPTEMBER	9月
Month::OCTOBER	10月
Month::NOVEMBER	11月
Month::DECEMBER	12月

曜日は以下のような「DayOfWeek」列挙体で指定します。

指定する値(enum値)	意味
DayOfWeek::MONDAY	月曜日
DayOfWeek::TUESDAY	火曜日
DayOfWeek::WEDNESDAY	水曜日
DayOfWeek::THURSDAY	木曜日
DayOfWeek::FRIDAY	金曜日
DayOfWeek::SATURDAY	土曜日
DayOfWeek::SUNDAY	日曜日

夏時間(サマータイム)では夏時間を有効にするか無効にするかを以下のような「SaveLight」列挙体で指定します。

指定する値(enum値)	意味
SaveLight::SAVING_TIME_INACTIVE	標準時
SaveLight::SAVING_TIME_ACTIVE	夏時間

項目名 リアルタイムクロックを有効にする

関数名 `bool begin()`

引数 なし

戻り値 成功したら「true」、失敗したら「false」を返す

説明 リアルタイムクロックを利用する場合は、begin()で有効化します。

項目名 所定の日時をリアルタイムクロックに設定する

関数名 `bool setTime(RTCTime &t)`

引数

RTCTime &t	設定する日時を格納したRTCTimeのインスタンス

戻り値 成功したら「true」、失敗したら「false」を返す

説明 所定の日時をリアルタイムクロックに設定します。設定する日時はRTCTimeクラスのインスタンスを指定します。

項目名 リアルタイムクロックに設定された日時を取得する

関数名 `bool getTime(RTCTime &t)`

引数

RTCTime &t	取得した日時を格納するRTCTimeのインスタンス

戻り値 成功したら「true」、失敗したら「false」を返す

説明 リアルタイムクロックから日時を取得します。取得した日時はあらかじめ作成しておいたRTCTimeクラスのインスタンスに格納します。

項目名 日時を設定する

関数名

```
bool setYear(int year)
bool setMonthOfYear(Month m)
bool setDayOfMonth(int day)
bool setHour(int hour)
bool setMinute(int minute)
bool setSecond(int second)
bool setDayOfWeek(DayOfWeek d)
```

引数

int year	年。4桁の西暦で指定する
Month m	月。「Month」列挙体で指定する
int day	日付
int hour	時間。24時間の形式で指定する
int minute	分
int second	秒
DayOfWeek d	曜日。「DayOfWeek」列挙体で指定する

戻り値 正常に設定できた場合は「true」を返す、失敗した場合は「false」を返す

説明 指定した日時を設定します。月は「Month」列挙体で、曜日は「DayOfWeek」列挙体で指定します。

項目名 夏時間を設定する

関数名 `bool setSaveLight(SaveLight sl)`

引数

SaveLight sl	夏時間の設定。「SaveLight」列挙体で指定する

戻り値 正常に設定できた場合は「true」を返す、失敗した場合は「false」を返す

説明 夏時間を有効にするかを設定します。「SaveLight」列挙体で指定します。

項目名 エポック秒で日時を設定する

関数名 `bool setUnixTime(time_t time)`

引数

time_t time	エポック秒

Appendix 付録

戻り値 正常に設定できた場合は「true」を返す、失敗した場合は「false」を返す

説明 エポック秒で現在の日時を設定します。エポック秒は協定世界時（UTC）の1970年1月1日0時0分0秒からの秒数となります。

項目名 tm構造体で日時を設定する

関数名 `void setTM(struct tm &t)`

引数 struct tm &t　日時を記録したtm構造体

戻り値 なし

説明 timeライブラリで日時を記録できるtm構造体で日時を設定します。

項目名 設定された日時を取得する

関数名
```
int getYear()
Month getMonth()
int getDayOfMonth()
int getHour()
int getMinutes()
int getSeconds()
DayOfWeek getDayOfWeek()
```

引数 なし

戻り値 getYear()は年、getMonth()は月、getDayOfMonth()は日、getHour()は時、getMinutes()は分、getSeconds()は秒、getDayOfWeek()は曜日

説明 インスタンスに設定されている日時情報を返します。ただし、月はMonth列挙体、曜日はDayOfWeek列挙体で返します。

項目名 設定された日時をエポック秒で取得する

関数名 `time_t getUnixTime()`

引数 なし

戻り値 エポック秒

説明 インスタンスに設定されている日時をエポック秒で取得できます。

項目名 設定された日時をtm構造体で取得する

関数名 `struct tm getTmTime()`

引数 なし

戻り値 日時（tm構造体）

説明 インスタンスに設定されている日時をtm構造体の形式で取得できます。

項目名 指定した年がうるう年であるか調べる

関数名 `int isleap(int year)`

引数 int year　調べる年

戻り値 うるう年の場合は「1」、うるう年ではない場合は「0」

説明 指定した年がうるう年であるか確認できます。うるう年の場合は「1」を返します。

項目名 月をMonth列挙体から数値に変換する

関数名 `int Month2int(Month m)`

引数 Month m　列挙体の月

戻り値 月を数値で返す

説明 Month列挙体の値を整数に変換します。1月は「1」、2月は「2」・・・12月は「12」を返します。

項目名	**月をMonth列挙体からtm構造体に合う形式で返す**
関数名	**`int Month2tm(Month m)`**
引 数	Month m　列挙体の月
戻り値	**月を1引いた数値で返す**
説 明	Month列挙体の値を1を引いた整数で返します。1月は「0」、2月は「1」・・・12月は「11」を返します。

項目名	**曜日をDayOfWeek列挙体から数値に変換する**
関数名	**`int DayOfWeek2int(DayOfWeek dow, bool sunday_first)`**
引 数	DayOfWeek dow　列挙体の曜日 bool sunday_first　日曜から始める場合はtrueにする
戻り値	**曜日を数値で返す**
説 明	DayOfWeek列挙体の値を数値に変換します。月曜日は「1」、火曜日は「2」……日曜日は「7」を返します。なお、引数のsunday_firstを「true」にすると日曜日が「1」、月曜日が「2」……土曜日が「7」となります。

項目名	**曜日をDayOfWeek列挙体からtm構造体に合う形式で返す**
関数名	**`int DayOfWeek2tm(DayOfWeek dow)`**
引 数	DayOfWeek dow　列挙体の曜日
戻り値	**曜日を数値で返す**
説 明	DayOfWeek列挙体の値を数値に変換します。日曜日は「0」、月曜日は「1」……土曜日は「6」を返します。

項目名	**夏時間であるかをSaveLight列挙体から変換する**
関数名	**`bool SaveLigth2bool(SaveLight sl)`**
引 数	SaveLight sl　列挙体の夏時間
戻り値	**夏時間の場合は「true」、標準時の場合は「false」を返す**
説 明	SaveLight列挙体から夏時間であるかを取得します。夏時間の場合は「true」を返します。

■ SDライブラリ

SDカードを扱うためには「SD」ライブラリを使います。SDライブラリはArduino IDEに標準搭載されているため、別途インストールする必要はありません。SDライブラリを利用するには「#include <sd.h>」と呼び出しておきます。

SDライブラリは、SDカードのファイルシステムを制御する「SD」クラスと、保存されているファイルを操作する「File」クラスが用意されています。ファイルを操作する場合は「File」クラスのインスタンスを作成して利用します。

ArduinoのSDカードライブラリでは、「8文字.3文字」の形式のファイル名である必要があります。

SDクラス

項目名	**SDカード制御についての初期化を行う**
関数名	**`boolean begin(uint8_t csPin)`**
引 数	uint8_t csPin　SPIのSSに割り当てられているソケット番号

Appendix 付録

戻り値 **SDカードを正常に初期化できた場合は「1」、できなかった場合は「0」を返す**

説　明 SDカードを取り扱うための初期設定を行います。引数にはSPIでDカードを制御するためのSSに割り当てられているソケットの番号を指定します。SSはシールドによって異なります。

項目名 **ファイルが存在しているかを確認する**

関数名 `boolean exists(char *filepath)`

引　数 char *filepath　調べるファイル名

戻り値 **ファイルが存在する場合は「1」、存在しない場合は「0」を返す**

説　明 指定したファイルがSDカード内に存在するかを確かめます。ファイルがフォルダ内に保存されている場合は、スラッシュ（/）で区切りながらファイルのありかを記述します。

項目名 **フォルダを作成する**

関数名 `boolean mkdir(char *filepath)`

引　数 char *filepath　作成するフォルダ名

戻り値 **フォルダの作成に成功した場合は「1」、失敗した場合は「0」を返す**

説　明 SDカード内に指定したフォルダを作成します。また、既存のフォルダ内に新たなフォルダを作成する場合は、スラッシュ（/）で区切りながらフォルダを配置する位置を記述します。

項目名 **ファイルを開く**

関数名 `File open(const char *filename, uint8_t mode)`

引　数 const char *filename　開く対象のファイル名
uint8_t mode　モード

戻り値 **成功した場合はFileオブジェクト、失敗した場合は「0」を返す**

説　明 操作を行いたいファイルを開きます。引数には開く対象のファイル名とモードを指定します。モードは、ファイルの読み込みを行う「FILE_READ」と、ファイルの読み書きを行う「FILE_WRITE」のいずれかを指定します。ファイルを正常に開けた場合は、ファイルのオブジェクトが返ります。これをあらかじめ作成したFileインスタンスに代入します。

項目名 **ファイルを削除する**

関数名 `boolean remove(char *filepath)`

引　数 char *filepath　削除対象のファイル名

戻り値 **削除に成功した場合は「1」、失敗した場合は「0」を返す**

説　明 指定したファイルをSDカードから削除します。ファイルがフォルダ内に保存されている場合は、スラッシュ（/）で区切りながらファイルの場所を記述します。

項目名 **フォルダを削除する**

関数名 `boolean rmdir(char *filepath)`

引　数 char *filepath　削除するフォルダ名

戻り値 **削除に成功した場合は「1」、失敗した場合は「0」を返す**

説　明 指定したフォルダを削除します。また、フォルダ内にあるフォルダを削除する場合は、スラッシュ（/）で区切りながらフォルダを指定します。削除する際に、フォルダ内にファイルやフォルダが存在すると実行できません。

Fileクラス

項目名 **読み込み可能なバイト数を調べる**

関数名 `int available()`

引　数 なし

戻り値 残りのバイト数

説 明 開いているファイルで、現在の場所から最後までの容量を調べます。残り容量はバイト単位で返します。

項目名 ファイルを閉じる

関数名 `void close()`

引 数 なし

戻り値 なし

説 明 現在開いているファイルを閉じます。また、閉じると同時にファイルの変更内容をSDカードに書き込みます。

項目名 SDカードに書き込む

関数名 `void flush()`

引 数 なし

戻り値 なし

説 明 開いているファイルに、変更した内容をSDカードに書き込みます。また、書き込みが完了した後でもファイルは開かれた状態であるため、引き続き操作が可能です。

項目名 1バイト読み込み、読み取り位置を動かさない

関数名 `int peek()`

引 数 なし

戻り値 読み出した1バイト。正常に読み込めない場合は「-1」を返す

説 明 ファイルの読み出し位置にある1バイトを読み込んだ値を返します。また、読み込んだ後はファイルの読み出し位置をそのままにしておきます。このため、次に読み込みを行う際に同じ1バイトが読み込まれます。

項目名 操作位置を調べる

関数名 `uint32_t position()`

引 数 なし

戻り値 現在の位置を返す

説 明 現在の操作位置を調べます。ファイルでは操作する位置があり、その位置からデータの読み込みや書き込みを行うようになっています。

項目名 ファイルにデータを書き込む(改行なし)

関数名 `size_t print(data, BASE)`

引 数

data	書き込むデータ
BASE	書き込みデータの基数

戻り値 なし

説 明 指定した文字列やデータをファイルの操作位置に書き込みます。データは文字列や数値、変数などを指定可能です。また、続けて数値が10進数であるか、16進数であるかなどの基数を指定できます。
書き込んだデータの後は、改行を行いません。

項目名 ファイルにデータを書き込む(改行あり)

関数名 `size_t println(data, BASE)`

引 数

data	書き込むデータ
BASE	書き込みデータの基数

戻り値 なし

説 明 指定した文字列やデータをファイルの操作位置に書き込みます。データは文字列や数値、変数などを指定可能です。また、続けて数値が10進数であるか、16進数であるかなどの基数を指定できます。
書き込んだデータの後に改行を行います。

項目名 1バイト読み込む

関数名 `int read()`

引数 なし

戻り値 読み込んだ1バイトを返す

説明 ファイルの読み出し位置にある1バイトを読み出た値を返します。また、読み出した後は、1バイト分次に進みます。

項目名 操作位置を移動する

関数名 `boolean seek(uint32_t pos)`

引数

uint32_t pos	移動先の操作位置

戻り値 移動に成功した場合は「1」、失敗した場合は「0」を返す

説明 開いているファイルの操作位置を移動します。移動先の指定はバイト単位でファイルの初めからのサイズで指定します。

項目名 ファイルの容量を取得する

関数名 `uint32_t size()`

引数 なし

戻り値 ファイルサイズ

説明 開いているファイルの容量を調べます。容量はバイト単位で返されます。

項目名 文字列をファイルに書き込む

関数名 `size_t write(data)`
`size_t write(const uint8_t *buf, size_t size)`

引数

data	書き込む文字列
const uint8_t *buf	配列データ
size_t size	書き込む配列のバイト数

戻り値 書き込んだバイト数

説明 ファイルの操作位置に文字列を書き込みます。書き込むデータは文字や文字列のほか、配列データの書き込みも行えます。配列で書き込む場合は、配列のサイズを指定します。

本書で扱った部品・製品一覧

本書で実際に使用した部品や製品の一覧です。購入する際の参考にしてください。また、表示価格は参考価格ですので、店舗などによって異なります。また、為替や原価の変動などにより、今後価格が変動する可能性もありますので、その点をご注意ください。

■ Arduino関連

品　名	参考価格	参照ページ
Arduino UNO R4 Minima	3,000円	10、14、16
Arduino UNO R4 WiFi	4,600円	10、14、16
USBケーブル （Type-C）	1,000円	30、31
USBケーブル （A-Cタイプケーブル）	700円	30、31
ACアダプター （出力DC9V、1.3A）	700円	31、32
ACアダプター（USB出力） （1A）	500円	32
外部バッテリー （5800mAh、USB出力端子）	3,000円	34

■ 電子部品関連

品　名	購入個数	参考価格	購入店	参照ページ
ブレッドボード 1列10穴（5×2）30列、電源ブレッドボード付き	1個	200円	―	85
オス―オス型ジャンパー線 10cm、20本セット	2セット	360円 （単価：180円）	―	85、86、144
メス―メス型ジャンパー線 15cm、10本セット	1セット	330円	―	85、86
オス―メス型ジャンパー線 15cm、10本セット	1セット	280円	―	200

Appendix
付録

品　名	購入個数	参考価格	購入店	参照ページ
カーボン抵抗（1/4W）	100Ω：1本 200Ω：1本 470Ω：1本 1kΩ：2本 10kΩ：1本	30円 （単価：5円）	—	86、98、100、103、110、130、177、181
半固定抵抗（10kΩ）	1個	30円	—	123
積層セラミックコンデンサー	0.1μF：1個 10μF	25円	—	135、140、181
φ5mm赤色LED 順電圧：2V　順電流：20mA	1個	10円	—	97、103、141
白色LED（OSW44P5111A） 順電圧：2.9V　順電流：30mA	1個	180円	秋月電子通商	177
タクトスイッチ	2個	20円 （単価：10円）	—	110、181
CdSセル「GL5528」	1個	40円	—	130、177
ロジックIC「74LS14」「74HC14」	1個	50円	—	120
モーター制御用ICモジュール「DRV8835使用ステッピング&DCモータドライバモジュール」	1個	550円	秋月電子通商	135、181
DCモーター「FA-130RA」	1個	180円	秋月電子通商	135、181
電池ボックス 単3×2本　リード線・フタ・スイッチ付	1個	130円	秋月電子通商	135、181
高精度温湿度センサモジュールキット「SHT31-DIS」	1個	950円	秋月電子通商	187
有機ELキャラクタデバイス	1個	2,860円	秋月電子通商	162、187、208、214
I^2Cバス双方向電圧レベル変換モジュール	1個	250円	秋月電子通商	161、187
赤外線人体検知センサー「焦電型赤外線センサー」	1個	600円	秋月電子通商	200
サーボモーター Tower Pro「SG-90」	1個	550円	秋月電子通商	144

電子部品購入可能店情報

電子部品を購入できる代表的な店舗を紹介します。ここで紹介した店舗情報は、2024年1月時点のものです。今後、変更になる場合もあります。実際の店舗情報や取り扱い製品などの詳細については、各店舗のWebページを参照したり、直接電話で問い合わせるなどして確認してください。

■ インターネット通販店

スイッチサイエンス	URL▶ http://www.switch-science.com/
ストロベリー・リナックス	URL▶ http://strawberry-linux.com/
ラズベリーパイショップ by KSY	URL▶ https://raspberry-pi.ksyic.com/
RSコンポーネンツ	URL▶ https://jp.rs-online.com/web/

■ 各地域のパーツショップ

通販 通信販売も行っている店舗（通販の方法は店舗によって異なります）

北海道	
梅沢無線電機　札幌営業所 通販	URL▶ http://www.umezawa.co.jp/ 所在地▶ 北海道札幌市中央区南2条西7丁目2-3 電話▶ 011-251-2992
東北	
電技パーツ 通販	URL▶ http://www.dengiparts.co.jp
本社	所在地▶ 青森県青森市第二問屋町3-6-44 電話▶ 017-739-5656
八戸店	所在地▶ 青森県八戸市城下4-10-3 電話▶ 0178-43-7034
梅澤無線電機　仙台営業所 通販	URL▶ http://www.umezawa.co.jp/ 所在地▶ 宮城県仙台市太白区長町南4丁目25-5 電話▶ 022-304-3880
マルツ　仙台上杉店 通販	URL▶ http://www.marutsu.co.jp/ 所在地▶ 宮城県仙台市青葉区上杉3-8-28 電話▶ 022-217-1402
尾崎電業社	URL▶ http://www.nadeshiko.jp/ozaki/ 所在地▶ 福島県福島市宮下町4-22 電話▶ 024-531-9210

パーツセンターヤマト	所在地▶ 福島県郡山市中町15-27 電話▶ 024-922-2262
若松通商　会津営業所 通販	URL▶ http://www.wakamatsu.co.jp/ 所在地▶ 福島県会津若松市駅前町7-12 電話▶ 0242-24-2868
関東	
ゴンダ無線	URL▶ http://www12.plala.or.jp/g-musen/ 所在地▶ 栃木県小山市東間々田1-9-7 電話▶ 0285-45-7936
ヤナイ無線	URL▶ http://park23.wakwak.com/~yanaimusen/ 所在地▶ 群馬県伊勢崎市日乃出町502-7 電話▶ 0270-24-9401
スガヤ電機	URL▶ http://yogoemon.com/ 所在地▶ 群馬県前橋市天川町1667-22 電話▶ 027-263-2559
秋月電子通商　八潮店 通販	URL▶ http://akizukidenshi.com/ 所在地▶ 埼玉県八潮市木曽根315 電話▶ 048-994-4313
サトー電気 通販	URL▶ http://www.maroon.dti.ne.jp/satodenki/
川崎店	所在地▶ 神奈川県川崎市川崎区本町2-10-11 電話▶ 044-222-1505
横浜店	所在地▶ 神奈川県横浜市港北区鳥山町929-5-102 電話▶ 045-472-0848
タック電子販売 通販	URL▶ http://www.tackdenshi.co.jp/ 所在地▶ 神奈川横浜市中区松影町1-3-7 ロックヒルズ2F 電話▶ 045-651-0201
東京	
東京ラジオデパート 通販（一部店舗）	URL▶ http://www.tokyoradiodepart.co.jp/ 所在地▶ 東京都千代田区外神田1-10-11 ※各店舗についてはホームページを参照してください
ラジオセンター 通販（一部店舗）	URL▶ http://www.radiocenter.jp/ 所在地▶ 東京都千代田区外神田1-14-2 ※各店舗についてはホームページを参照してください
マルツ 通販	URL▶ http://www.marutsu.co.jp/
秋葉原本店	所在地▶ 東京都千代田区外神田3丁目10-10 電話▶ 03-5296-7802
若松通商 通販	URL▶ http://www.wakamatsu.co.jp/
秋葉原駅前店	所在地▶ 東京都千代田区外神田1-15-16 秋葉原ラジオ会館5F 電話▶ 03-3255-5064
秋月電子通商　秋葉原店 通販	URL▶ http://akizukidenshi.com/ 所在地▶ 東京都千代田区外神田1-8-3 野水ビル1F 電話▶ 03-3251-4121

店名	店舗	情報
千石電商 通販		URL ▶ http://www.sengoku.co.jp/
	秋葉原本店	所在地 ▶ 東京都千代田区外神田1-8-6 丸和ビルB1-3F 電話 ▶ 03-3253-4411
	秋葉原2号店	所在地 ▶ 東京都千代田区外神田1-8-5 高田ビル1F 電話 ▶ 03-3253-4412
	ラジオデパート店	所在地 ▶ 東京都千代田区外神田1-10-11 東京ラジオデパート1F 電話 ▶ 03-3258-1059
サトー電気　町田店 通販		URL ▶ http://www.maroon.dti.ne.jp/satodenki/ 所在地 ▶ 東京都町田市森野1-35-10 電話 ▶ 042-725-2345
中部		
大須第1アメ横ビル 通販（一部店舗）		URL ▶ http://osu-ameyoko.co.jp/ 所在地 ▶ 愛知県名古屋市中区大須3-30-86 ※各店舗についてはホームページを参照してください
大須第2アメ横ビル 通販（一部店舗）		URL ▶ http://osu-ameyoko.co.jp/ 所在地 ▶ 愛知県名古屋市中区大須3-14-43 ※各店舗についてはホームページを参照してください
マルツ 通販		URL ▶ http://www.marutsu.co.jp/
	静岡八幡店	所在地 ▶ 静岡県静岡市駿河区八幡2-11-9 電話 ▶ 054-285-1182
	浜松高林店	所在地 ▶ 静岡県浜松市中区高林4-2-8 電話 ▶ 053-472-9801
	名古屋小田井店	所在地 ▶ 愛知県名古屋市西区上小田井2-330-1 電話 ▶ 052-509-4702
	金沢西インター店	所在地 ▶ 石川県金沢市間明町2-267 電話 ▶ 076-291-0202
	福井二の宮店	所在地 ▶ 福井県福井市二の宮2-3-7 電話 ▶ 0776-25-0202
無線パーツ		URL ▶ http://www.musenparts.co.jp/ 所在地 ▶ 富山県富山市根塚町1-1-1 電話 ▶ 1F 076-421-6822、2F 076-425-6822
松本電子部品		URL ▶ https://mdb1.jp/ 所在地 ▶ 長野県松本市巾上5-45 電話 ▶ 0263-32-9748
松本電子部品飯田 通販		URL ▶ http://www.mdb.jp/ 所在地 ▶ 長野県飯田市三日市場1177-3 電話 ▶ 0265-48-5218
松本電子部品諏訪		URL ▶ http://suwa-net.com/MDB/ 所在地 ▶ 長野県下諏訪町東赤砂4528-1 電話 ▶ 0266-28-0760
よりみち 通販		URL ▶ http://www.yorimichi.co.jp/ 所在地 ▶ 静岡県富士市宮島1443 電話 ▶ 0545-63-3610

RPEパーツ 通販	URL ▶ http://rpe-parts.co.jp/shop/ 所在地 ▶ 愛知県名古屋市熱田区金山町2-8-3 ミスミ・ビル3F 電話 ▶ 052-678-7666
タケウチ電子 通販	URL ▶ http://www2.odn.ne.jp/~aag56520/www2.odn.ne.jp/ 所在地 ▶ 愛知県豊橋市大橋通2-132-2 電話 ▶ 0532-52-2684
関西	
千石電商　大阪日本橋店 通販	URL ▶ http://www.sengoku.co.jp/ 所在地 ▶ 大阪府大阪市浪速区日本橋4-6-13 NTビル1F 電話 ▶ 06-6649-2001
共立電子産業 通販	URL ▶ http://eleshop.jp/shop/default.aspx
シリコンハウス	URL ▶ http://silicon.kyohritsu.com/ 所在地 ▶ 大阪府大阪市浪速区日本橋5-8-26 電話 ▶ 06-6644-4446
デジット	URL ▶ http://digit.kyohritsu.com/ 所在地 ▶ 大阪府大阪市浪速区日本橋5-8-26 電話 ▶ 06-6644-4555
三協電子部品	URL ▶ http://www.sankyo-d.co.jp/ 所在地 ▶ 大阪府大阪市浪速区日本橋5-21-8 電話 ▶ 06-6643-5222
テクノパーツ 通販	URL ▶ https://store.shopping.yahoo.co.jp/t-parts/ 所在地 ▶ 兵庫県宝塚市向月町14-10 電話 ▶ 0797-81-9123
中国・四国	
松本無線パーツ 通販	URL ▶ http://www.matsumoto-musen.co.jp/ URL ▶ http://www.mmusen.com/ （通販サイト）
岡山店	所在地 ▶ 岡山県岡山市南区西市101-4-2 電話 ▶ 086-206-2000（小売部）
広島店	所在地 ▶ 広島県広島市西区商工センター 4-3-19 電話 ▶ 082-208-4447
松本無線パーツ岩国 通販	URL ▶ https://www2.patok.jp/WebApp/netStore/manager.aspx 所在地 ▶ 山口県岩国市麻里布4-14-24 電話 ▶ 0827-24-0081
でんでんハウス佐藤電機	URL ▶ http://www.dendenhouse.jp/ 所在地 ▶ 徳島県徳島市住吉4-13-2 電話 ▶ 088-622-8840
九州・沖縄	
カホパーツセンター 通販	URL ▶ http://www.kahoparts.co.jp/deal2/deal.html 所在地 ▶ 福岡市中央区今泉1-9-2 天神ダイヨシビル2F 電話 ▶ 092-712-4949

西日本ラジオ 通販		URL ▶ http://www.nishira.co.jp/ 所在地 ▶ 福岡県福岡市博多区冷泉町7-19 電話 ▶ 092-263-0177
部品屋ドットコム 通販		URL ▶ http://www.buhinya.com/ 所在地 ▶ 佐賀県佐賀市鍋島6-5-25 電話 ▶ 0952-32-3323
エイデンパーツ		URL ▶ https://www.facebook.com/eidenparts/ 所在地 ▶ 長崎県長崎市鍛冶屋町7-50 電話 ▶ 095-827-8606
沖縄電子		URL ▶ http://www.denshi-net.jp/
	本社	所在地 ▶ 沖縄県浦添市西洲2-6-6　卸商業団地組合会館 1F 電話 ▶ 098-898-2358
	宮古島営業所	所在地 ▶ 沖縄県宮古島市平良字東仲宗根805-9　ほわいとマンション106 電話 ▶ 0980-79-0292

INDEX

記号・数字

A

B～E

F～H

I

J～P

Q～Z

あ

か

Arduino IDEの関数

本書のサポートページについて

本書で解説に使用したプログラムコードは、弊社のWebページからダウンロードすることが可能です。詳細は、以下のURLに設置されているサポートページを併せてご参照ください。

サンプルコードは圧縮ファイル（パスワード付きZip）で提供しています。利用の際には、パスワードZipに対応した展開・伸長ソフトが必要です。展開ソフトがない場合はパソコンにインストールしてから行ってください。圧縮ファイル展開時にパスワードが求められますので、下記のパスワードを入力して展開してください。

● 本書のサポートページ

http://www.sotechsha.co.jp/sp/1330/

● 展開用パスワード（すべて半角英数文字）

arduino6

著者紹介

福田(ふくだ) 和宏(かずひろ)

株式会社飛雁、代表取締役。工学院大学大学院電気工学専攻修士課程卒。大学時代は電子物性を学んでいたが、学生時代にしていた雑誌社のアルバイトがきっかけで、ライター業を始める。現在は、主に電子工作やLinux、スマートフォンの関連記事や企業向けマニュアルの執筆、ネットワーク構築、教育向けコンテンツ作成などを手がける。
専門学校の非常勤講師。ネットワークやプログラミング、IoTに関する授業を担当。北海道立総合研究機構や北海道立工業技術センター、沖縄教育センターなどで、IoTや生成AIについてのセミナーを開催。
「サッポロ電子クラフト部」(https://sapporo-elec.com/)を主催。物作りに興味のあるメンバーが集まり、数ヶ月でアイデアを実現することを目指している。

主な著書

- 「電子部品ごとの制御を学べる! Arduino 電子工作実践講座 改訂第3版」「これ1冊でできる!ラズベリー・パイ超入門 改訂第7版」「電子部品ごとの制御を学べる! Raspberry Pi 電子工作実践講座 改訂第2版」「実践! CentOS 7 サーバー徹底構築 改訂第二版 CentOS 7(1708)対応」(すべてソーテック社)
- 「最新Pico W対応!ラズパイPico完全ガイド」「ラズパイで初めての電子工作」「ラズパイマガジン」「日経パソコン」「日経ソフトウェア」「日経Linux」「日経PC21」「日経トレンディ」(日経BP)
- 「Arduino[実用]入門—Wi-Fiでデータを送受信しよう!」(技術評論社)

これ1冊でできる!
Arduino(アルドゥイーノ)ではじめる 電子工作(でんしこうさく) 超入門(ちょうにゅうもん) 改訂第6版

2024年2月29日 初版 第1刷発行

著　　者　福田和宏
カバーデザイン　植竹裕
発 行 人　柳澤淳一
編 集 人　久保田賢二
発 行 所　株式会社ソーテック社
〒102-0072 東京都千代田区飯田橋4-9-5 スギタビル4F
電話(注文専用)03-3262-5320 FAX 03-3262-5326
印 刷 所　大日本印刷株式会社

ISBN978-4-8007-1330-8